高等职业教育农业部"十二五"规划教材
项目式教学教材

动物内科病

刘广文　刘海　主编

中国农业出版社
北京

内容简介

本教材基于兽医临床诊疗过程将动物内科病按临床主要症状划分为十个项目,包括以消化道症状为主的疾病,以呼吸道症状为主的疾病,以循环障碍为主的疾病,以贫血、黄疸为主的疾病,以排尿异常为主的疾病,以运动障碍为主的疾病,以神经症状为主的疾病,以生长发育障碍为主的疾病,表现急性死亡的疾病,以皮肤病变为主的疾病等。各项目均结合兽医临床诊疗实际,从病例入手,以任务描述、案例分析、相关知识、技能训练为主线,介绍动物内科相关疾病诊疗知识。为了便于学生学习,本教材在附录中增加了常见畜种疾病的鉴别诊断要点,并附注了全书案例分析的参考答案。

本教材重点介绍了牛、猪、禽、犬的临床常见病,兼顾了马、猫、经济动物病。为便于学生学习和应用,每个疾病的治疗部分均采用处方形式。书中除有线条图外,还提供了临床典型病例的图片,生动直观。

本教材为高等农业职业院校兽医及相关专业教材,亦可作为中等农业学校、成人教育、基层畜牧兽医人员和养殖户参考书。

编审人员名单

主　编　刘广文　刘　海
副主编　刘根新　赵　跃　来景辉
编　者　(以姓名笔画为序)
　　　　邢玉娟　刘　海　刘广文
　　　　刘根新　来景辉　张立志
　　　　赵　跃　康艳红　谭仕旦
主　审　李艳飞

前 言

本教材是根据全国高等职业教育"十二五"规划教材出版计划编写的。动物内科病是兽医及相关专业的临床主干课程，充分体现了高职高专动物医学专业的教育特色，注重学生实践能力的培养。

本教材打破了传统的教材编写模式，基于兽医临床诊疗工作过程，从兽医临床诊疗工作中类症鉴别的角度，开发动物内科病项目课程教材。教材中提供了丰富的教学案例，引导学生学习动物内科病相关知识，提高学生对动物内科病的诊疗能力。

在动物内科病相关知识中，注重常见动物（牛、犬、猪、禽）的常见病、多发病，兼顾了马、猫、经济动物和野生动物疾病。书中除有线条图外，还插入多幅临床典型病例的图片，图文并茂，直观易懂。在一些重要的项目中，设置了实践技能训练项目。为了进一步提高学生的诊疗能力，在附录中，分别归纳了牛、犬、猪、禽、马五个畜种的常见病的类症鉴别要点。

本教材项目1.1、项目1.2.1、项目1.4.1及附录五由刘根新（甘肃畜牧工程职业技术学院）编写；项目1.2.2、项目1.3及项目1.4.3由邢玉娟（江苏畜牧兽医职业技术学院）编写；项目1.4.2、项目2.4、项目7.1及附录二由刘海（山东畜牧兽医职业学院）编写；项目1.5及项目4由张立志（辽宁医学院）编写；项目2.1、项目2.2及附录三由来景辉（宿州职业技术学院）编写；项目2.3、项目5、附录一及附录四由刘广文（黑龙江职业学院）编写；项目3、项目9及项目10由康艳红（四川农业大学水产学院）编写；项目6及项目8由谭仕旦（恩施职业技术学院）编写；项目7.2由赵跃（云南农业职业技术学院）编写。刘广文完成了全书的统稿工作。

本教材承蒙东北农业大学李艳飞教授审稿，并提出了宝贵的意见；编写过程中得到编写人员所在院校的大力支持，在此一并表示感谢。作者参考一些著作中的有关资料，在此不再一一述及，谨对所有的作者表示衷心的感谢！

由于编者水平有限，教材中的缺点和不足在所难免，恳请读者多提宝贵意见，以备今后修正。

编 者
2011年2月

目 录

前言

项目1 以消化道症状为主的疾病 ... 1

项目1.1 以流涎且伴有采食、吞咽障碍为主的疾病 ... 1
任务描述 ... 1
案例分析 ... 1
相关知识 ... 1

口炎(1) 咽炎(3) 食管阻塞(5)

项目1.2 以食欲、反刍减少为主的反刍动物病 ... 7

项目1.2.1 以食欲、反刍减少为主且腹围变化不大的反刍动物病 ... 7
任务描述 ... 7
案例分析 ... 7
相关知识 ... 8

前胃弛缓(8) 创伤性网胃腹膜炎(11) 瓣胃阻塞(13) 皱胃变位(14)
皱胃炎(17) 奶牛酮病(19)

技能训练 ... 21

瓣胃内注射术(21)

项目1.2.2 以食欲、反刍减少为主且腹围增大的反刍动物病 ... 22
任务描述 ... 22
案例分析 ... 22
相关知识 ... 22

瘤胃积食(22) 瘤胃臌胀(24) 瘤胃酸中毒(26) 皱胃阻塞(30)

技能训练 ... 32

瘤胃穿刺术(32) 导胃与洗胃术(32)

项目1.3 以呕吐为主的疾病 ... 33
任务描述 ... 33
案例分析 ... 33
相关知识 ... 34

胃内异物(34) 肝炎(35) 胰腺炎(38)

项目1.4 以腹痛为主的疾病 ... 40

项目1.4.1 表现腹痛且伴有腹泻的疾病 ... 40
任务描述 ... 40
案例分析 ... 40

相关知识 ………………………………………………………………………………… 40
肠痉挛（40）
项目1.4.2 表现腹痛且无腹泻的疾病 ……………………………………………… 42
　任务描述 ………………………………………………………………………………… 42
　案例分析 ………………………………………………………………………………… 42
　相关知识 ………………………………………………………………………………… 42
胃扩张（42）　肠变位（44）　肠便秘（46）　肠臌气（50）
　技能训练 ………………………………………………………………………………… 51
肠穿刺术（51）　灌肠术（52）
项目1.4.3 表现腹部有压痛的疾病 ………………………………………………… 53
　任务描述 ………………………………………………………………………………… 53
　案例分析 ………………………………………………………………………………… 53
　相关知识 ………………………………………………………………………………… 53
胃溃疡（53）　皱胃炎（54）　腹膜炎（56）　腹腔积液（58）
　技能训练 ………………………………………………………………………………… 59
腹腔穿刺术（59）

项目1.5 以腹泻为主的疾病 …………………………………………………………… 60
　任务描述 ………………………………………………………………………………… 60
　案例分析 ………………………………………………………………………………… 60
　相关知识 ………………………………………………………………………………… 60
胃肠炎（60）　幼畜消化不良（64）　磷化锌中毒（67）

项目2 以呼吸道症状为主的疾病 ……………………………………………………… 68
项目2.1 表现喘、咳嗽、流鼻液、发热的疾病 ……………………………………… 68
　任务描述 ………………………………………………………………………………… 68
　案例分析 ………………………………………………………………………………… 68
　相关知识 ………………………………………………………………………………… 68
感冒（68）　支气管肺炎（69）　大叶性肺炎（72）
项目2.2 表现喘、咳嗽但发热不明显的疾病 ……………………………………… 74
　任务描述 ………………………………………………………………………………… 74
　案例分析 ………………………………………………………………………………… 75
　相关知识 ………………………………………………………………………………… 75
鼻炎（75）　喉炎（77）　支气管炎（78）　肺气肿（80）　胸膜炎（84）
胸腔积水（86）　安妥中毒（87）
　技能训练 ………………………………………………………………………………… 88
胸腔穿刺术（88）
项目2.3 表现呼吸困难且伴有可视黏膜颜色改变的疾病 ………………………… 89
　任务描述 ………………………………………………………………………………… 89
　案例分析 ………………………………………………………………………………… 89

相关知识 ··· 89
　　　硝酸盐和亚硝酸盐中毒(89)　　氢氰酸中毒(91)
　　技能训练 ··· 93
　　　亚硝酸盐中毒检验(93)　　氢氰酸中毒检验(94)
　项目 2.4　表现呼吸困难且伴有神经症状的疾病 ··· 95
　　任务描述 ··· 95
　　案例分析 ··· 96
　　相关知识 ··· 96
　　　棉子饼中毒(96)　　菜子饼粕中毒(98)
　　技能训练 ··· 100
　　　棉子饼粕中毒检验(100)

项目 3　以循环障碍为主的疾病 ·· 101
　　任务描述 ··· 101
　　案例分析 ··· 101
　　相关知识 ··· 101
　　　心包炎(101)　　心肌炎(103)　　心力衰竭(105)　　外周循环衰竭(107)
　　　肉鸡腹水综合征(109)

项目 4　以贫血、黄疸为主的疾病 ·· 112
　　任务描述 ··· 112
　　案例分析 ··· 112
　　相关知识 ··· 112
　　　贫血(112)　　钴缺乏症(116)　　维生素 K 缺乏症(117)　　双香豆素中毒(118)
　　　磺胺类药物中毒(119)　　黄曲霉毒素中毒(120)　　血小板减少症(122)
　　　自身免疫溶血性贫血(123)

项目 5　以排尿异常为主的疾病 ·· 125
　项目 5.1　表现疼痛频尿的疾病 ·· 125
　　任务描述 ··· 125
　　案例分析 ··· 125
　　相关知识 ··· 125
　　　膀胱炎(125)　　尿道炎(127)　　尿结石(127)
　　技能训练 ··· 129
　　　导尿与膀胱冲洗术(129)
　项目 5.2　表现红尿的疾病 ·· 130
　　任务描述 ··· 130
　　案例分析 ··· 130
　　相关知识 ··· 130

肾炎(130)　　牛血红蛋白尿(133)　　洋葱、大葱中毒(135)

项目6　以运动障碍为主的疾病 ··· 137
任务描述 ·· 137
案例分析 ·· 137
相关知识 ·· 138
佝偻病(138)　　骨软病(140)　　硒和维生素E缺乏症(141)　　铜缺乏症(145)
锰缺乏症(146)　　脊髓挫伤及脊髓震荡(147)　　霉稻草中毒(149)　　家禽痛风(150)

项目7　以神经症状为主的疾病 ··· 153
项目7.1　表现神经症状且体温升高的疾病 ··· 153
任务描述 ·· 153
案例分析 ·· 153
相关知识 ·· 153
脑膜脑炎(153)　　日射病及热射病(155)

项目7.2　表现神经症状且体温变化不明显的疾病 ··· 157
任务描述 ·· 157
案例分析 ·· 157
相关知识 ·· 158
脑震荡与脑挫伤(158)　　癫痫(160)　　维生素A缺乏症(162)　　青草搐搦(164)
仔猪、仔犬低血糖病(165)　　食盐中毒(167)　　酒糟中毒(169)　　霉玉米中毒(170)
有机磷中毒(172)　　有机氟中毒(174)　　毒鼠强中毒(175)　　应激性疾病(176)
拓展知识　中毒概论 ··· 178
中毒的常见病因(178)　　中毒性疾病的诊断(179)　　中毒性疾病的治疗原则(180)
技能训练 ·· 182
食盐中毒检验(182)　　有机磷中毒检验(183)

项目8　以生长发育障碍为主的疾病 ··· 187
任务描述 ·· 187
案例分析 ·· 187
相关知识 ·· 187
维生素B缺乏症(187)
拓展知识　维生素缺乏症的鉴别 ··· 190
锌缺乏症(192)　　碘缺乏症(193)　　异食癖(195)

项目9　表现急性死亡的疾病 ··· 197
任务描述 ·· 197
案例分析 ·· 197
相关知识 ·· 197

脂肪肝综合征（197）　　笼养蛋鸡疲劳症（198）　　过敏性休克（199）

项目10　以皮肤病变为主的疾病 ·· 201

任务描述 ··· 201
案例分析 ··· 201
相关知识 ··· 201

湿疹（201）　　荨麻疹（204）

附录一　反刍动物病的类症鉴别要点 ·· 206
附录二　犬病的类症鉴别要点 ·· 213
附录三　猪病的类症鉴别要点 ·· 223
附录四　禽病的类症鉴别要点 ·· 228
附录五　马属动物病的类症鉴别要点 ·· 230

案例分析参考答案 ··· 232
参考文献 ··· 233

项目 1　以消化道症状为主的疾病

项目 1.1　以流涎且伴有采食、吞咽障碍为主的疾病

任务描述　学习本类疾病的相关知识，参加相关临床病例的诊疗，分析临床案例。

案例分析　分析以下案例，确定诊断要点，提出初步诊断，并进行分析论证，制定出治疗方案。

案例 1　主诉：病牛有食入甜菜的可能，突然停止采食，骚动不安，缩颈。

临床检查：空嚼吞咽，大量流涎，或有流泪、咳嗽，反刍、嗳气停止，瘤胃臌胀，呼吸困难。触压颈部食道有波动感。食道探诊时，胃管插至胸部食道时受到阻碍不能继续插入。

案例 2　主诉：病牛近日出现吃草时咀嚼时间长，不能咽下。

临床检查：患牛精神、体温、心跳、呼吸均正常，小便清而不浊，大便呈粒状，口腔、咽部均无异常，瘤胃、肠蠕动也无异常，咽、食道也不敏感和无肿块，给少量水能咽下，给少量麦苗吃，能咀嚼和咽下，但多量的水或麦苗咽下后不久又从口和鼻流出。用胃管探诊患牛挣扎明显。

相关知识　以流涎且伴有采食、吞咽障碍为主的常见疾病主要有口炎、咽炎、食道梗塞。此外，骨软病（参见项目 6）、有机磷中毒（参见项目 7）、口蹄疫等也可出现流涎症状。

口　炎

口炎是口腔黏膜炎症的总称，包括唇炎、齿龈炎、舌炎、腭炎等。按炎症性质可分为多种类型，临床上以卡他性、水疱性和溃疡性较为常见，以采食、咀嚼障碍，食欲减退和流涎为特征，重症病例食欲废绝、慢性消瘦。各种动物均可发生。

【病因】

1. **原发性口炎**　主要是由机械性或理化性刺激损伤口腔黏膜引起的。

（1）机械性因素。采食粗糙、干硬、有芒刺或刚毛的饲草，或者饲草中混有木片、玻璃等尖锐异物；不正确地使用口衔、开口器或锐齿直接损伤口腔黏膜等。

（2）化学性因素。常见于灌服高浓度刺激性或腐蚀性药物（如水合氯醛、稀盐酸等），或长期服用汞、砷、碘制剂；采食霉败饲料、有毒植物（如毛茛、白头翁等）或带有锈病菌、黑穗病菌的饲料、发芽的马铃薯等。

（3）物理性因素。采食冰冻饲料，抢食温度过高的饲料或灌服温度过高的药液。

此外，当受寒或过劳，机体防卫机能降低时，可因口腔内的条件性病原菌，如链球菌、葡萄球菌、螺旋体等的侵害而引起口炎；幼龄动物换齿期，可引起齿龈周围组织发炎。

2. **继发性口炎**　口炎还常继发或伴发于邻近器官炎症，如咽炎、唾液腺炎等；消化器官疾病的经过中，如急性胃卡他、肝炎；营养代谢性疾病，如核黄素、抗坏血酸、烟酸、维生素 A、锌等缺乏症，贫血、佝偻病等；中毒性疾病，如汞、铜、铅、氟中毒等；传染性疾

病，如口蹄疫、传染性水疱性口炎、马疱疹病毒性口炎、猪水疱病、牛恶性卡他热、蓝舌病、猪瘟、犬瘟热、猫鼻气管炎、坏死杆菌病、放线菌病等。

【症状】各种类型的口炎，都具有食欲减退，采食和咀嚼缓慢甚至不敢咀嚼，拒食粗硬饲料；流涎，口角附着白色泡沫；口腔黏膜潮红、肿胀、疼痛、口温增高、带臭味等共同症状。原发性口炎，精神、体温、呼吸、脉搏等全身症状不明显。有些口炎尤其是传染性口炎伴有发热等全身症状。每种类型的口炎还有其特有的临床症状。

1. 卡他性口炎　口腔黏膜弥漫性或斑块状潮红，硬腭肿胀。唇部黏膜的黏液腺阻塞时，则有散在的小结节和烂斑；由植物芒刺或刚毛所致的病例，在口腔内形成大小不等的丘疹，其顶端呈针头大的黑点，触之坚实、敏感。重症病例，唇、齿龈、颊部、腭部黏膜肿胀甚至发生糜烂，大量流涎（图 1-1）。

2. 水疱性口炎　在唇部、颊部、腭部、齿龈、舌面的黏膜上有散在或密集的粟粒大至蚕豆大的透明水疱，2~4d 后水疱破溃形成边缘不整齐的鲜红色烂斑。间或有轻微的体温升高。

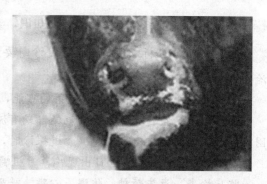

图 1-1　卡他性口炎，流出泡沫样涎

3. 溃疡性口炎　多发于肉食动物，犬最常见。一般表现为门齿和犬齿的齿龈部分肿胀，呈暗红色，易出血。1~2d 后，病变部位变为淡黄色或黄绿色糜烂性坏死，流涎，混有血丝带恶臭味。炎症常蔓延至口腔其他部位，导致溃疡、坏死甚至颌骨外露，散发出腐败臭味。病重者，体温升高。牛、马因异物损伤口腔黏膜时，流涎并混有血液，有创伤和烂斑并形成溃疡。

【诊断】原发性口炎，根据采食、咀嚼缓慢，流涎及口腔黏膜潮红、肿胀、水疱、溃疡等炎症变化，可做出诊断。但应注意与口蹄疫等其他类症相鉴别。

【治疗】

1. 治疗原则　消除病因，加强护理，净化口腔，收敛和消炎。

2. 治疗措施　消除病因，如摘除刺入口腔黏膜的异物，剪断并锉平过长齿等。

加强护理，草食动物应给予营养丰富、柔软而易消化的青绿饲料；肉食动物和杂食动物可给予牛奶、肉汤、鸡蛋、稀粥等。对于不能采食或咀嚼的动物，应及时补糖输液，或者经胃导管给予流质食物，及时补充维生素B、维生素A和维生素C。

口腔局部处理，依据病性，选用适宜的方法，净化口腔，消除炎症。

全身用药，对细菌感染较重的口炎，应选择有效的抗菌药物进行治疗（参照咽炎处方）。

【处方1】冲洗口腔、黏膜消毒。

①1%食盐水，或3%硼酸溶液，或0.1%高锰酸钾溶液适量。

用法：冲洗口腔，每天3~4次。

说明：口腔有恶臭味者，用0.1%高锰酸钾溶液冲洗；不断流涎者，可用1%鞣酸溶液或明矾溶液冲洗口腔。

②2%龙胆紫溶液，或碘甘油（5%碘酊1份、甘油9份），或5%磺胺甘油乳剂适量。

用法：用①方冲洗口腔后，涂布口腔溃疡面，每天3~4次。

【处方2】青黛散（功效：清火消炎，消肿止痛。主治：口舌生疮，咽喉肿痛）。

青黛15g，薄荷5g，黄连10g，黄柏10g，桔梗10g，儿茶10g。

用法：混合，研为细末，吹撒患部或口噙法，即装入纱布袋内，在水中浸湿，衔于病畜口中，饲喂时暂时取出，每日或隔日换药1次。

说明：口噙法适用于牛、马等大家畜。

【处方3】收敛、消炎。

磺胺10g，明矾2～3g。

用法：口噙法，饲喂时暂时取出，每天更换1次。

说明：适用于大家畜重剧口炎。

【处方4】抗生素疗法（参见咽炎处方1）。

说明：适用于重剧口炎。

【预防】首先应注意搞好平时的饲养管理，合理调配饲料；正确服用带有刺激性或腐蚀性的药物；正确使用口衔和开口器；定期检查口腔，牙齿磨灭不整时，应及时修整。防止误食有毒的化学物质或者有毒食物。

咽 炎

咽炎是咽黏膜、软腭、扁桃体（淋巴滤泡）及其深层组织炎症的总称。按炎症性质分为卡他性、纤维素性和化脓性等类型，以卡他性较为常见。临床上以咽部敏感、吞咽障碍和流涎为特征。各种家畜都可发生。

【病因】咽炎的病因有原发性和继发性之分。

1. 原发性咽炎　多因机械性因素、化学性因素或冷热刺激所引起。

（1）机械性因素。饲料中的芒刺、尖锐异物以及胃管投药时动作粗暴等损伤咽黏膜。

（2）化学性因素。采食霉败的饲料和饲草，或者受刺激性强的药物（如氨水、甲醛、硝酸银、吐酒石以及强酸或强碱）、强烈的烟雾、刺激性气体（如芥子气）的刺激和损伤。

（3）冷热刺激。采食过冷的或抢食过热的饲料，灌服药物过热等。

此外，受寒或过劳时，机体抵抗力降低，防卫能力减弱，受到链球菌、大肠杆菌、巴氏杆菌、沙门氏菌、葡萄球菌、坏死杆菌等条件性致病菌的侵害，亦可引起本病的发生。

2. 继发性咽炎　常继发于口炎、鼻炎、喉炎、炭疽、巴氏杆菌病、口蹄疫、牛恶性卡他热、牛羊的出血性败血症、犬瘟热、猪瘟、马腺疫、流感、结核、鼻疽等疾病。

【发病机理】咽是消化道和呼吸道的共同通道，咽的黏膜组织中分布着丰富的血管和神经纤维，黏膜极其敏感，易受到理化因素的刺激和损伤。因此，当机体抵抗力降低，咽黏膜防御机能减弱时，极易受到条件性致病菌的侵害，导致咽黏膜的炎性反应；扁桃体是多种微生物侵入机体的门户，更容易引起炎性变化。

由于咽部血液循环障碍，咽黏膜及其黏膜下组织呈现炎性浸润，扁桃体肿胀，咽部组织水肿，引起卡他性、纤维素性或化脓性病理反应。咽部红、肿、热、痛、吞咽障碍，病畜表现为头颈伸展，流涎，食糜及炎性渗出物从鼻孔逆出；甚至发生误咽（会厌不能完全闭合），而引起腐败性支气管炎、异物性肺炎或肺坏疽。当炎症波及喉时，引起喉炎。

重剧性咽炎，由于大量炎性产物被吸收，引起病畜体温升高，并因扁桃体高度肿胀，深部组织胶样浸润。

【症状】各种类型的患畜都具有头颈伸展，转动不灵活，畏忌采食，勉强采食时，咀嚼缓慢，吞咽时，摇头缩颈，骚动不安，甚至呻吟，或将食团吐出。由于软腭肿胀，在吞咽时常有部分饮水或食物从鼻腔逆出，使两侧鼻孔被混有食物和唾液的鼻液污染。口腔内经常积聚多量唾液，呈丝状流出，或在开口时涌出。此外，牛呈现哽噎运动，猪、犬、猫出现呕吐或干呕；当炎症波及喉时，病畜咳嗽，触诊咽喉部，病畜敏感，重剧病例，喉口狭窄，吸气困难，甚至发生窒息。各种类型咽炎的特有症状如下。

1. 卡他性咽炎　病情发展缓慢，最初不引起人们注意，经3～4d后，头颈伸展、吞咽困难、流涎等症状逐渐明显。咽部视诊（用鼻咽镜），咽部的黏膜、扁桃体潮红、轻度肿胀。全身症状一般较轻。

2. 纤维素性咽炎　发病比较急，体温升高，精神沉郁，不愿采食，鼻液中混有灰白色伪膜。咽部视诊，扁桃体红肿，咽部黏膜表面覆盖有灰白色伪膜，将伪膜剥离后，见黏膜充血、肿胀，有的可见到溃疡。颌下淋巴结肿胀，鼻液中混有灰白色伪膜。

3. 化脓性咽炎　病畜拒食，高热，精神沉郁，脉搏增快，呼吸急促，鼻孔流出脓性鼻液。咽部视诊，咽黏膜肿胀、充血，有黄白色脓点和较大的黄白色突起；扁桃体肿大、充血，并有黄白色脓点。咽部涂片检查：可发现大量的葡萄球菌、链球菌等化脓性细菌。血液检查，白细胞数增多，中性粒细胞显著增加，核左移。

【诊断】根据动物头颈伸展、流涎、吞咽障碍以及咽部触诊、视诊的特征性病理变化，可以做出诊断。但应注意与腮腺炎、食管阻塞等疾病进行鉴别。

【治疗】

1. 治疗原则　消除病因，加强护理，抗菌消炎，对症治疗。

2. 治疗措施　对尚能采食的患畜给予柔软易消化饲料，草食动物给予青草、优质青干草、多汁易消化饲料和麸皮粥；肉食动物和杂食动物可给予稀粥、牛奶、肉汤、鸡蛋等，勤给饮水；对于吞咽困难的动物，应及时补糖输液，种畜和宠物还可静脉输注氨基酸。禁止口服投药，防止误咽。

病初，咽喉部冷敷，后期热敷，每天3～4次，每次20～30min。也可咽喉部涂布樟脑酒精、鱼石脂软膏或止痛消炎膏等药物。小动物可用碘甘油或鞣酸甘油涂布咽黏膜。必要时可用3%食盐水喷雾，有良好效果。重剧咽炎可行封闭疗法。

严重咽炎应使用抗生素或磺胺类药物，青霉素为首选抗生素，可与链霉素、庆大霉素等联合应用。适时应用解热止痛剂。

【处方1】抗菌消炎。

①止痛消炎膏，或鱼石脂软膏适量。

用法：咽喉部涂布，每天1次，连用3～5d。

②青霉素，猪、羊每千克体重2万～3万IU，马、牛每千克体重1万～2万IU；链霉素每千克体重10～15mg；注射用水适量。

用法：一次肌内注射，每天2次，连用3～5d。

【处方2】抗菌消炎、镇痛。

青霉素，牛、马240万～320万IU，猪、羊40万～80万IU；0.25%普鲁卡因溶液，牛、马50mL，猪、羊20mL。

用法：混合后一次咽喉部封闭，每天2次，连用3～5d。

【处方3】抑菌消炎、镇痛。

20%磺胺嘧啶钠液，牛50mL，猪10mL；10%水杨酸钠液，牛100mL，猪10~20mL。

用法：分别静脉注射，每天2次。

【处方4】黏膜消毒、抗菌消炎、祛痰止咳。

①0.1%高锰酸钾溶液适量，碘甘油适量。

用法：前者冲洗口腔，后者咽部涂擦。

②抗生素疗法。参见处方1。

③氯化铵。牛10~25g，马8~15g，羊、猪1~5g，犬0.2~1g。

用法：一次内服。

说明：痰多时用。

【处方5】抗菌消炎。

碳酸氢钠10g，碘喉片（或杜灭芬喉片）10~15g，复方新诺明10~15g。

用法：研成末，混合后一次性装于布袋，衔于病畜口内。每天更换1次。

说明：适用于大家畜。

【处方6】青黛散（参见口炎处方2）。

【预防】要着重搞好平时的饲养管理工作，防止受寒、感冒、过劳。早春晚秋气候急剧变化的时候应注意防寒保暖。注意畜舍环境卫生，保持室内清洁和干燥。注意饲料的质量和调制；应用胃管等诊疗器械时，操作应细心，避免损伤咽黏膜；及时治疗原发病。

食 管 阻 塞

食管阻塞，是因食团或者异物突然阻塞于食管内所引起的一种严重食管疾病，俗称"草噎"。常见于牛、马、猪和犬，也可见于羊。

【病因】

1. 原发性食管阻塞 多在饥饿、抢食、采食时受到惊扰等状态下，匆忙吞咽食团而阻塞食管。

牛多因采食大块的甘薯、马铃薯、甜菜根、苹果、玉米穗、豆饼块、花生饼等饲料时，因咀嚼不充分，吞咽过急而引起，或因误咽毛巾、破布、塑料薄膜、毛线球、木片或胎衣而发病。

马多因饥饿时，大口摄取干燥饲料（草料或谷物），唾液混合不充分，匆忙吞咽而阻塞于食管中。

猪多因抢食甘薯、萝卜、马铃薯块、未拌湿均匀的粉料，或采食混有骨头、鱼刺的饲料。

犬多见于群犬争食软骨、骨头及不易嚼烂的肌腱而引起。幼犬常因嬉戏，误咽瓶塞、小石子等异物而发病。

2. 继发性食管阻塞 常继发于食管狭窄、食管痉挛、食管麻痹、食管炎等疾病。也有因全身麻醉，食管功能没有完全恢复即进食，从而发生食管阻塞的。

【症状】各种动物食管阻塞的共同症状是在采食中突然停止采食，惊恐不安，摇头伸颈，频繁呈现吞咽动作，张口伸舌，大量流涎，甚至从鼻孔流出，常伴有咳嗽（图1-2）。颈部食管阻塞时，外部触诊可感阻塞物；胸部食管阻塞时，在阻塞部位上方的食管内积满唾液，触诊能感到波动并引起哽噎运动。胃导管探诊，当触及阻塞物时，感到阻力，不能推进。大块饲料或异物引起的阻塞，若经2～3d不能排出，即引起食管壁组织坏死甚至穿孔。

牛、羊完全食管阻塞，瘤胃迅速臌胀、呼吸困难。不完全阻塞时尚能饮水，并无瘤胃臌胀现象。

马食管阻塞，常表现不安，干呕，大量流涎，饲料与唾液从口、鼻逆出。

犬完全性食管阻塞，采食或饮水后，出现食物返流。不完全阻塞时，液体和流质食物可以咽下。

图1-2 病牛头颈伸直，反复咳嗽

猪食管阻塞，多半离群，垂头站立而不卧地，张口流涎，往往出现吞咽动作。时而试探饮水、采食，但饮进的水立即逆出口腔。

【诊断】 根据多在采食中突然发病、惊恐不安、大量流涎、频繁吞咽，并结合食管外部触诊、胃管探诊、X射线检查等即可确诊。

鉴别诊断应注意与胃扩张、食管痉挛、食管狭窄、咽炎进行鉴别。

【治疗】

1. 治疗原则　解除阻塞，疏通食管，消除炎症，加强护理和预防并发症的发生。
2. 治疗措施　反刍动物继发瘤胃臌气时，首先做瘤胃穿刺排气，缓解呼吸困难。

近咽部食管阻塞时，装上开口器后，可徒手或借助器械取出阻塞物。

颈部与胸部食管阻塞时，先缓解疼痛及痉挛，并润滑食管。牛、马可静脉注射5％水合氯醛酒精注射液100～200mL，也可应用安乃近、阿托品、氯丙嗪等药物。再用植物油（或液体石蜡）、1％普鲁卡因溶液，灌入食管内。然后运用挤压法、推送法、打气法等排除食管阻塞物。

挤压法：适用于颈部食道阻塞，将病畜横卧保定，用平板或砖垫在食管阻塞部位，然后以手掌抵于阻塞物下端，朝咽部方向挤压，将阻塞物挤压到口腔，即可排除。若为谷物与糠麸，双手从左右两侧挤压阻塞物，促进阻塞物软化，使其自行咽下。

推送法：将胃管插入食管内抵住阻塞物，缓慢用力将其推入胃内。此法主要用于胸部、腹部食管阻塞。

打气法：把打气管接在胃管上，颈部勒上绳子以防气体回流，然后适量打气，并趁势推动胃管，将阻塞物推入胃内。但不能打气过多和推送过猛，以免食管破裂。

打水法：当阻塞物为颗粒状或粉状饲料时，可用清水反复泵吸或虹吸，把阻塞物洗出，或者将阻塞物冲下。

疏导法：在食管润滑状态下，皮下注射3％盐酸毛果芸香碱，借助食管蠕动使之疏通，经3～4h奏效。

另外，马食道阻塞时，将缰绳拴在左前肢系凹部，使马头尽量低下，然后驱赶20～30min，可使阻塞物进入胃内；对猪可皮下注射藜芦碱（0.02～0.03g）或盐酸阿扑吗啡（0.05g），促使呕吐，使阻塞物呕出；犬、猫因异物（骨、鱼刺等）引起的颈部食管阻塞，可配合使用内窥镜和镊子将异物取出。

采用上述方法仍然不见效时,应立即采用手术疗法,切开食管,取出阻塞物。

加强护理,暂停饲喂饲料和饮水。病程较长者,应注意消炎、补液,维持机体营养。排除阻塞物后1~3d,应给予流质饲料或柔软易消化的饲料。

【处方1】

①复方氯丙嗪注射液每千克体重0.5~1mg。

用法:一次肌内注射。

②石蜡油,牛、马200mL,羊、猪、犬10~20mL;2%普鲁卡因溶液,牛、马10mL,羊、猪、犬1~2mL。

用法:胃管投入阻塞部位,10~15min后依据病情选用挤压法、推送法或打气法排除阻塞物。

说明:此方如不奏效,尽早手术治疗。

【处方2】

①石蜡油,牛、马200mL,羊、猪、犬10~20mL;2%普鲁卡因溶液,牛、马10mL,羊、猪、犬1~2mL。

用法:胃管投入阻塞部位。

②新斯的明注射液,马3~10mg,牛4~20mg,羊、猪2~5mg,犬0.25~1mg。

用法:皮下注射。

说明:此方如不奏效,尽早手术治疗。

【预防】本病预防的关键在于加强饲养管理,定时饲喂,防止饥饿后抢食;合理加工调制饲料,块根、块茎及粗硬饲料要切碎或泡软后喂饲;妥善管理饲料堆放间,防止偷食或骤然采食。豆饼、花生饼、棉子饼等糟粕需先水泡调制后饲喂,以防止暴食。全身麻醉手术后,在食管机能尚未完全恢复前更应注意饲养管理,以防止本病的发生。

项目1.2 以食欲、反刍减少为主的反刍动物病

项目1.2.1 以食欲、反刍减少为主且腹围变化不大的反刍动物病

任务描述 学习本类疾病的相关知识,参加相关临床病例的诊疗,分析临床案例。

案例分析 分析以下案例,确定诊断要点,提出初步诊断,并进行分析论证,制定出治疗方案。

案例1 主诉:病牛食欲减退,反刍减少。

临床检查:瘤胃蠕动音减弱,蠕动次数减少。左肷窝凹陷加深,触诊瘤胃内容物呈粥状。体温、脉搏、呼吸数无明显变化,产奶量下降。

案例2 主诉:病牛为高产奶牛,分娩后精神很差,不食或者少食,消瘦,喜卧。

临床检查:呈现前胃弛缓症状,精神沉郁,颌下、胸垂水肿,鼻镜湿润,粪便稀软、色暗、恶臭。左腹膨大,在左侧后3个肋骨区域内指弹或叩诊,可听到清晰的钢管音。在该区域进行穿刺检查,穿刺液棕褐色,pH为4。

案例3　某奶牛场，近一段时间，牛群中少数奶牛采食量减少，产奶量显著降低，高产奶牛发病居多。

临床检查：体温正常，精神沉郁，食欲降低，个别的狂躁不安。牛乳外观无明显的异常，但带有烂苹果味，加热后更加明显，影响了牛乳的销售。

实验室检查：病牛血液和尿液的化验，酮体超标，呈阳性。

相关知识　以食欲、反刍减少为主且腹围变化不大的反刍动物病主要有消化系统疾病：前胃弛缓、创伤性网胃炎腹膜炎、瓣胃阻塞、皱胃变位、皱胃炎和奶牛酮病等。

前 胃 弛 缓

前胃弛缓是由各种病因引起的前胃神经兴奋性降低，平滑肌收缩力减弱，瘤胃内容物运转缓慢所致的反刍动物消化机能障碍综合征。按病因可分为原发性前胃弛缓和继发性前胃弛缓；按病程可分为急性前胃弛缓和慢性前胃弛缓。临床上以食欲减退、反刍减少、前胃运动减弱甚至停止为特征。本病主要发生于舍饲的牛、羊，特别是肉牛和奶牛，是最常见的前胃病。

【病因】

1. 原发性前胃弛缓　亦称单纯性消化不良，其病因主要是饲养管理不当和环境条件改变。

（1）饲养不当。

①饲料过于粗硬或过于细软，长期饲喂粗硬难消化饲料如豆秸、秕壳等，强烈刺激胃壁，尤其在饮水不足时，前胃内容易缠结成不易移动的团块，影响瘤胃的消化活动；反之，当长期饲喂过于细软缺乏刺激性的饲料如麸皮、细碎的精料等，对胃黏膜的刺激不足，易引起前胃弛缓。

②饲料品质不良，如发霉变质、冰冻或混有泥沙的饲料。

③日粮中矿物质和维生素缺乏，特别是维生素A、维生素B_1及钙缺乏时，易引起单纯性消化不良。

④饲养程序紊乱，如突然变换草料或突然改变饲养方式，饲喂不定时、定量，时饥时饱等。

（2）管理不当。过度劳役、长期休闲、运动不足等；圈舍卫生不良、过度拥挤或缺乏光照等；误食塑料袋、化纤布，或分娩后的母牛食入胎衣等，均可导致本病的发生。

（3）应激因素。由于严寒、酷暑、饥饿、疲劳、分娩、断乳、离群、调换圈舍、更换饲养员、恐惧、感染与中毒等因素刺激或手术、创伤、剧烈疼痛的影响，引起应激反应，而发生前胃弛缓。

2. 继发性前胃弛缓　常继发于胃肠疾病、营养代谢性疾病、热性病、传染病、寄生虫病和中毒性疾病等。此外，长期大量应用磺胺类和抗生素制剂，瘤胃内菌群共生关系受到破坏，因而发生消化不良，呈现前胃弛缓。

【发病机理】　在致病因素的作用下，中枢神经系统或植物性神经系统的机能紊乱，前胃兴奋性低，收缩力减弱。特别是当血钙水平低或受到各种应激因素影响时，乙酰胆碱释放减少，神经—体液调节功能减退，导致前胃兴奋性降低，收缩力减弱，妨碍胃内容物的充分搅拌和后送，致使内容物停滞于胃内，出现异常发酵和腐败，产生大量的有机酸（乙酸、丙酸、丁酸、乳酸等）和气体，pH下降。同时，瘤胃内微生物区系共生关系遭到破坏，纤毛虫的活力减弱，数量减少，甚至灭绝，消化道反射活动受到抑制，食欲减退或废绝，反刍减弱或停止。随着病情进一步的发展，瘤胃内容物腐败分解和酵解产生大量的有毒物质和毒素，肝脏解毒能力降低，发生自体中毒。由于大量有毒物质的强烈刺激，引发前胃炎、皱胃炎、肠道炎及腹膜炎，胃肠道渗透性增高，发生脱水现象。

【症状】前胃弛缓按其病情发展过程可以分为急性和慢性两种类型。

1. 急性型　患畜食欲减退或废绝，反刍无力、次数减少甚至停止，嗳气带酸臭味；奶牛和奶山羊泌乳量下降；体温、呼吸、脉搏一般无明显异常。瘤胃蠕动音减弱，蠕动次数减少，瓣胃蠕动音低沉。瘤胃内容物黏硬或呈粥状，轻度或中度臌胀。由应激反应引起的，瘤胃内容物黏硬，而无臌胀现象。病初粪便变化不大，随后粪便变为干硬、色暗，被覆黏液。如果伴发前胃炎、肠炎或酸中毒时，病情急剧恶化，呻吟、磨牙，食欲废绝，反刍停止，排棕褐色糊状恶臭粪便或水样粪便；精神沉郁，鼻镜干燥，眼窝凹陷，黏膜发绀，脉率增快，呼吸困难，皮温不整，体温下降。

2. 慢性型　多由急性型前胃弛缓转变而来。患畜病程长，病情时好时坏，日渐消瘦，体质虚弱，被毛干枯，皮肤弹性减退；多数病畜食欲不定，常发生异嗜，舔砖吃土，或者吃褥草、污物等。反刍不规则，短促、无力或停止，嗳气减少，嗳出气体酸臭。瘤胃蠕动音减弱或消失，内容物黏硬或稀软，瘤胃慢性臌胀；病的后期常伴发瓣胃阻塞，精神沉郁，鼻镜龟裂，食欲、反刍停止，瓣胃蠕动音消失。老牛病重时，呈现贫血与衰竭，并常有死亡发生。

【诊断】本病通常根据发病原因、临床特征、实验室检验等进行诊断。

1. 病史调查　饲料品质不良，饲养制度失宜，应激因素。
2. 症状诊断　病畜食欲减退或废绝，反刍减少，嗳气酸臭，瘤胃蠕动微弱。
3. 实验室诊断　瘤胃液pH下降至5.5以下；纤毛虫活力降低，数量减少至7.0万/mL左右；糖发酵能力降低。

【治疗】

1. 治疗原则　除去病因，加强护理，恢复前胃运动机能，加速内容物排除，制止腐败、发酵，改善瘤胃内环境，恢复正常微生物区系，对症治疗。

2. 治疗措施　首先，除去病因，加强护理。病初绝食1~2d，多饮清水，以后给予适量的易消化的青草或优质干草。轻症病例可在1~2d自愈。

恢复前胃运动机能，可应用前胃兴奋剂、促反刍液等药物（如新斯的明注射液、10%氯化钠液等）；加速内容物排除，制止腐败、发酵，可应用缓泻剂和止酵剂（如硫酸镁、鱼石脂等），必要时可采取洗胃法排除瘤胃内容物；应用缓冲剂，调节瘤胃内容物pH，恢复正常微生物区系，必要时，给病牛投服健康牛反刍食团或灌服健康牛瘤胃液4~8L。

继发瘤胃臌胀的病例，可灌服鱼石脂、松节油等制酵剂；伴发瓣胃阻塞时，可向瓣胃内注射缓泻剂（参照瓣胃阻塞处方）；当病畜呈现轻度脱水和自体中毒时，应用补液、解毒、强心等疗法。

继发性前胃弛缓，着重治疗原发病，并配合前胃弛缓的相关治疗，促进病情好转。

【处方1】兴奋瘤胃、缓泻止酵、调节瘤胃内容物pH。

①硫酸镁（或硫酸钠）300～500g，鱼石脂20g，酒精50mL，温水6～10L。

用法：混合，一次内服（牛），羊为此量的1/6。

说明：缓泻止酵，也可用液体石蜡1 000～2 000mL、苦味酊20～40mL，一次内服（牛）。

②氢氧化镁（或氢氧化铝）200～300g，碳酸氢钠50g，常水适量。

用法：混合，一次内服（牛），每天1次。

说明：改善瘤胃内环境，当瘤胃内容物pH降低时使用；当瘤胃pH升高时，改用稀醋酸（牛30～100mL，羊5～10mL）或常醋（牛300～1 000mL，羊50～100mL），加常水适量，一次内服。

③10%氯化钠液250～500mL，10%安钠咖液20～40mL。

用法：静脉注射（牛），每天1次，连用3～5d。

说明：能有效改善心脏、血管活动，促进胃肠蠕动和分泌，增强反刍。如因血钙水平低而引起的前胃弛缓，可用处方2代替本方。

【处方2】促进瘤胃蠕动。

10%氯化钠注射液300mL，5%氯化钙注射液100mL，10%安钠咖注射液30mL，10%葡萄糖注射液1 000mL。

用法：一次静脉注射（牛），羊酌情减量。

说明：适用于因血钙水平低而引起的原发性前胃弛缓。

【处方3】促进瘤胃蠕动。

新斯的明注射液，牛4～20mg，羊2～5mg。

用法：一次皮下注射，2h重复1次。

说明：也可用氨甲酰胆碱，牛3～5mg，羊0.25～0.5mg；或毛果芸香碱，牛30～100mg，羊5～10mg。本类药物对胃肠平滑肌有较强的兴奋作用，但病情重剧，心脏衰弱，老龄和妊娠母牛禁止应用此类药物，以防虚脱或流产。

【处方4】健胃促反刍。

苦味酊60mL，番木鳖酊15～25mL，姜酊40～60mL，常水500mL。

用法：一次内服，连用数天。

【处方5】解毒、强心。

①25%葡萄糖注射液500～1 000mL，40%乌洛托品注射液20～50mL，20%安钠咖注射液10～20mL。

用法：一次静脉注射（牛）。

②胰岛素100～200IU。

用法：皮下注射。

【处方6】加味四君子汤（健脾和胃，补中益气）。

党参100g，白术75g，茯苓75g，炙甘草25g，陈皮40g，黄芪50g，当归50g，大枣200g。

用法：共为末，开水冲调，候温灌服，每天1剂，连服2～3剂。配合针刺舌底、脾俞、百合、关元俞等穴。

【预防】前胃弛缓的发生多因饲料变质、饲养管理不当而引起，因此预防主要是改善饲养管理,注意饲料的选择、保管,防止霉败变质;不可任意增加饲料用量或突然变更饲料种类;建立合理的使役制度,休闲时期,应注意适当运动;避免不利因素刺激和干扰,尽量减少各种应激因素的影响。注意牛舍清洁卫生和通风保暖。提高牛群健康水平,防止本病的发生。

创伤性网胃腹膜炎

创伤性网胃腹膜炎是反刍动物误食的尖锐金属异物进入网胃,导致网胃和腹膜损伤及炎症的一种疾病。本病主要发生于牛,偶尔发生于羊。

【病因】牛采食迅速,并不咀嚼,以唾液裹成食团,囫囵吞咽,又有舔食习惯,往往将混入饲料的金属异物吞咽落入网胃,导致该病的发生。

饲养管理不善,放牧地点随意,牛采食或舔食了散落在畜舍附近、路边或工厂周围的垃圾与草丛中的金属异物而发病;常见金属异物包括铁钉、碎铁丝、别针、回形针、大头钉、碎铁片等。或由于饲养员饲养过程粗心对饲草没有进行细致的检查,饲料加工粗放,管理不善,对混入饲料中的金属异物检查和处理不细致,被牛误食而导致本病的发生。

青壮年牛和高产奶牛食欲旺盛,采食迅速,往往将上述金属异物吞咽进去,落入网胃底;间或进入瘤胃,又随同其中内容物转运进入网胃,导致该病的发生。

各种造成腹内压升高的因素,如妊娠、分娩、爬跨、跳跃、手术保定、瘤胃臌气等,常能诱发本病。

金属异物可刺透网胃,刺伤膈、腹膜、心包等(图1-3、图1-4),引起炎症或脓肿性变化。

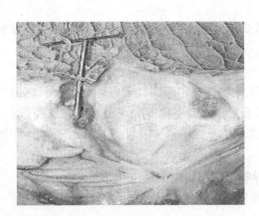

图1-3 铁钉愈着在网胃黏膜上

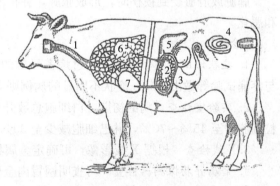

图1-4 网胃异物造成损伤模式
1.食道 2.网胃 3.皱胃 4.肠
5.肝 6.肺 7.心包

【症状】病牛采食时随同饲料吞咽下的金属异物在刺入胃壁前没有任何临床症状,根据金属异物刺穿胃壁的部位、创伤深度、炎症范围以及个体反应性等不同,临床症状也有差异。本病的典型病例主要表现为消化紊乱,网胃和腹膜疼痛,以及体温、血象等全身症状的变化。

病牛呈现顽固性前胃弛缓症状,食欲减退或拒食,反刍缓慢或停止,鼻镜干燥。瘤胃蠕动次数减少,收缩力减弱,触诊瘤胃内容物松软或黏硬,常呈现间歇性瘤胃臌胀症状。按原发性前胃弛缓治疗，尤其应用瘤胃兴奋剂后，病情反而加重。有的病牛发病后即呈慢性前胃弛缓症状，病情发展慢、病程长，机体消瘦，被毛蓬乱无光泽。

病牛因网胃区疼痛而出现异常的姿势和行为（图1-5、图1-6），站立时肘头外展，多取前高后低姿势，站多卧少，起卧缓慢，不愿活动，不愿走下坡路、跨沟或急转弯。网胃区触诊，病牛呈敏感反应，且发病初期表现明显。

图1-5　拱背站立　　　　　　　　　图1-6　回头顾腹

病初体温升高，脉搏增数，以后体温虽然逐渐恢复正常，而脉搏却逐渐增多，白细胞总数增多，核左移。

弥漫性网胃腹膜炎病例，体温高至40～41℃，脉搏增至100～120次/min，呼吸数增快，呼吸浅表，食欲废绝，泌乳停止，全身症状明显；胃肠蠕动音消失，粪便稀软而少；病畜不愿起立或走动，时常发出呻吟声。由于腹部广泛性疼痛，触诊检查难以判断疼痛部位。多数患畜在24～48h进入休克状态。

脾脏或肝脏受到损伤时，形成脓肿，并扩散蔓延，往往引起脓毒败血症，病情急剧发展和恶化。

【诊断】

1. 症状诊断　典型病例，通过病畜异常的姿势和行为，顽固性前胃弛缓，网胃区触诊与疼痛试验等做出诊断。症状不明显的病例则需要辅以实验室检查和X线检查才能确诊。

2. 实验室检查　病的初期，白细胞总数升高，可达11 000～16 000个/mm^3。其中中性粒细胞增至45%～70%，淋巴细胞减少至30%～45%，核左移。

3. X线检查　根据X线影像，可确定金属异物损伤网胃壁的部位和性质。

4. 金属异物探测器检查　可查明网胃内金属异物存在的情况。

【治疗】

1. 治疗原则　加强护理，及时摘除异物，抗菌消炎，恢复胃肠功能和对症治疗。

2. 治疗措施　早发现，及时确诊，措施果断是治疗该病的关键，一旦确诊，以尽快去除异物消除病原为原则，同时，辅助抗菌消炎，恢复胃肠功能，对症治疗。对于经济价值小的动物也可以采取保守疗法，但是临床效果较差。

（1）手术疗法。施瘤胃切开术，将网胃内的金属异物取出。

（2）保守疗法。将病牛立于斜坡上或者斜台上，保持前驱高后躯低的姿势，减轻腹腔脏器对网胃的压力，促使异物退出网胃壁。同时应用抗生素与磺胺类药物，持续治疗3～7d，以确保控制炎症和防止脓肿的形成。另外，补充钙剂，控制腹膜炎和加速创伤愈合。若发生脱水时，可进行输液。

【处方】

①青霉素每千克体重1万~2万IU，链霉素每千克体重10~15mg，注射用水适量。

用法：一次肌内注射，每天2次，连用5d。

②石蜡油500~1 500mL，鱼石脂10~30g，95%酒精20~40mL。

用法：待鱼石脂在酒精中溶解后，混入石蜡油中一次灌服。

说明：排除金属异物可用投服磁铁吸附，无效者手术取出。

【预防】加强日常饲养管理工作，注意饲料选择和管理，防止饲料中混有金属异物。在本病多发地区，给牛群中所有已达1岁的青年牛投服磁铁笼是目前预防本病的主要手段，在大型牛场的饲料自动输送线或青贮塔卸料机上安装大块电磁板，以除去饲草中的金属异物；定期应用金属探测器检查牛群，并应用金属异物摘除器从瘤胃和网胃中摘除异物；做好场区宣传工作，不可将碎铁丝、铁钉等金属异物随地乱扔，切实加强饲养管理工作。

瓣 胃 阻 塞

瓣胃阻塞又称瓣胃秘结，主要是因瓣胃收缩力减弱，内容物运转迟滞，水分被吸收而干涸，致使瓣胃扩张、坚硬，以致形成阻塞的一种前胃病。临床上以鼻镜干燥、龟裂，排粪干少、色暗，瓣胃蠕动音消失和瓣胃区扩大敏感为特征。本病多发生于牛。

【病因】本病的病因通常见于前胃弛缓，可分为原发性和继发性两种。

1. **原发性瓣胃阻塞** 主要因长期饲喂刺激性小或缺乏刺激性的饲料，如糠麸、粉渣、酒糟等，以致瓣胃的兴奋性和收缩力减弱；长期过多地饲喂粗硬难消化饲料，如甘薯蔓、花生蔓、豆秸等，使瓣胃排空缓慢，水分逐渐被吸收，以致内容物干涸积滞，尤其是饮水不足时，更易促使本病的发生。此外，由放牧转为舍饲或突然变换饲料，饲料中缺乏蛋白质、维生素以及微量元素，或饲料中沙土较多以及运动不足等均可促进本病发生。

2. **继发性瓣胃阻塞** 本病常继发于前胃弛缓、瘤胃积食、皱胃阻塞、皱胃变位、皱胃溃疡、腹腔脏器粘连、生产瘫痪、黑斑病甘薯中毒、牛恶性卡他热、牛血红蛋白尿病、急性肝脏疾病、血液原虫病等疾病。

【症状】病初呈前胃弛缓症状，精神沉郁，时而呻吟，食欲不定或减退，便秘，粪便干硬、色暗，奶牛泌乳量下降。瓣胃蠕动音微弱或消失，对瓣胃区触诊或叩诊，病牛疼痛不安，浊音区扩张，瘤胃轻度臌胀。

随着病情进一步发展，病畜精神沉郁，食欲废绝，反刍停止，鼻镜干燥、龟裂，空嚼、磨牙；呼吸浅表、急促，心脏机能亢进，脉率加快至80~100次/min。进行瓣胃穿刺检查，可感到阻力较大，瓣胃不显现收缩运动。直肠检查可见肛门与直肠痉挛性收缩，直肠内空虚，有黏液，少量暗褐色粪块附着于直肠壁。

晚期病例，瓣叶坏死，伴发肠炎和全身败血症，精神高度沉郁，排粪停止或排出少量黑褐色恶臭黏液。尿量减少或无尿。体温升高0.5~1℃，呼吸急促，心律不齐，脉率加快至100~140次/min，脉律不齐，结膜发绀，体质虚弱。重剧病例，经过3~5d，微循环障碍，皮温不整，脱水，自体中毒，卧地不起，陷于昏迷状态，预后不良。

【诊断】

1. **症状诊断** 主要依据病史及鼻镜干燥、龟裂，排粪干少，粪便细腻，黏液增多，瓣胃蠕动音消失，触诊瓣胃敏感性增高，叩诊浊音区扩大等临床症状。并结合瓣胃穿刺诊断可以确诊。

2. 瓣胃穿刺诊断　用15～18cm长穿刺针，于右侧第9肋间肩关节水平线交点处进行穿刺，可感到阻力增大，瓣胃不显现收缩运动。

诊断时应注意与前胃弛缓、瘤胃积食、创伤性网胃腹膜炎、皱胃阻塞、肠便秘以及伴发本病的某些急性热性疾病进行鉴别诊断，以免误诊。

【治疗】

1. 治疗原则　增强前胃运动机能，促进瓣胃内容物排除，对症治疗。
2. 治疗措施　对于轻症病例可灌服或瓣胃内注射盐类或油类泻剂，并配合增强前胃运动机能疗法，促进瓣胃内容物的软化与排除。对以上措施无效的重症病例，可施行瘤胃切开术，用胃管插入网—瓣孔，冲洗瓣胃，效果较好。

对症治疗可应用庆大霉素、链霉素等抗生素，防止继发感染，并及时强心、补液、解毒，防止脱水和酸中毒。

【处方1】

①硫酸钠500g，石蜡油2 000mL，常水8L。

用法：一次灌服（牛）。

②5％葡萄糖生理盐水5 000mL，10％安钠咖注射液30mL。

用法：一次静脉注射（牛）。

③新斯的明注射液20mg。

用法：一次皮下注射。

说明：毛果芸香碱20～50mg，或氨甲酰胆碱1～2mg，或新斯的明10～20mg（在无腹痛症状时应用。体弱、妊娠、心肺机能不全者忌用此类药物）。

【处方2】

①10％硫酸钠溶液2 000～3 000mL，甘油300～500mL，普鲁卡因2g，盐酸土霉素3～5g。

用法：混合后，一次瓣胃内注入（牛）。

②10％氯化钠溶液300mL，5％氯化钙注射液100mL，10％安钠咖注射液30mL，复方氯化钠注射液5 000mL。

用法：一次静脉注射（牛）。

说明：病情重剧的，可同时皮下注射新斯的明等药物（参见处方1）。

【预防】避免长期应用混有泥沙的糠麸、糟粕饲料喂养，同时注意适当减少坚硬的粗纤维饲料；铡草喂牛，也不宜铡得过短；注意补充蛋白质与矿物质饲料；并注意适当运动，发生前胃弛缓时，应及早治疗，以防止发生本病。

皱胃变位

皱胃变位即皱胃的正常解剖学位置发生改变。根据其变位的方向可分为左方变位和右方变位两种类型。在临床上绝大多数病例是左方变位。皱胃变位发病高峰在分娩后6周内，也可散发于泌乳期或怀孕期，成年高产奶牛的发病率高于低产奶牛。犊牛与公牛较少发病。

（一）左方变位

左方变位即皱胃通过瘤胃下方移到左侧腹腔，置于瘤胃和左腹壁之间（图1-7、图1-8）。

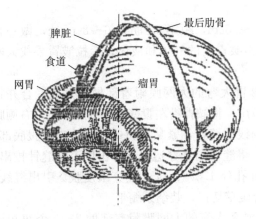

图1-7　皱胃移位到瘤胃左侧　　　　　图1-8　左腹部明显突起

【病因】目前认为引起皱胃左方变位的主要原因与皱胃弛缓和机械性转移有关。

造成皱胃弛缓的原因可包括分娩前的努责以及一些营养代谢性疾病或感染性疾病，如酮病、低钙血症、生产瘫痪、牛妊娠毒血症、子宫炎、乳房炎、胎衣不下、消化不良。另外，喂饲较多的高蛋白精料或含高水平酸性成分饲料，如玉米青贮等也可以引起皱胃弛缓。由于皱胃机能不良，导致皱胃扩张和充气，容易因受压而游走变位，当皱胃向左侧越过腹底正中线后，很容易滑到左腹部，最后移动到瘤胃背囊与左腹壁之间。此外，由于上述疾病可使病畜食欲减退，导致瘤胃体积减小，促进皱胃变位的发生。

皱胃机械性转移是皱胃变位的病因的另外一个假设，人们认为是妊娠子宫逐渐增大而沉重，将瘤胃从腹腔底抬高，而致皱胃向左方移位。分娩时，由于胎儿被产出，瘤胃恢复下沉，致使皱胃被压到瘤胃与左腹壁之间。

【症状】病初前胃弛缓，食欲逐渐减退，厌食谷物精料，青贮饲料的采食量往往减少，大多数病牛对粗料保留一些食欲，产奶量下降1/3～1/2。通常排粪量减少，呈糊状，深绿色，伴随腹泻症状，也有腹泻与便秘症状的交替出现。当瘤胃蠕动时会引起皱胃疼痛，病牛呈现交替踏步动作。大多数病牛，如果无并发症其体温、呼吸、脉搏数基本上正常。

随病程发展，左腹膨大，左侧肋弓突起，瘤胃蠕动音减弱或消失。左腹听诊，能听到与瘤胃蠕动无关的皱胃蠕动音。在左腹壁后3个肋骨区域内听叩结合检查，可听到高亢的鼓音或典型的钢管音。在左侧肋弓下进行冲击式触诊可听到振水音。直肠检查，可发现瘤胃背囊明显右移。有的病牛可出现继发性酮病，呼出气和乳汁带有酮气味。

【诊断】

1. 症状诊断　在左腹中部最后几个肋间听诊有皱胃蠕动音，听叩结合检查有钢管音。

2. 穿刺检查　在钢管音区域直下方穿刺检查，穿刺液呈酸性反应（pH1～4），棕褐色，缺乏纤毛虫，据此可做出明确诊断。

临床诊断应注意与原发性酮病和创伤性网胃炎相区别。

【治疗】

1. 治疗原则　及时复位为该病的基本治疗原则。

2. 治疗措施 目前滚转复位法和手术疗法是治疗皱胃左方变位的两种基本方法。滚转复位法，仅限于病程短、病情轻的病例，且成功率不高；手术疗法适用于病后的任何时期，疗效确实。

(1) 手术疗法。在左腹部腰椎横突下方25～35cm，距第13肋骨6～8cm处，做一长15～20cm垂直切口；打开腹腔，暴露皱胃，导出皱胃内的气体和液体；牵拉皱胃寻找大网膜，将大网膜引至切口处。

整复固定方法一：用长约2m的肠线，在皱胃大弯的大网膜附着部做一褥式缝合并打结，剪去余端，带有缝针的另一端留在切口外备用；将皱胃沿左腹壁推送到瘤胃下方右侧腹底。纠正皱胃位置后，术者掌心握着备用的带肠线的缝针，紧贴左腹壁内侧伸向右腹底部，并按助手在腹壁外指示的皱胃正常体表位置处，将缝针向外穿透腹壁，由助手将缝针拔出，慢慢拉紧缝线；将缝针从原针孔刺入皮下，距针孔处1.5～2.0cm处穿出皮肤，引出缝线，将其与入针处线端在皮肤外打结固定。常规闭合腹壁切口，装结系绷带。

整复固定方法二：用10号双股缝合线，在皱胃大弯的大网膜附着部做2～3个纽扣缝合，术者掌心握缝线一端，紧贴左腹壁内侧伸向右腹底部皱胃正常位置，助手根据术者指示的相应体表位置，局部常规处理后，做一个皮肤小切口，然后用止血钳刺入到腹腔，钳夹术者掌心的缝线，将其引出腹壁外。同法引出另外的纽扣缝合线。然后术者用拳头抵住皱胃，沿左腹壁推送到瘤胃下方右侧腹底，进行整复。纠正皱胃位置后，由助手拉紧纽扣缝合线，取灭菌小纱布卷，放于皮肤小切口内，将缝线打结于纱布卷上，缝合皮肤小切口。

(2) 滚转复位法。限制饮水，饥饿1～2d，使牛右侧横卧1min，将四蹄缚住，然后转成仰卧1min，随后以背部为轴心，先向左滚转45°，回到正中，再向右滚转45°，再回到正中（左右摆幅90°）。如此来回地向左右两侧摆动若干次，每次回到正中位置时静止2～3min；将牛转为左侧横卧，使瘤胃与腹壁接触，转成俯卧后使牛站立。也可以采取左右来回摆动3～5min后，突然停止；在右侧横卧状态下，用叩诊和听诊结合的方法判断皱胃是否已经复位。若已经复位，停止滚转；若仍未复位，再继续滚转，直至复位为止。然后让病牛缓慢转成正常卧地姿势，静卧20min后，再使牛站立。

治疗过程中，口服缓泻剂与制酵剂，应用促反刍药物和拟胆碱药物，静脉注射钙剂和口服氯化钾，以促进胃肠蠕动，加速胃肠排空，消除皱胃弛缓。若存在并发症，如酮病、乳房炎、子宫炎等，应同时进行治疗。

滚转法治疗后，让动物尽可能地采食优质干草，以促进胃肠蠕动，增加瘤胃容积，从而防止左方变位的复发。

【预防】加强饲养管理，合理配合日粮，日粮中的谷物饲料、青贮饲料和优质干草的比例应适当；对并发乳房炎或子宫炎、酮病等疾病的病畜应及时治疗；在奶牛的育种方面，应注意选育后躯宽大、腹部较紧凑的奶牛。

(二) **右方变位**（皱胃扭转）

皱胃从正常位置以顺时针方向扭转到瓣胃的后上方，置于肝脏与腹壁之间，称为皱胃右方变位（图1-9）。呈现亚急性扩张、积液、腹痛、碱中毒和脱水等幽门阻塞的综合症状。

【病因】目前认为右方变位也是在皱胃弛缓的基础上发生的。突然跳跃、起卧、滚转等可促进本病的发生。

【症状】皱胃右方变位通常发病急剧，表现突然腹痛，背腰下沉，蹴踢腹部，呻吟不安，

项目 1 以消化道症状为主的疾病

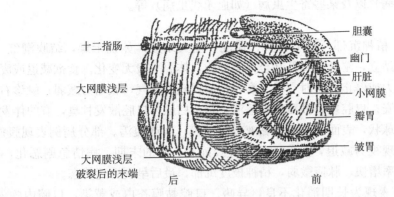

图 1-9 皱胃右方变位（顺时针扭转）

呈蹲伏姿势。食欲减退或废绝，瘤胃蠕动减少或废绝，泌乳量急剧下降，体温一般正常或偏低，心率加快，每分钟增至 100～200 次，呼吸数正常或减少。粪便呈黑色、糊状，混有血液。发病 3～4d 后右腹膨大或肋弓突起，冲击式触诊可听到液体振荡音。在听诊右腹同时叩打最后两个肋骨，可听到典型的钢管音。直肠检查，在右腹部触摸到膨胀而紧张的皱胃，肝脏向腹正中线推移。轻度扭转时，病程可达 10～14d，但严重扭转常呈急性发作，病程较短，有时由于皱胃高度扩张，以致皱胃破裂和突然死亡。

【诊断】

1. 症状诊断 右侧最后肋弓及肋弓后方明显膨胀，在右侧腰旁窝叩诊、听诊、冲击式触诊和振摇可以证实皱胃呈顺时针方向扭转。直肠检查摸到后移扩张的皱胃。

2. 穿刺检查 对右腹隆起部穿刺检查，可抽出大量带血色液体，pH 1～4。

临床上应注意与皱胃积食、皱胃左变位、原发性酮病、胎儿水肿、盲肠扭转等进行区别。

【治疗】手术治疗是治疗皱胃扭转的有效方法。在右腹部第 3 腰椎横突下方 10～15cm 处，做垂直切口，导出皱胃内的气体和液体；纠正皱胃位置，并使十二指肠和幽门通畅；减少脱水和碱中毒。然后将皱胃在正常位置加以缝合固定，防止复发。治疗中应根据病牛脱水程度，进行补液和强心。同时治疗低钙血症、酮病等并发症。

【预防】皱胃右方变位的预防与皱胃左方变位的预防措施相似。

皱 胃 炎

皱胃炎是指各种原因所致的皱胃黏膜及黏膜下层的炎症。根据病程分为急性和慢性皱胃炎，根据病因分为原发性和继发性两种。临床上以严重的消化机能紊乱为主要特征。本病多见于犊牛和老龄牛，体质较差的牛也容易患该病。

【病因】

1. 原发性病因 长期饲喂粗硬饲料、冰冻饲料、霉变饲料或长期饲喂糟粕、粉渣等饲料；各种应激因素的影响，如饲喂不定时定量，突然变换饲料，经常调换饲养员，或者因长途运输、过度紧张和劳累等因素都会导致原发性皱胃炎的发生。

2. 继发性病因 本病常继发于自体中毒、前胃疾病、肠道疾病、营养代谢疾病、口腔疾病（包括牙齿不整、齿槽骨膜炎等）、某些化学物质中毒、急性或慢性传染病（牛病毒性腹泻、牛沙门氏菌病)以及某些寄生虫病(如血矛线虫病)等。

【症状】

1. 急性病例　精神沉郁,被毛污秽、蓬乱、垂头站立,鼻镜干燥,结膜潮红、黄染,弓背,后肢向前方站立,泌乳量降低甚至完全停止,体温一般无变化。食欲减退或废绝,反刍减少、短促、无力或停止,有时空嚼、磨牙;瘤胃轻度臌气,收缩力减弱;触诊右腹部皱胃区,病牛疼痛不安;口腔黏膜被覆黏稠唾液,舌苔白腻,口腔散发甘臭,有的伴发糜烂性口炎;便秘,粪呈球状,表面被覆多量黏液或黏液膜,间或腹泻。部分病例表现腹痛不安,卧地呻叫。个别表现视力减退,具有明显的神经症状。病的末期,病情急剧恶化,全身衰弱,伴发肠炎,脉率增快,脉搏微弱,精神极度沉郁,最后呈现昏迷状态。

2. 慢性病例　表现为长期消化不良,异嗜。口腔黏膜苍白或黄染,口腔内唾液黏稠,舌苔白,散发甘臭味。瘤胃收缩无力,便秘,粪便干硬,呈球状。病的后期,病畜衰弱,贫血,腹泻,精神沉郁,有时呈现昏迷状态。

【诊断】本病特征不明显,临床诊断困难。根据消化障碍,触诊皱胃区敏感,可视黏膜黄染等症状,可以做出初步诊断。

【治疗】

1. 治疗原则　清理胃肠,消炎止痛,对症治疗。

2. 治疗措施　对急性病的初期,绝食1～2d,以后逐渐给予青干草和麸粥。对犊牛,在绝食期间,喂给温生理盐水或者口服补液盐,再给少量牛奶,逐渐增量。对衰弱病畜,应强心、补液,维持代谢的基本需要。

重症病例,在及时使用抗生素的同时,应注意强心、输液,促进新陈代谢。病情好转时,可服用复方龙胆酊、橙皮酊等健胃剂。为清理胃肠道有害内容物,内服油类或盐类泻剂。

慢性病例,应着重改善饲养和护理,注意消积导滞、健胃止酵,增进治疗效果。

【处方1】

①植物油500～1 000mL(或人工盐400～500g),常水适量。

用法:一次内服。

②安溴注射液100mL。

用法:静脉注射。

③阿莫西林6g,生理盐水50mL。

用法:瓣胃内注射,每天1次,连用3～5次。

说明:适应于急性皱胃炎。

【处方2】

①黄连素2～4g,硫酸钠500g,常水5 000mL。

用法:配成溶液,一次瓣胃注射。

②阿莫西林2～3g,5%葡萄糖生理盐水2 000～3 000mL,20%安钠咖注射液10～20mL,40%乌洛托品注射液20～40mL。

用法:一次静脉注射(牛)。

说明:适应于病情严重的病例,防止继发感染,增进新陈代谢,改善全身机能状态。

【处方3】保和丸(消食降气)。

焦三仙180g，鸡内金30g，延胡索30g，川楝子50g，厚朴40g，大黄50g，青皮30g，陈皮30g，莱菔子50g，甘草30g。

用法：水煎，一次灌服（牛）。

【预防】搞好畜舍卫生，尽量避免各种不良因素的刺激和影响；加强饲养管理，给予质量良好的饲料，饲料搭配合理。

奶 牛 酮 病

奶牛酮病是因奶牛体内碳水化合物及挥发性脂肪酸代谢紊乱所引起的一种全身性功能失调的代谢性疾病。其特征是血液、尿液、乳汁中的酮体含量增高，血糖浓度下降，消化机能紊乱，体重减轻，产奶量下降，伴发神经症状。

【病因】

1. 奶牛高产、能量负平衡　母牛产犊后出现泌乳高峰快，约在产犊后40d，但其食欲恢复到采食量的高峰约在产犊后70d。在产犊后10周内，如能量和葡萄糖摄入不足，不能满足泌乳消耗的需要，对产奶量较高的母牛来讲，则加剧了这种能量的负平衡。所以，酮病多发于产奶量高的奶牛。

2. 奶牛日粮中营养不平衡或供给不足　奶牛饲料供应过少、品质低劣、配合单一，饲料能量供应不足，日粮营养供给不足、不平衡；或者精料过多、粗饲料不足，青料、粗料、精料搭配比例不当等，而且精料属于高蛋白、高脂肪和低碳水化合物饲料，使机体的生糖物质缺乏，糖生成减少，血糖浓度降低，产生大量的酮体而发病。这种原因引起的酮病称为自发性或营养性酮病。

3. 奶牛产前过度肥胖　干奶期供应能量水平过高，造成母牛产前过度肥胖，严重影响产后采食量的恢复，摄食能量不能满足消耗，出现能量负平衡，产生大量酮体而发病。这种原因引起的酮病称为消耗性酮病。

4. 其他因素　饲料中缺乏磷、钴、碘等矿物质，寒冷、饥饿、过度挤奶等应激因素，继发真胃变位、创伤性网胃炎、子宫炎、乳房炎等引起消化功能障碍，可使牛群酮病发病率增高。

【发病机理】血糖浓度降低是发生酮病的中心环节。当血糖浓度降低时，糖类氧化供能障碍，体内脂肪大量分解供能，肝脏内脂肪酸的β-氧化作用加快，生成大量的乙酰辅酶A，因糖缺乏，没有足够的草酰乙酸，乙酰辅酶A不能顺利进入三羧酸循环进行氧化，则沿着生成乙酰乙酰辅酶A的途径，最终生成大量酮体，酮体主要由β-羟丁酸、乙酰乙酸和丙酮所组成。血中酮体随呼吸、发汗、排尿排出而散发烂苹果味。若病程延长，瘤胃微生物群落的变化难以恢复，可造成持久性消化不良。血中高浓度的酮体对中枢神经系统有抑制作用，再加上脑组织缺糖而使病牛呈现嗜睡，甚至昏迷。当丙酮还原或β-羟丁酸脱羧后，可生成异丙醇，可使病牛兴奋不安。酮体属于有机酸，血中高浓度的酮体导致机体酸中毒。

【症状】母牛产犊后几天到几周内，精神沉郁，食欲减退，便秘且粪便上覆有黏液，产奶量下降。临床上表现为两种类型，即消耗型和神经型。消耗型酮病占多数，但有些病牛的消耗型症状和神经症状可同时存在。

1. 消耗型症状　病牛食欲降低，且采食量减少，甚至拒绝采食青贮饲料，而采食少量干草。体重迅速下降，消瘦，腹围缩小。产奶量明显下降，乳汁容易形成泡沫，一般不发展为无乳。皮下脂肪大量消耗，皮肤弹性降低。粪便干燥、量少，有时粪表面黏附有一层伪膜或夹有黏液。瘤胃蠕动减弱，甚至消失。

2. 神经型症状　发病初期表现为神经兴奋，精神高度紧张、不安。流涎，磨牙，空嚼，顽固性舔吮饲槽或其他物品。视力下降，走路不辨方向，横冲直撞，意识障碍。有的全身肌肉紧张，步履跟跄，站立不稳，四肢叉开或相互交叉。有的震颤，吼叫，感觉过敏。这种兴奋多呈间断性发作，每次发作约1h，间隔8～10h再重新发作。后期，严重者站立不稳，倒地，头屈向颈侧，昏睡乃至昏迷死亡。

3. 特征性症状　病牛呼出的气体、尿液和乳汁中含有酮体物质带有特殊的类似烂苹果的气味，加热后更加明显。乳汁、尿液易形成大量泡沫。上述症状对于本病诊断具有一定的意义。

【诊断】

1. 症状诊断　本病多发生于产犊后的第一个泌乳月内，尤其在产后3周内。各胎龄母牛均可发病，但以3～6胎母牛发病最多，第一次产犊的青年母牛也可发生。产奶量高的母牛发病较多。本病无明显的季节性，一年四季都可发生，冬春两季发病较多。

原发性酮病发生在产犊后几天至几周内，皮肤、呼出气体、尿液、乳汁等散发烂苹果味（酮味）。血糖降低，体重减轻，产奶量下降，消化机能紊乱，常伴发子宫内膜炎，繁殖功能障碍，休情期延长，人工授精率降低。间有神经症状，兴奋不安，步履跟跄，站立不稳。

隐性酮病牛临床症状不明显，一般在产后1月内发病，病初血糖含量下降不显著，尿酮体浓度升高，血液酮体浓度后期升高，产奶量稍下降。有些母牛具有反复发生酮病的病史。

2. 剖检诊断　部分病例，可见肝脏高度肿大、质脆，呈黄色。另外垂体前叶及肾上腺皮质也有类似病变。

3. 实验室诊断　血液化验为低糖血症，血糖浓度从正常时2.8mmol/L（500mg/L）降至1.12～2.24mmol/L（200～400mg/L）。高酮血症，血清酮体含量在3.44mmol/L（200mg/L）以上，尿酮、乳酮化验为阳性。实验室定性检测酮体多采用快速简易定性法检测血液、尿液和乳汁中有无酮体存在。采用试剂为亚硝基铁氰化钠1份、硫酸铵20份、无水碳酸钠10份，混合研细，取其粉末0.2g放在载玻片上，加待检样品2～3滴，若含酮体则立即出现紫红色。但需要指出的是，所有这些测定结果必须结合病史和临床症状进行综合分析。

本病应注意鉴别诊断，生产瘫痪多发生于产后1～3d，皮肤、呼出的气体、尿液、乳无特异性气味，尿、乳酮体检验呈阴性。奶牛患创伤性网胃炎、真胃变位及消化道阻塞等疾病时易继发酮病，对葡萄糖或激素治疗无明显疗效。

【治疗】

1. 治疗原则　升高血糖，改善能量代谢，缓解酸中毒。

2. 治疗措施

【处方1】补充血糖，促进糖原生成。

①50%葡萄糖注射液500～1 000mL、辅酶A 500IU。

用法：一次静脉注射，连用3d。

②地塞米松磷酸钠注射液20mg。

用法：一次静脉注射，连用 3d。

③甘油或丙二醇 250g，乳酸钠或乳酸铵 200g。

用法：一次口服，每天 1 次，连用 3～5d。

说明：必要时葡萄糖溶液可重复或少量多次静脉注射，以维持血糖的稳定。有时可以选用腹腔内注射 20% 葡萄糖注射液，不宜采用皮下注射。口服葡萄糖或其他糖类效果差，因糖在瘤胃中被微生物发酵形成乙酸，反而会增加酮体的生成。

地塞米松属糖皮质类激素，虽能动员组织蛋白的糖原异生作用，升高血糖，但对正常的水盐代谢、骨骼机能有干扰作用，不宜多次应用。

【处方 2】缓解酸中毒、缓解神经症状。

①5% 碳酸氢钠注射液 500mL。

用法：一次静脉注射，连用 3d。

②水合氯醛，首次剂量牛为 30g，以后给予 7g。

用法：放于蜜糖中或温水灌服，每天 2 次，连续 3～5d。

说明：也可用 10% 葡萄糖酸钙注射液 500mL 或 5% 氯化钙注射液 200mL，静脉注射。对具有神经症状的酮病可缓解神经症状。水合氯醛对大脑产生抑制作用，降低兴奋性，同时破坏瘤胃中的淀粉，刺激葡萄糖的产生和吸收，并通过瘤胃的发酵作用而提高丙酸的含量。

【处方 3】辅助治疗。

硫酸钴 0.1g，氧化镁 100g 或硫酸镁 200g，碳酸氢钠 100g。

用法：加热水 4kg 溶解后灌服，每天 1 次，连续 7d。

【预防】采取综合预防措施，才能收到良好的效果。对高度集约化饲养的牛群，严格防止在泌乳结束前牛体过肥，全泌乳期应科学地控制牛的营养投入。

奶牛产前 4～5 周，逐步增加能量供给，直至产犊和泌乳高峰期。随着泌乳量增加，用于促使产乳的日粮也应增加，应保持粗料和精料的合理比例。一般来讲，每千克精料含产奶净能 7.85MJ、粗蛋白 16%～18% 为宜，每天补充精料 7～8kg。精料中添加 1% 碳酸氢钠、0.3% 氧化镁为宜，其中能量饲料应以磨碎玉米为好，因为其可避开瘤胃发酵作用而被消化，并可直接提供葡萄糖。在达到泌乳高峰期时，要定时饲喂精料，同时应适当增加奶牛运动。不要轻易改变日粮品种。泌乳高峰期后，饲料中碳水化合物可用大麦等替代玉米。此外，应供给优质的干草或青贮饲料。

在酮病的高发期，饲喂丙酸钠（每次 120g，每天 2 次，连用 10d），也有较好的预防效果。

技能训练

瓣胃内注射术

【应用】将药液直接注入瓣胃中，使其内容物软化通畅。主要用于治疗瓣胃阻塞。

【准备】用 15cm 长的（16～18 号）针头，100mL 注射器。注射用药品有液状石蜡、25% 硫酸镁、生理盐水、植物油等。

【部位】瓣胃位于右侧第 7～10 肋间，其注射部位在右侧第 9 肋间与肩关节水平线相交点的下方 2cm 处。

【方法】术者左手稍移动皮肤，右手持针头垂直刺入皮肤后，使针头转向左侧肘头左前下方，刺入深度8~10cm，先有阻力感，当刺入瓣胃内则阻力减小，并有沙沙感。此时注入20~50mL生理盐水，再回抽，如混有食糜或被食糜污染的液体时，即为正确。注入所需药物（如25%~30%硫酸镁300~500mL，生理盐水2 000mL，液状石蜡500mL），注射完毕，迅速拔出针头，术部涂碘酊，以碘仿火棉胶封闭针孔。

【注意事项】

(1) 操作过程中宜将病畜确实保定，注意安全，以防意外。

(2) 注射中病畜骚动时，要确实判定针头是否在瓣胃内，而后再行注入药物。

(3) 在针头刺入瓣胃后，回抽注射器，如有血液或胆汁，是误刺入肝脏或胆囊，表明位置过高或针头偏向上方的结果。这时应拔出针头，另行移向下方刺入。

(4) 注射一次无效时，可每天注射1次，连注2~3次。

项目1.2.2 以食欲、反刍减少为主且腹围增大的反刍动物病

任务描述 学习本类疾病的相关知识，参加相关临床病例的诊疗，分析临床案例。

案例分析 分析以下案例，确定诊断要点，提出初步诊断，并进行分析论证，制定出治疗方案。

案例1 主诉：病牛精神很差，不吃草料，呼吸急促，并有食入大量精料的可能。

临床检查：精神沉郁，呼吸急促，结膜发绀，皮肤弹性降低；食欲废绝，反刍停止，腹围明显增大，瘤胃蠕动音减弱至消失，排粪少。

案例2 主诉：病牛放牧回来后即表现不安，回顾腹部，张口呼吸。

临床检查：反刍、嗳气停止。腹部迅速膨大，左肷部显著突起，叩诊呈鼓音，瘤胃蠕动音消失。胃管检查：仅排出少量气体。

案例3 主诉：患牛已病20余天，不吃，不反刍。

临床检查：精神沉郁，被毛粗乱，营养差，可视黏膜苍白。瘤胃蠕动音消失，肠蠕动音微弱，心跳慢而弱；瘤胃大量积液，冲击性触诊有波动，触诊右侧上腹壁较软，下腹壁较硬，用力压下腹壁时病牛有退让动作，从右侧肋弓下方到膝皱襞都较硬。

相关知识 以食欲、反刍减少为主且腹围增大的反刍动物病主要有：瘤胃积食、瘤胃臌胀、瘤胃酸中毒、皱胃阻塞等。

瘤 胃 积 食

瘤胃积食又称急性瘤胃扩张，反刍动物采食大量粗纤维饲料或容易臌胀的饲料，超过了正常容积，致使瘤胃体积增大，胃壁扩张，引起瘤胃运动机能障碍和严重消化不良的一种疾病。临床上以反刍、嗳气停止，瘤胃膨满、黏硬或坚硬，疝痛，瘤胃蠕动音极弱或消失为特征。反刍动物均可发生，舍饲牛多发。

【病因】瘤胃积食的主要原因是由于采食了大量粗纤维饲料或易膨胀的饲料引起的。如因饥饿采食了大量豆秸、山芋藤、老苜蓿、花生蔓、紫云英、谷草、稻草、麦秸、甘薯蔓等，而又缺乏饮水；突然变更饲料，常见于将品质差、适口性不好的饲料突然变换为品质好、适口性强的饲料时，采食量过多；饲喂过量的优质饲料（精料及糟粕类），适口性好的

青草、胡萝卜、马铃薯等；由放牧突然转为舍饲时，对干枯饲料不适应，消化力弱；偷食大量易于膨胀的精料（如豆饼、玉米）等，均可导致本病的发生。也有因误食大量塑料薄膜或长绳而发生本病的。此外，过度紧张、运动不足、过于肥胖或因中毒与感染等因素，导致瘤胃运动机能降低也可引起瘤胃积食。

继发性瘤胃积食，常见于前胃弛缓、创伤性网胃腹膜炎、瓣胃阻塞、皱胃阻塞等疾病过程中。

【发病机理】瘤胃积食的发生主要与一次采食过量饲料有关，而且与前胃弛缓关系密切。在前胃弛缓的基础上，采食饲料的数量或质量稍有变化，就易引起瘤胃内容物不能正常运转而停滞，从而导致本病的发生。

由于过量饲料积聚于瘤胃，压迫瘤胃黏膜感受器，瘤胃短时间兴奋后，很快转入抑制，蠕动减弱甚至消失，胃壁扩张和麻痹。随病情发展，停滞于瘤胃的内容物发酵、腐败，产生大量气体和有毒物质，刺激瘤胃壁神经感受器，引起腹痛不安；瘤胃内微生物区系失调，纤毛虫活性降低，腐败产物增多，引起瘤胃炎；瘤胃内液渗透压增高，引起瘤胃积液，而造成机体脱水；有毒物质被吸收，引起自体中毒，病畜出现兴奋、痉挛、血管扩张、血压下降，循环虚脱，病情更加危重。

【症状】瘤胃积食病情发展迅速，通常在饱食后数小时内发病。初期病畜不安，目光凝视，弓背站立，回顾腹部或后肢踢腹，间或不断起卧；后期食欲废绝、反刍停止、空嚼、磨牙、时而努责，常有呻吟、流涎、嗳气。重症病例病畜便秘，粪便干硬、色暗，间或发生腹泻。

临床检查，腹部膨胀，左肷部充满，触诊瘤胃，病畜表现敏感，内容物坚实或黏硬，指压留痕；瘤胃蠕动音减弱或消失。

瘤胃内容物检查：内容物 pH 降低；后期，纤毛虫数量显著减少。

重症后期，瘤胃积液，呼吸急促，脉搏加快，黏膜发绀，眼窝凹陷，呈现脱水及心力衰竭症状。病畜衰弱，卧地不起，陷于昏迷状态。

【诊断】根据发患畜有过量采食的病史及腹痛不安、食欲废绝，反刍停止，瘤胃蠕动音减弱或消失，触诊瘤胃内容物坚实即可确诊。

【治疗】
1. 治疗原则 加强护理，增强瘤胃蠕动机能，促进瘤胃内容物排出，对症治疗。
2. 治疗措施 首先禁食 1~2d，少量多次给予清洁饮水。如果吃了大量容易膨胀的饲料，则应限制饮水。

促进瘤胃内容物排出，对轻症病例，可进行瘤胃按摩，每次 20~30min，每天 3~4 次，结合灌服活性酵母粉（250~500g）或适量温水，则效果更好；中等程度的瘤胃积食可灌服泻剂，由粗纤维多的饲料引起的瘤胃积食宜用盐类泻剂，由易膨胀饲料引起的瘤胃积食宜用油类泻剂，如进行瘤胃冲洗术后再灌服泻剂效果更佳。

增强瘤胃蠕动机能，可与泻下措施同时进行，一般可选用副交感神经兴奋剂或 10% 氯化钠液等进行治疗。瘤胃内容物基本排除，食欲仍不好转时，可用健胃剂，如龙胆酊、番木鳖酊等（参见前胃弛缓处方 4）。

对发生臌气的病例可灌服止酵剂及碱性药物，对病程长伴有脱水和酸中毒的病例以及抵抗能力下降、体质瘦弱的病畜，需强心补液，解除酸中毒。

重症而顽固的瘤胃积可行瘤胃切开术，排除积食，而后进行健康牛胃液的接种。

【处方1】促进瘤胃内容物排出。

①硫酸镁800g，碳酸氢钠100g，常水4 000mL。

用法：一次灌服（牛），羊酌情减量。

②10%氯化钠注射液500mL，5%氯化钙注射液150mL，10%安钠咖注射液30mL。

用法：一次静脉注射（牛）。

【处方2】促进瘤胃内容物排出。

①硫酸镁（或硫酸钠）300～500g，液体石蜡（或植物油）500～1 000mL，鱼石脂20g，酒精100mL，温水5～8L。

用法：一次内服（牛）。

说明：对过食易膨胀饲料的病畜不使用盐类泻剂；对过食麸皮、酒糟、豆渣等致病的，可用大量温水充分冲洗瘤胃。

②新斯的明注射液（参见前胃弛缓处方3）。

【处方3】补液、纠酸。

5%葡萄糖生理盐水注射液1 000mL，25%葡萄糖注射液500mL，5%碳酸氢钠注射液500mL，维生素B_1 2～3g。

用法：一次静脉注射，每天2次。

说明：补液量视脱水及酸中毒程度而定；碳酸氢钠用量不可过大，避免导致碱中毒，对心肾功能不全的病畜慎用。

【处方4】加味大承气汤（健脾开胃，消食行气，泻下）。

大黄60g，枳实60g，厚朴90g，槟榔60g，芒硝150g，麦芽60g，藜芦10g。

用法：共为末，开水冲调，候温灌服，每天1剂，服用1～3剂。

配合针治食胀、脾俞、关元俞、顺气等穴。

【预防】本病的预防在于加强日常的饲养管理，防止突然变换饲料或过食；奶牛、奶山羊、肉牛和肉羊按日粮标准饲喂；加喂精料应适应其消化功能。耕牛不要劳役过度，避免外界各种不良因素的刺激。

瘤 胃 臌 胀

瘤胃臌胀（又称瘤胃臌气），主要是因采食了大量容易发酵的饲料，在瘤胃内微生物的作用下异常发酵，迅速产生大量气体，引起瘤胃急剧膨胀的一种疾病。按积气的性质分可为泡沫性臌胀和非泡沫性臌胀；按其病因可分为原发性臌胀和继发性臌胀。临床上以腹围急剧膨大、呼吸极度困难、触诊瘤胃壁紧张而有弹性为特征。

【病因】原发性瘤胃臌胀，多发于牧草茂盛的夏季，主要是因采食大量容易发酵的饲草、饲料而引起。突然更换饲料，饲喂后立即使役或使役后马上喂饮，特别是舍饲转为放牧时，更容易导致急性瘤胃臌胀的发生。

非泡沫性臌胀，主要是采食了幼嫩多汁的青草、品质不良的青贮饲料、霉败饲草，或者经雨、露、霜、雪侵蚀的饲料而引起。

泡沫性臌胀，主要是采食了大量含蛋白质、皂苷、果胶等物质的豆科牧草，如新鲜的豌豆蔓叶、苜蓿、草木樨、红三叶、紫云英等，或者喂饲过多过细的精料，如玉米粉、小麦粉等，发酵产生的气体以小气泡的形式夹杂在食糜中引起泡沫性膨气。另外，因矿物质不足，钙、磷比例失调等或者误食毒芹、乌头、白藜芦、佩兰以及毛茛科等有毒植物等也可以引起该病的发生。

继发性瘤胃臌胀，常继发于前胃弛缓，也可见于创伤性网胃腹膜炎、瓣胃阻塞、食管阻塞、迷走神经性消化不良、瓣胃阻塞等疾病过程中。

【发病机理】正常情况下，瘤内容物发酵和消化过程中产生的气体，大部分通过嗳气排出，从而保持着产气与排气的相对平衡。在病理情况下，瘤胃内容物经微生物发酵迅速生成大量的气体，超过了气体的排除速度或产生大量的泡沫不能经嗳气排除，因而导致瘤胃的急剧扩张和臌胀。

采食了含有多量的植物蛋白、皂苷、果胶等物质的易发酵饲料（如豆科植物），改变了瘤胃液表面张力，增高了瘤胃液的黏稠度，使瘤胃内容物发酵所产生的大量气体与食糜互相混合形成稳定性的泡沫，而不能融合成较大气泡通过嗳气排出，从而导致泡沫性臌胀的发生。

随病程发展，瘤胃过度臌胀和扩张，腹压升高，膈与胸腔脏器受到压迫，呼吸与血液循环障碍。并因瘤胃内容物发酵、腐败产物的刺激，引起腹痛不安。最终多导致窒息和心脏麻痹。

【症状】

1. 急性瘤胃臌胀　通常在采食易发酵饲料后不久发病，甚至在采食中发病。突然表现不安或呆立，回头顾腹，食欲废绝，反刍和嗳气停止。腹部迅速膨大，左肷窝明显突起，严重者高过背中线。腹壁紧张而有弹性，叩诊呈鼓音。

瘤胃蠕动音初期增强，常伴发金属音，后期减弱或消失。由于腹压急剧增高，病畜呼吸困难，严重时伸颈张口呼吸急促而有力，甚至头颈伸展、张口伸舌呼吸。呼吸数增至60次/min以上；心悸，脉率增快，可达100次/min以上。

瘤胃穿刺检查：非泡沫性臌胀时，排出大量酸臭的气体，臌胀明显减轻；而泡沫性臌胀时，仅排出少量气体，而不能解除臌胀，瘤胃液随着瘤胃壁紧张收缩向上涌出阻塞针孔，排气困难。

病的后期，心力衰竭，血液循环障碍，静脉怒张，呼吸困难，黏膜发绀；目光恐惧，全身出汗，站立不稳，步态蹒跚，往往突然倒地、痉挛、抽搐，终因窒息和心脏麻痹而死亡。

2. 慢性瘤胃臌胀　多为继发性，病情长，瘤胃中度膨胀，常为间歇性反复发作。

【诊断】

1. 症状诊断　急性瘤胃臌胀，根据采食大量易发酵性饲料的病史，腹围急剧膨大，左肷窝突起，触诊瘤胃壁紧张而有弹性，呼吸极度困难，血液循环障碍，可确诊。

2. 胃管探诊或瘤胃穿刺检查　非泡沫性瘤胃臌胀，经胃管或套管针孔排气顺畅，臌胀明显减轻；泡沫性瘤胃臌胀，排气困难，不能解除臌胀。

【治疗】

1. 治疗原则　排气消胀，缓泻止酵，恢复瘤胃机能。

2. 治疗措施　根据瘤胃臌胀的程度，以及臌胀性质的不同，应采取相应有效的排气消胀措施。

病情轻的病例，可用促进嗳气的方法，促使气体排出。使病畜保持前高后低的体位，在小木棒上涂松节油、鱼石脂（对役畜也可涂煤油）后衔于病畜口内，同时按摩瘤胃，促使气体排出。

严重病例，有窒息危险时，首先应及时实行胃管或瘤胃穿刺放气（间歇性放气），排气后可直接通过胃管或穿刺针向瘤胃内灌入或注入止酵剂。如为泡沫性臌胀，应以灭沫消胀为目的，内服二甲基硅油、植物油或液体石蜡等，待泡沫消除后再行排气。用药无效时，可采取瘤胃切开术，取出其内容物。

增强瘤胃蠕动，促进反刍和嗳气，可使用瘤胃兴奋药、拟胆碱药等进行治疗；排除胃内容物，可用盐类或油类泻剂；调节瘤胃内容物pH，可用3％碳酸氢钠溶液洗涤瘤胃。同时注重全身机能状态，及时强心补液，进行对症治疗。

慢性瘤胃臌胀除应用急性瘤胃臌胀的疗法，缓解臌胀症状外，还必须彻底治疗原发病。

【处方1】止酵。

鱼石脂，牛15～25g，羊2～5g，95％酒精，牛30mL、羊5～10mL，温水适量。

用法：以酒精溶解鱼石脂，加水，瘤胃穿刺放气后注入，或胃管灌服。

说明：放气后亦可用0.25％普鲁卡因溶液50～100mL、青霉素100万IU注入瘤胃。

【处方2】消沫。

二甲基硅油，牛3～5g，羊1～2g。

用法：配成2％～5％酒精溶液一次灌服。

说明：用于泡沫性臌气，也可用松节油（牛20～60mL，羊3～10mL，临用时加3～4倍植物油稀释灌服）。

【处方3】消胀、止酵。

①鱼石脂15～20g，95％酒精30～40mL，松节油30～60mL，常水500mL。

用法：一次灌服或穿刺放气后注入瘤胃内（牛）。

说明：对泡沫性或非泡沫性臌胀都有良好效果。

②硫酸镁800g，常水3 000mL。

用法：一次灌服（牛）。

说明：用于积食较多的泡沫性与非泡沫性臌气。

③恢复瘤胃机能（参见前胃弛缓处方）。

【处方4】消胀散（行气消胀，通便止痛）。

炒莱菔子15g，枳实35g，木香35g，青皮35g，小茴香各35g，玉片17g，二丑27g。

用法：共为末，加清油300mL，大蒜60g（捣碎），冲调，一次灌服。

【预防】加强饲养管理，促进消化机能，保持家畜健康水平。禁止饲喂霉败饲料，尽量少喂堆积发酵或被雨露浸湿的青草。在放牧或者饲喂易发酵的青绿饲料时，应先饲喂干草，然后再饲喂青绿饲料。由舍饲转为放牧时，最初几天要先喂一些干草后再放牧，并且还应限制放牧时间及采食量。不让牛、羊进入到苕子地、苜蓿地暴食幼嫩多汁豆科植物。注意饲料保管、防止霉变，加喂精料应适当限制，特别是粉渣、酒糟、甘薯、马铃薯、胡萝卜等，更不宜突然大量饲喂，饲喂后也不能立即饮水。舍饲育肥动物的全价日粮中至少应含有10％～15％的粗料。

瘤 胃 酸 中 毒

瘤胃酸中毒又称乳酸中毒，反刍动物过食谷物、谷物性积食、乳酸性消化不良、中毒性

消化不良、中毒性积食，是因采食大量的谷类或其他富含碳水化合物的饲料后，导致瘤胃内产生大量乳酸而引起的一种急性代谢性酸中毒。临床上以起病突然、瘤胃液 pH 降低、脱水、神经症状和自体中毒为特征。

【病因】常见的病因主要有下列几种：

给牛、羊饲喂大量谷物，如大麦、小麦、玉米、稻谷、高粱及甘薯干，特别是粉碎后的谷物，在瘤胃内高度发酵，产生大量的乳酸而引起瘤胃酸中毒。

舍饲肉牛、肉羊若不按照由高粗饲料向高精饲料逐渐变换的方式，而是突然饲喂高精饲料时，易发生瘤胃酸中毒。

现代化奶牛生产中常因饲料混合不匀，而使采入精料含量多的牛发病。

在农忙季节，给耕牛突然补饲谷物精料，豆糊、玉米粥或其他谷物，因消化机能不相适应，瘤胃内微生物群系失调，迅速发酵形成大量酸性物质而发病。

饲养管理不当。牛、羊闯进饲料房、粮食或饲料仓库或晒谷场，短时间内采食了大量的谷物或豆类、畜禽的配合饲料，而发生急性瘤胃酸中毒。耕牛常因拴系不牢而抢食了肥育期间的猪食，引起瘤胃酸中毒。

当牛、羊采食苹果、青玉米、甘薯、马铃薯、甜菜及发酵不全的酸湿谷物过多时，也可发病。

【发病机理】过食易发酵谷物后，导致瘤胃中的革兰氏阳性菌（如牛链球菌、乳酸杆菌）数量显著增多，发酵产物由乙酸和丙酸为主转变为以乳酸为主，乳酸蓄积势必引起瘤胃的 pH 降低，当 pH≤5 时，即可损伤胃壁，引发炎症，同时瘤胃正常微生物区系遭到严重破坏，纤毛虫大量死亡。蓄积的乳酸导致瘤胃内渗透压升高，体液向瘤胃内转移并引起瘤胃积液，导致血液浓稠，机体脱水。乳酸被吸收入血后，引起酸中毒，血液 CO_2 结合力降低，尿液 pH 下降。瘤胃内的氨基酸形成各种有毒的胺类，如组胺等，并随着革兰氏阴性菌的减少和革兰氏阳性菌（牛链球菌、乳酸杆菌等）的增多，瘤胃内游离内毒素浓度上升（15~18倍）。组胺和内毒素加剧了瘤胃酸中毒的过程，损害肝脏和神经系统，因此出现严重的神经症状、蹄叶炎、中毒性前胃炎或胃肠炎，甚至休克及死亡。

【症状】最急性病例，往往在采食谷类饲料后 3~5h 无明显症状而突然死亡，有的仅见精神沉郁、昏迷，而后很快死亡。

轻微病例，病畜表现原发性前胃弛缓症状，精神沉郁，食欲减退，反刍减少，瘤胃蠕动减弱，瘤胃胀满；呈轻度腹痛（间或后肢踢腹）；粪便松软或腹泻。若病情稳定，不需任何治疗，3~4d 后能自动恢复进食。

中等病例，精神沉郁，鼻镜干燥，食欲废绝，反刍停止，空口虚嚼，流涎，磨牙，粪便稀软或呈水样，有酸臭味。体温正常或偏低。呼吸急促，达 50 次/min 以上；脉搏增数，达 80~100 次/min。瘤胃蠕动音减弱或消失，听叩结合检查有钢管叩击音。以粗饲料为日粮的牛、羊在采食大量谷物之后发病，触诊时，瘤胃内容物坚实，呈面团感。吞食少量谷物而发病的病畜，瘤胃并不胀满。过食黄豆、苕子者不常腹泻，但有明显的瘤胃臌胀。病畜皮肤干燥，弹性降低，眼窝凹陷，尿量减少或无尿；血液暗红，黏稠。病畜虚弱或卧地不起。瘤胃 pH5~6，纤毛虫明显减少或消失，有大量的革兰氏阳性细菌；血液 pH 降至 6.9 以下，红细胞压积容量上升至 50%~60%，血液 CO_2 结合力显著降低，血液乳酸和无机磷酸盐升高；尿液 pH 降至 5 左右。

重剧性病例,病畜蹒跚而行,碰撞物体,眼反射减弱或消失,瞳孔对光反射迟钝;卧地,头回视腹部,对任何刺激的反应都明显下降;有的病畜兴奋不安,向前狂奔或转圈运动,视觉障碍,以角抵墙,无法控制。随病情发展,后肢麻痹、瘫痪、卧地不起;最后角弓反张,昏迷而死。重症病例,实验室检查的各项变化出现更早,发展更快,变化更明显。

【诊断】

1. 症状诊断 根据脱水,瘤胃胀满,卧地不起,具有蹄叶炎和神经症状,结合过食豆类、谷类或含丰富碳水化合物饲料的病史,可做出初步诊断。

2. 剖检诊断 发病后于24~48h内死亡的急性病例,其瘤胃和网胃中充满酸臭的内容物,黏膜呈玉米糊状,容易擦掉,露出暗色斑块,底部出血;血液浓稠,呈暗红色;内脏静脉淤血、出血和水肿;肝脏肿大,实质脆弱;心内膜和心外膜出血。病程持续4~7d后死亡的病例,瘤胃壁与网胃壁坏死,黏膜脱落,呈袋状溃疡,边缘红色。被侵害的瘤胃壁区增厚3~4倍,呈暗红色,形成隆起,表面有浆液渗出,组织脆弱,切面呈胶冻状。脑及脑膜充血;淋巴结和其他实质器官均有不同程度的淤血、出血和水肿。

3. 实验室诊断 瘤胃液pH下降至4.5~5.0,血液pH降至6.9以下,血液乳酸升高等。但必须注意,病程一旦超过24h,由于唾液的缓冲作用和血浆的稀释,瘤胃内pH通常可回升至6.5~7.0,但酸/碱和电解质水平仍显示代谢性酸中毒。

4. 鉴别诊断 在兽医临床上,应注意与瘤胃积食、皱胃阻塞、皱胃变位、急性弥漫性腹膜炎、生产瘫痪、牛原发性酮血症、脑炎和霉玉米中毒等疾病进行鉴别,以免误诊。

【治疗】

1. 治疗原则 加强护理,清除瘤胃内容物,纠正酸中毒,补充体液,恢复瘤胃蠕动。

2. 治疗措施 重剧病畜(心率100次/min以上,瘤胃内容物pH降至5以下)宜行瘤胃切开术,排空内容物,用3%碳酸氢钠或温水洗涤瘤胃数次,尽可能彻底地洗去乳酸。然后,向瘤胃内放置适量轻泻剂和优质干草,条件允许时可给予正常瘤胃内容物。

对症治疗,洗胃,泻下,镇静,缓解酸中毒,强心。

【处方1】

①石蜡油(或植物油)1 500mL,碳酸氢钠150g。

用法:分别一次灌服。碳酸氢钠可装入纸袋中投服。

说明:促进胃肠道内酸性物质的排除,促进胃肠机能恢复。

②新斯的明注射液20mg。

用法:一次肌内注射,2h重复一次。

③氯丙嗪注射液400mg。

用法:一次肌内注射。

④5%碳酸氢钠注射液750~1 000mL,地塞米松注射液30mg,维生素C注射液10g,复方氯化钠注射液8 000mL。

用法:一次静脉注射。

说明:碳酸氢钠单独混入盐水中注射。

注:采食过量且发现早的宜手术治疗。

【处方2】

①3%碳酸氢钠液适量,温水适量。

项目1 以消化道症状为主的疾病

用法：反复冲洗瘤胃，通常需要30～80L的量分数次洗涤，排液应充分，以保证效果。

②碳酸氢钠300～500g，温水适量。

用法：投服。

③氯化钙注射液5～15g，复方氯化钠注射液8 000mL。

用法：静脉注射。

说明：适用于牛。

【处方3】5%碳酸氢钠注射液15～30g。

用法：一次静脉注射（牛）。

说明：适用于因条件所限而不能采取洗胃治疗的病畜。

【处方4】5%葡萄糖氯化钠注射液3 000～5 000mL，20%安钠咖注射液10～20mL，40%乌洛托品注射液40～100mL。

用法：静脉注射（牛）。

说明：适用于脱水表现明显时。

【处方5】

①地塞米松，牛60～100mg，羊10～20mg。

用法：静脉或肌内注射。

②10%葡萄糖酸钙注射液300～500mL。

用法：静脉注射（牛）。

说明：适用于血钙下降，出现休克症状时。

【处方6】5%碳酸氢钠注射液300～600mL，5%葡萄糖氯化钠注射液3 000～5 000mL，20%安钠咖注射液10～20mL，促反刍液300～500mL，5%氯化钙注射液150～300mL。

用法：静脉注射。

说明：适用于病牛心率低于100次/min，轻度脱水，瘤胃尚有一定蠕动功能。

【处方7】

①安溴注射液，牛100mL，羊10～20mL。

用法：静脉注射。

②盐酸氯丙嗪，牛、羊每千克体重0.5～1mg。

用法：肌内注射。

③10%硫代硫酸钠，牛150～200mL。

用法：静脉注射。

④10%维生素C注射液，牛30mL，羊3mL。

用法：肌内注射。

说明：适用于过食黄豆发生神经症状的病畜的镇静。

【处方8】甘露醇或山梨醇，每千克体重0.5～1g。

用法：静脉注射。

说明：用5%葡萄糖氯化钠注射液以1∶4比例配制，适用于降低颅内压，防止脑水肿，缓解神经症状。

【护理】在最初18～24h要限制饮水量。在恢复阶段，应喂以品质良好的干草而不应投食谷物和配合精饲料，以后再逐渐加入谷物和配合饲料。

【预防】不论奶牛、奶山羊、肉牛、肉羊与绵羊都应以正常的日粮水平饲喂，不可随意加料或补料。肉牛、肉羊由高粗饲料向高精饲料的变换要逐步进行，应有一个适应期。耕牛在农忙季节的补料亦应逐渐增加，不可突然一次补给较多的谷物或豆糊。防止牛、羊闯入饲料房、仓库、晒谷场，暴食谷物、豆类及配合饲料。

皱胃阻塞

皱胃阻塞又称皱胃积食，是由于迷走神经调节机能紊乱或受损，导致皱胃弛缓，内容物滞留，胃壁扩张、体积增大而形成阻塞的一种疾病。本病以瘤胃积液、机体脱水、右腹部局限性膨隆和代谢性碱中毒为特征。本病常见于黄牛和水牛，奶牛与肉牛也有发生。

【病因】

1. 原发性因素　主要是由于饲养和管理不善或者使役不当引起的。特别是冬春季节缺乏青绿饲料，用谷草、稻草、麦秸、玉米或高粱稿秆喂牛，常引起发病。或因饲喂麦糠、豆秸、甘薯蔓、花生蔓等不易消化的饲料。饮水不足、劳役过度和精神紧张，也常促进本病的发生。犊牛有因大量乳凝块滞留而发生皱胃阻塞的情况，也有因误食破布、木屑以及塑料等引发本病的。成年牛由于异食或误食砂石、水泥、毛球、麻线、破布、木屑、刨花、塑料薄膜、胎盘而引起机械性皱胃阻塞。

2. 继发性因素　常继发于前胃弛缓、创伤性网胃腹膜炎、皱胃溃疡、皱胃炎、小肠秘结以及肝、脾肿胀或纵隔疾病等。

【发病机理】主要是在迷走神经机能紊乱或损伤的情况下，或受饲养管理不当等不良因素的影响，反射性地引起幽门痉挛、皱胃壁弛缓和扩张，或者因皱胃炎、皱胃溃疡、幽门部狭窄、胃肠道运动障碍等，使皱胃内容物大量积聚，形成阻塞。继而导致瓣胃秘结，更加促进病情的发展。瘤胃微生物区系急剧变化，产生大量有毒物质，引起瘤胃积液。由于液体和渗入真胃的氢离子、氯离子、钾离子等，不能进入小肠而被吸收，引发不同程度的脱水和低血氯、低血钾、碱中毒，使胃壁弛缓更加严重，内容物更加充满。

【症状】病的初期，表现前胃弛缓症状，食欲、反刍减退，有的病畜则喜饮水；瘤胃蠕动音减弱，瓣胃音低沉，腹围无明显异常；排粪迟滞，粪便干燥。

随着病情发展，病畜精神沉郁，被毛逆立，鼻镜干燥，食欲废绝，反刍停止；腹部下垂，右侧腹围显著增大（图1-10）。瘤胃与瓣胃蠕动音消失，肠音微弱；常呈排粪姿势，排出少量糊状、棕褐色带恶臭粪便，混杂少量黏液或者紫黑色血块和凝血块；尿量少、浓稠、色黄或深黄，有浓烈的臭味。因瘤胃大量积液，冲击式触诊，呈现振水音和波动感。在左肷部听诊的同时，以手指轻轻叩击左侧倒数第一至第五肋骨或右侧倒数第一、二肋骨，可听到类似叩击钢管的铿锵音。重剧的病例，右侧中腹部到后下方呈局限性膨隆，触诊皱胃区坚硬，病牛表现敏感，同时感到皱胃体明显扩张。

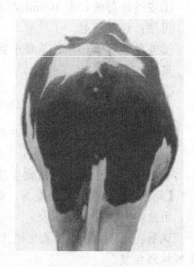

图1-10　右腹部下垂

直肠内有少量粪便和成团的黏液，混有坏死黏膜组织。体型较小的牛，可于骨盆腔前缘右侧前下方，瘤胃的右侧，能触摸到向后伸展扩张呈捏粉样硬度的部分皱胃体。

病的后期，病牛呈现严重的脱水和自体中毒症状，精神极度沉郁，虚弱，皮肤弹性减退，鼻镜干裂，眼窝深陷；结膜发绀，舌面皱缩，血液黏稠，乌紫。心率 100 次/min 以上。

犊牛和羔羊的皱胃阻塞，常表现持续性腹泻，体弱消瘦，腹部臌胀下垂，冲击式触诊，可听到一种类似流水音的异常音响。通过皱胃手术除去阻塞物后仍然长期表现前胃弛缓，严重影响生长发育。

【诊断】

1. 症状诊断　右腹部皱胃区局限性膨隆，触诊皱胃区坚硬，在左肷部结合叩诊肋骨弓进行听诊，呈现类似叩击钢管的铿锵音。应注意与前胃疾病、皱胃变位或肠变位的鉴别诊断。

2. 实验室诊断检　瘤胃液 pH 多为 7~9，纤毛虫数量减少，活力降低。

【治疗】

1. 治疗原则　消积化滞，缓解幽门痉挛，防腐止酵，促进皱胃内容物排除，防止脱水和自体中毒。

2. 治疗措施　消积化滞，排除皱胃内容物，可应使用盐类或油类泻剂。药物治疗效果不佳时，及时施行瘤胃切开术，取出瘤胃内容物，然后用胃管通过网-瓣孔，灌注温生理盐水，冲洗瓣胃和皱胃，达到疏通的目的，提高治疗效果。也可于右腹壁直接施行皱胃切开术进行治疗。

为改善中枢神经调节作用，促进胃肠机能，增强心脏活动，促进血液循环，防止脱水和自体中毒，应及时强心补液，纠正自体中毒。

【处方 1】

①稀盐酸 40mL，陈皮酊 40mL，胃蛋白酶 80g，番木鳖酊 20mL。

用法：灌服，每天 1 次，连用 3 次。

②生理盐水 2 000mL。

用法：一次皱胃内注射。

③新斯的明 5mg。

用法：一次皮下注射，2h 重复 1 次。

【处方 2】液体石蜡 500~1 000mL，25%硫酸钠溶液 500~1 000mL，乳酸 8~15mL。

用法：一次皱胃注射（注射部位为右腹部皱胃区第 12~13 肋骨后下缘）。

说明：对轻症可皱胃注射生理盐水 1 500~2 000mL。

【处方 3】

①硫酸钠 300~400g，液体石蜡（或植物油）500~1 000mL，鱼石脂 20g，酒精 50mL，常水 6~10L。

用法：一次内服。

说明：本方只适用于病的初期，后期发生脱水时忌用。

②10%氯化钠溶液 200~300mL，20%安钠咖溶液 10mL。

用法：一次静脉注射。

【处方 4】5%葡萄糖生理盐水 2 000~4 000mL，20%安钠咖注射液 10~20mL，40%乌洛托品注射液 30~40mL，10%维生素 C 注射液 30mL。

用法：一次静脉注射。

说明：适应于脱水病例。发生自体中毒时，可用樟脑酒精注射液200～300mL，静脉注射。

【预防】皱胃阻塞的发生是由于迷走神经机能紊乱或损伤引起的，因此加强饲养管理，合理配合日粮，特别要注意粗饲料和精饲料的调配，饲草不能铡得过短，精料不能粉碎过细；注意清除饲料中异物，避免损伤迷走神经；农忙季节，应保证耕牛充足的饮水和适当的休息，注重劳逸结合。

技能训练

瘤胃穿刺术

【应用】用于瘤胃急性臌气时的急救排气和向瘤胃内注入药液。

【准备】大套管针或盐水针头，羊可用一般静脉注射针头。外科刀与缝合器材等。

【部位】在左侧肷窝部，由髋结节向最后肋骨中点所引连线的中点，也可选在瘤胃隆起最高点穿刺。

【方法】先在穿刺点旁1cm做一小的皮肤切口（有时也可不切口。羊一般不切），术者再以左手将皮肤切口移向穿刺点，右手持套管针将针尖置于皮肤切口内，向对侧肘头方向迅速刺入10～12cm，左手固定套管，拔出内针，用手指间断堵住管口，间歇放气，使瘤胃内的气体间断排出。若套管堵塞，可插入内针疏通。气体排出后，为防止复发，可经套管向瘤胃内注入制酵剂，如牛可注入1‰～2.5‰福尔马林溶液300～500mL，或5％克辽林溶液200mL，或乳酸、松节油20～30mL等。注完药液插入内针，同时用力压住皮肤切口，拔出套管针，消毒创口，对皮肤切口行1针结节缝合。

在紧急情况下，无套管针或盐水针头时，可就地取材如竹管、鹅翎或静脉注射针头等进行穿刺，以挽救病畜生命，然后再采取抗感染措施。

【注意事项】

(1) 放气速度不宜过快，防止发生急性脑贫血，造成虚脱。同时注意观察病畜的表现。

(2) 根据病情，为了防止臌气继续发展，避免重复穿刺，可将套管针固定，留置一定时间后再拔出。

(3) 穿刺和放气时，应注意防止针孔局部感染。因放气后期往往伴有泡沫样内容物流出，污染套管口周围并易流进腹腔而继发腹膜炎。

(4) 经套管注入药液时，注药前一定要确切判定套管仍在瘤胃内后，方能注入。

导胃与洗胃术

【应用】用于马的胃扩张、牛的瘤胃积食、瘤胃臌气或瘤胃酸中毒时排除胃内容物；或排除胃内毒物；或用于胃炎的治疗和吸取胃液供实验室检验等。

【准备】导胃用具同马、牛胃管给药，但牛的导胃管较粗，内径应为2～3cm。洗胃应用39～40℃温水。此外根据需要可用2％～3％碳酸氢钠溶液、1％～2％食盐水、0.1％高锰酸钾溶液等。还应准备吸引器。

【方法】先用胃管测量到胃内的长度（马从鼻端至第14肋骨，牛从唇至倒数第5肋骨，羊从唇至倒数第 2 肋骨）并做好标记。装好开口器，固定好头部。

从口腔徐徐插入胃管，到胸腔入口及贲门处时阻力较大，应缓慢插入，以免损伤食管黏膜。必要时可灌入少量温水，待贲门弛缓后，再向前推送入胃。胃管前端经贲门到达胃内后，阻力突然消失，此时可有酸臭味气体或食糜排出。如不能顺利排出胃内容物时，可装上漏斗灌入温水，将头低下，利用虹吸原理或用吸引器抽出胃内容物。如此反复多次，逐渐排出胃内大部分内容物，直至病情好转为止。

治疗胃炎时，导出胃内容物后，要灌入防腐消毒药。

冲洗完之后，缓慢抽出胃管，解除保定。

【注意事项】 操作中要注意安全；使用的胃管要根据动物的种类选定，胃管长度和粗细要适宜；马胃扩张时，开始灌入温水，不宜过多，以防胃破裂；瘤胃积食宜反复灌入大量温水，方能洗出胃内容物。

附注：胃管插入食道时的判断

胃管投药时，必须正确判断是否插入食道（表 1-1），否则，可将药误灌入气管和肺内，引起异物性肺炎，甚至造成死亡。

表 1-1 胃管插入食道或气管的鉴别要点

鉴别方法	插入食道内	插入气管内
手感和观察反应	胃管前端到咽部时稍有抵抗感，易引起吞咽动作，随吞咽胃管进入食道，推送胃管稍有阻力感，发滞	无吞咽动作，无阻力，有时引起咳嗽，插入胃管不受阻
观察食道变化	胃管端在食道沟呈明显的波浪式蠕动下移	无
向胃管内充气反应	随气流进入，颈沟部可见有明显波动。同时压挤橡胶球将气排空后，不再鼓起。进气停止而有一种回声	无波动，压橡胶球后立即鼓起。无回声
将胃管另端放耳边听诊	听不到规则的"咕噜"声或水泡音，无气流冲击耳边	随呼吸动作听到有节奏的呼出气流音，冲击耳边
将胃管另端浸入水盆内	水内无气泡	随呼吸动作水内出现气泡
触摸颈沟部	手摸颈沟区感到有一坚硬的索状物	无
鼻嗅胃管另端气味	有胃内酸臭味	无

项目 1.3　以呕吐为主的疾病

任务描述　学习本类疾病的相关知识，参加相关临床病例的诊疗，分析临床案例。

案例分析　分析以下案例，确定诊断要点，提出初步诊断，并进行分析论证，制定出治疗方案。

案例 1　主诉：波斯猫，雌性，3 月龄。近日来食欲不好，有时呕吐。

临床检查：该猫被毛粗乱无光泽，严重消瘦，无精打采。眼结膜苍白色，体温、呼吸无明显变化，心跳稍快。触摸腹部有痛感。腹部 X 线摄影，在胃内发现一个直径约 3cm 大小的阴影。

案例 2　主诉：圣伯纳犬，雄性，6 岁。近一个月来食欲减退，精神不好，到处擦痒，时有呕吐，排便不正常，时干时稀，粪便恶臭，尿少颜色暗黄。

临床检查：体温 39.9℃，眼黏膜黄染，叩诊肝脏浊音区扩大，肋弓下触诊有疼痛反应。

相关知识　以呕吐为主的疾病主要有：胃内异物、胃扩张（参见项目 1.4）、胃肠炎（参见项目 1.5）、肝炎、胰腺炎、中暑（参见项目 7.1）、脑震荡与脑挫伤（参见项目 7.2）、磷化锌中毒（参见项目 1.5）等。

胃 内 异 物

胃内异物是指误食难以消化的物体并长期停留于胃中造成胃功能紊乱的疾病。多见于幼犬和幼猫，尤其是小型品种犬多发。

【病因】犬、猫误食各种异物，如煤块、骨骼、橡皮球、砖瓦片、布头、珠宝、石子、线团、缝针、鱼钩等，特别是猫有梳理被毛的习惯，将脱落的被毛吞食，在胃内积聚形成毛球；或在训练时以及幼犬嬉戏时误咽训练物、果核、小的玩具等。

此外，营养不良、维生素和矿物质缺乏、寄生虫病、胰腺疾病等，常因伴有异嗜现象而发生本病。

【症状】食欲减退，有时可见呕吐，尤其是在采食固体食物时比较明显。随着时间延长可引起患犬、猫营养不良，逐渐消瘦，精神不振。

如果吞入的异物为尖锐物体或较粗糙物体，如铁丝、铁钉或多棱角的硬质塑料玩具等，还可刺激胃黏膜，引起损伤、出血、炎症，甚至胃壁穿孔，表现为呻吟，起卧时弓腰、肌颤，有时呕吐物中可见血丝，触诊胃区敏感。

【诊断】依据临床症状及病史调查，结合胃部触诊可做出诊断。胃部 X 线拍片或透视检查见到异物可确诊。

【治疗】

1. 治疗原则　排除异物，对症治疗。

2. 治疗措施　首先要排除异物。如异物不大，可用催吐或泻下法。催吐可灌服 0.5% 硫酸铜溶液，或皮下注射盐酸阿扑吗啡；泻下可灌服液体石蜡或植物油。如上法无效，或异物过大，则应手术取出异物。

如病犬、猫绝食时间较长，用 5% 葡萄糖溶液静脉注射；消炎，用庆大霉素肌内注射，也可内服头孢拉定胶囊。

【处方 1】催吐。

0.5% 硫酸铜溶液，20～50mL。

用法：一次灌服。

【处方 2】催吐。

盐酸阿扑吗啡，每千克体重 0.04mg。

用法：一次皮下注射。

【处方 3】泻下。

液体石蜡或植物油 20～50mL。

用法：一次灌服。

【处方4】补液、消炎。

①5%葡萄糖注射液 100～500mL。

用法：静脉注射，每天1～2次，直至症状缓解为止。

②庆大霉素，每千克体重1 000～1 500IU。

用法：肌内注射，每天3～4次，连用3～5d。

说明：抗菌消炎也可内服头孢拉定胶囊（250mg/粒）0.5～1粒，每天2～3次，连用3～5d。

肝　炎

肝炎是在病因的作用下肝脏实质细胞发生以变性、坏死为主要特征的炎症过程。各种家畜、家禽都有发生。

【病因】主要见于以下三方面：

1. 传染性因素

（1）细菌性因素。见于链球菌、葡萄球菌、坏死杆菌、分枝杆菌、沙门氏菌、化脓棒状杆菌、肺炎弯曲杆菌、禽败血性梭状杆菌及钩端螺旋体等。

（2）病毒性因素。见于犬病毒性肝炎病毒、鸭病毒性肝炎病毒、鸡包涵体肝炎病毒、马传染性贫血病毒、牛恶性卡他热病毒等。

（3）寄生虫性因素。见于弓形虫、球虫、鸡组织滴虫、肝片吸虫、血吸虫等。

进入肝脏的病原体，不仅可以破坏肝组织而产生毒性物质，同时其自身在代谢过程中也释放大量毒素，并且还以机械损伤作用使肝脏受到损伤，导致肝细胞变性、坏死。

2. 中毒性因素

（1）霉菌毒素。见于长期饲喂霉败饲料。一些霉菌，如镰刀菌、杂色曲霉菌、黄曲霉菌等，它们产生的毒素可严重损伤肝脏，引起肝炎。

（2）植物毒素。采食了羽扇豆、蕨类植物、野百合、春蓼、千里光、小花棘豆、天芥菜等有毒植物可引起肝炎。

（3）化学毒物。误食砷、磷、锑、汞、铜、四氧化碳、六氯乙烷、氯仿、萘、甲酚等化学物质，以及反复投予氯丙嗪、睾酮、氟烷、氯噻嗪等药物，可使肝脏受到损害，引起肝炎。

（4）代谢产物。由于机体物质代谢障碍，使大量中间代谢产物蓄积，引起自体中毒，常导致肝炎的发生。

3. 其他因素　在大叶性肺炎、坏疽性肺炎、心脏衰弱等病程中，由于循环障碍，肝脏长期淤血，二氧化碳和有毒的代谢产物的滞留，肝窦状隙内压增高，肝脏实质受压迫，引起肝细胞营养不良，导致门静脉性肝炎的发生。

【发病机理】在致病因素的作用下，肝细胞发生变性、坏死和溶解，导致本病的发生。由于胆汁的形成和排泄障碍，大量的胆红素滞留，毛细胆管扩张、破裂，从而进入血液和窦状隙，则血液中的胆红素增多，引起黄疸。

由于胆汁排泄障碍，血液中胆酸盐过多，刺激血管感受器，反射性地引起迷走神经中枢兴奋，心率减慢。并因排泄到肠内的胆汁减少或缺乏，既影响脂肪的消化和吸收，又使肠道弛缓，蠕动缓慢，故在发病初期发生便秘。继而肠内容物腐败分解过程加剧，脂肪吸收障碍，发生腹泻，粪色灰淡，有强烈臭味。并因肠道中维生素K的合成与吸收减少，凝血酶原降低，故形成出血性素质。

由于肝细胞变性、坏死，引起糖代谢障碍，肝脏糖原合成减少，ATP生成不足，加之氨基酸代谢障碍，血氨含量增高，影响脑细胞的能量供应，因而出现昏迷。而且使血液中脂类和乳酸含量增多，酮体的含量也升高，致使机体发生酸中毒。肝脏合成蛋白质功能显著降低，血浆内的白蛋白、纤维蛋白原减少，胶体渗透压下降，引起浮肿。

【症状】食欲减退，精神沉郁，体温升高，可视黏膜黄染，皮肤瘙痒，脉率减慢。呕吐（猪、犬、猫明显），腹痛（马较明显）。初便秘，后腹泻，或便秘与腹泻交替出现，粪便恶臭，呈灰绿色或淡褐色。尿色发暗，有时似油状。叩诊肝脏，肝脏浊音区扩大；触诊和叩诊均有疼痛反应。肝细胞弥漫性损害时，各器官有出血倾向，如胃肠出血和鼻出血等。后躯无力，步态蹒跚，共济失调。狂躁不安，痉挛，或者昏睡、昏迷。肝硬变时，可出现腹水。

【诊断】根据病史调查和临床症状可怀疑为本病，实验室检查及病理剖检结果有助于确诊。

1. **实验室检查**

（1）尿液检查。病初尿胆素原增加，其后尿胆红素增多，尿中含有蛋白，尿沉渣中有肾上皮细胞及管型。

（2）血液检查。红细胞脆性增高，凝血酶原降低，血液凝固时间延长。血清总蛋白和γ球蛋白增加，血清尿素氮和血清胆固醇降低。

（3）肝功能检验。血清胆红素增多，重氮试剂定性试验呈两相反应；麝香草酚浊度与硫酸锌浊度升高；谷丙转氨酶（GPT）、谷草转氨酶（GOT）和乳酸脱氢酶（LDH）活性增高。并发弥漫性血管内凝血时，血液中血小板及纤维蛋白明显减少。

2. **病理变化** 在急性实质性肝炎初期，肝脏肿大，呈黄土色或黄褐色，表面和切面有大小不等、形状不整的出血性病灶，胆囊缩小；中、后期，肝脏表面有大小不等的灰黄色或灰白色小点或斑块。当肝细胞坏死范围广泛时，肝脏体积缩小，被膜皱缩，边缘薄，质地柔软，呈灰黄色或红黄相间。

【治疗】

1. **治疗原则** 排除病因，加强护理，保肝利胆，清肠止酵，促进消化机能。

2. **治疗措施** 首先停止饲喂发霉变质的饲料或含有毒物的饲料，应使病畜保持安静，避免刺激和兴奋，役用家畜应停止使役。饲喂富有维生素、容易消化的碳水化合物饲料，给予优质青干草、胡萝卜，或者放牧。饲喂适量的豆类或谷物饲料，但昏睡、昏迷时，禁喂蛋白质，待病情好转后再给予适量的含蛋氨酸少的植物性蛋白质饲料。

积极治疗原发病，如由病毒引起的，可采用抗病毒药物，应用高免血清等；由细菌因素引起者，应使用抗菌药物；由寄生虫引起者应进行合理驱虫。由中毒引起的，要给予解毒，如氨中毒引起的肝炎，可用20%谷氨酰胺溶液及鸟氨酸制剂皮下注射。

保肝利胆，通常用25%葡萄糖注射液，或者用5%葡萄糖生理盐水注射液、5%维生素C注射液、5%维生素B_1注射液静脉注射。同时，内服人工盐并皮下注射氨甲酰胆碱，以促进胆汁的分泌与排泄。必要时，静脉注射肝泰乐注射液。

清肠，内服硫酸钠或硫酸镁；止酵，内服鱼石脂和酒精溶液等；对于明显的黄疸，可用苯巴比妥或天冬氨酸钾镁溶液静脉注射；具有出血性素质的病畜，可静脉注射10%氯化钙注射液或肌内注射维生素K_3等止血药物；若病畜疼痛或兴奋不安，可应用水合氯醛或安溴等镇静药物。

（1）马、牛、猪、羊肝炎处方。

【处方1】保肝利胆。

5%葡萄糖生理盐水注射液2 000～3 000mL，5%维生素C注射液30mL，5%维生素B_1注射液10mL。

用法：马、牛一次静脉注射，每天2次；猪、羊每次静脉注射50～100mL，每天2次。

【处方2】保肝利胆。

2%肝泰乐注射液50～100mL。

用法：马、牛一次静脉注射，每天2次；猪、羊每次10～20mL，每天2次。

【处方3】保肝利胆。

25%葡萄糖注射液500～1 000mL。

用法：马、牛一次静脉注射，每天2次；猪、羊每次50～100mL，每天2次。

【处方4】清肠止酵。

人工盐250～300g，鱼石脂25～30g，常水5 000～6 000mL。

用法：混合溶解后，一次灌服。

说明：马、牛便秘或泻痢腥臭时选用，猪、羊取上述用量的1/5。

【处方5】防止出血。

1%维生素K_3注射液20～30mL。

用法：一次肌内注射。

说明：适用于马、牛有出血倾向时选用，猪、羊2～5mL。

【处方6】利尿消肿。

速尿，每千克体重0.5～1mg。

用法：一次肌内注射，每天1～2次。

说明：马、牛有腹水时选用，猪、羊用量为0.1～0.2mg。

【处方7】茵陈蒿汤。

茵陈120g，郁金45g，栀子60g，黄芩45g，大黄60g。

用法：共为末，开水冲，候温，一次灌服。

说明：适用于马、牛急性肝炎，猪、羊用量为上述药量的1/5。

【处方8】茵陈五苓散。

茵陈60g，干姜15g，猪苓30g，白术40g，甘草15g，泽泻30g，制附子15g，茯苓45g，陈皮30g。

用法：共为末，开水冲，候温，一次灌服。

说明：适用于马、牛慢性肝炎，猪、羊用量为上述药量的1/5。

（2）犬肝炎处方。

【处方1】保肝利胆。

①25%葡萄糖注射液50～300mL，1%维生素B_2注射液0.5～1mL，5%维生素B_6注射

液 1~2mL，0.1%维生素 B_{12} 注射液 0.5~1mL，1%维生素 K_1 注射液 1~2mL，1%硫辛酸注射液 2~3mL。

用法：每天分 2 次静脉注射，连用 3~5d。

②5%维生素 B_1 注射液 2mL。

用法：一次肌内注射，每天 1 次，连用 3~5d。

【处方 2】保肝利胆。

林格氏液 50~200mL，25%葡萄糖注射液 50~300mL，复合氨基酸注射液 20~100mL。

用法：一次静脉注射，每天 1 次，连用 3~5d。

【处方 3】抗菌消炎。

注射用氨苄西林 0.5~2.0g，注射用水 5~10mL，0.2%地塞米松注射液 1~2mL。

用法：混合，一次肌内注射，每天 1 次，连用 3~5d。

【处方 4】生地 3g，败酱草 5g，白茅根 15g，大青叶 15g，木通 3g。

用法：水煎取汁，候温内服，每天 1 剂，连用 3~5 剂。

【处方 5】穴位：三焦俞、脾俞和肝俞穴。

针法：白针或将维生素 B_1 注射液 2mL 注入穴位。

胰 腺 炎

胰腺炎是因为胰腺酶消化胰腺自身以及胰腺周围组织所引起的一种炎症性疾病。按病程可分为急性胰腺炎和慢性胰腺炎。临床上以突发性腹部剧痛、休克和腹膜炎为特征。本病多发于犬和猫。

【病因】

1. 急性胰腺炎

（1）总胆管 Vater 氏壶腹部梗阻。见于胆管蛔虫、胆结石、肿瘤压迫、局部水肿、局部纤维化、黏液淤塞等。总胆管与胰腺管共同开口于 Vater 氏壶腹部，当壶腹部阻塞时，胆汁逆流入胰管并激活胰蛋白酶原为胰蛋白酶，后者进入胰腺及其胰腺周围组织，引起自身消化。

（2）胰腺分泌功能亢进。进食大量脂肪性食物，可产生明显食饵性脂血症（乳糜微粒血症），改变胰腺细胞内酶的含量，易诱发急性胰腺炎；十二指肠炎症和胰管痉挛，可能引起胰管阻塞，胰管压力随之增高，导致胰泡破裂，胰酶逸出，从而发生胰腺炎。

（3）传染性疾病。如猫弓形虫病和猫传染性腹膜炎、犬传染性肝炎、钩端螺旋体病等可损害肝脏诱发胰腺炎。

（4）药物性因素。如噻嗪类利尿药、硫唑嘌呤、天冬氨酸酶和四环素等。胆碱酯酶抑制剂和胆碱能拮抗药也可诱发胰腺炎。

（5）其他因素。胰腺创伤、交通事故、高空摔落及外科手术导致胰腺创伤，诱发胰腺炎。

2. 慢性胰腺炎　多由急性胰腺炎治疗不当或临床未被发现的急性胰腺炎转化而来。胆囊、胆管、十二指肠等胰腺周围器官炎症蔓延，以及胰动脉硬化、血栓形成、胰石、慢性胰管阻塞或狭窄、胆管口括约肌痉挛等也可引起。

由于炎症的反复发作，胰腺呈广泛纤维化，局灶性坏死，腺泡和胰岛组织的萎缩和消失,假囊泡形成和钙化,胰腺组织减少,使分泌功能减退,胰蛋白酶含量和胰岛素含量显著降低。

【症状】

1. 急性胰腺炎　常见水肿型和出血性坏死型两种类型。

(1) 水肿型胰腺炎。精神萎靡,食欲不振或废绝,进食后腹部疼痛,呕吐和腹泻,有时粪便中带血,触诊腹壁敏感和紧张,用力按压疼痛躲让,弓腰收腹。

(2) 出血性坏死型胰腺炎。体温下降,精神高度沉郁,剧烈呕吐和腹泻,甚至发生血性腹泻,触诊腹壁极为紧张,按压疼痛剧烈。随着病情发展,逐渐处于昏迷状态。

2. 慢性胰腺炎　腹痛反复发作,疼痛剧烈时常伴有呕吐。不断地排出大量橙黄色或黏土色、酸臭味粪便,其粪中含有不消化食物,发油光。未发作时动物表现贪食,但消瘦,生长停止。如病变波及胃、十二指肠、总胆管或胰岛时,可导致消化道梗阻、梗阻性黄疸、高血糖及糖尿。胰腺有假性囊肿形成时,腹部可摸到肿块。

【诊断】根据病史和临床症状可做出初步诊断,实验室检查以及B超检查、X线检查有助于确诊。还应注意与其他急腹症、肾衰等症相区别。

1. 实验室检验

(1) 血液及腹水检查。白细胞总数增多,中性粒细胞比例增大,核左移。血清淀粉酶和脂肪酶活性升高,多数病例于发病后8~12h开始升高,24~48h达到高峰,维持3~4d;腹水中含有较多的脂肪酶和淀粉酶。

(2) 粪便检查。粪便呈酸性反应,显微镜下可发现脂肪球和肌纤维。胰蛋白酶试验呈阴性。

(3) X线软片试验。取5%碳酸氢钠溶液9mL,加入粪便1g,搅拌均匀。取1滴该混悬液滴于X线软片(未曝光的软片或曝光后的黝黑部分)上,经37.5℃1h,或室温下2.5h,用水冲洗,若液滴下面出现一个清亮区,表示存在胰蛋白酶。如软片上只有一个水印子,表明胰蛋白酶为阴性。

(4) 明胶管试验。在9mL水中加入粪便1g混匀,取一试管盛7.5%明胶2mL,加热使明胶液化,然后加入粪便稀释液和5%碳酸氢钠溶液各1mL,混匀,经37.5℃1h,或室温下2.5h,再置冰箱中20min,若混合物不呈胶冻状,表明胰蛋白酶为阳性。

2. B型超声波检查　急性胰腺炎可见胰腺肿大、增厚,或呈假性囊肿;慢性胰腺炎可见胰腺内有结石和囊肿。

3. X线检查　上腹密度增加,有时可见胆结石和胰腺部分的钙化点。

【治疗】

1. 治疗原则　抑制胰腺分泌,消炎止痛,纠正水盐代谢。

2. 治疗措施　在出现症状的2~4d内应禁食,以防止食物刺激胰腺分泌。禁食时需静脉注射葡萄糖、复合氨基酸,维持营养和调节酸碱平衡等对症治疗。病情好转时给予少量肉汤或柔软易消化的食物。一旦发现胰腺坏死,尽快手术切除坏死部位胰腺。

【处方1】补充营养、抑制胰腺分泌。

5%葡萄糖注射液250~500mL,25%维生素C注射液2~4mL,5%维生素B_6注射液1~2mL,复方氯化钠注射液250~500mL,盐酸山莨菪碱5~10mg。

用法:一次静脉注射,每天1次,重症每天2~3次,连用3~5d。

【处方2】抑制胰腺分泌。

硫酸阿托品注射液 0.05~0.4mg。

用法：一次肌内注射，每天1次，连用2~3d。

【处方3】消炎。

丁胺卡那霉素 4万~16万 IU。

用法：一次脾俞穴注射，每天1次，连用2~4d。

【处方4】止痛。

盐酸吗啡，每千克体重 0.1~0.5mg（或度冷丁，每千克体重 5~10mg）。

用法：一次皮下注射。

【处方5】抗炎、抗休克。

地塞米松 0.1~1mg。

用法：一次静脉注射。

说明：发生休克时使用。

项目 1.4　以腹痛为主的疾病

项目 1.4.1　表现腹痛且伴有腹泻的疾病

任务描述　学习本类疾病的相关知识，参加相关临床病例的诊疗，分析临床案例。

案例分析　分析以下案例，确定诊断要点，提出初步诊断，并进行分析论证，制定出治疗方案。

案例　主诉：役用马，5岁。上午饮了大量冷水，随后发生间歇性腹痛，急起急卧、打滚翻转，粪稀如水。发作时，肠音高朗如雷鸣，持续不断。

临床检查：后躯被粪水污染。口腔湿润，口、舌色淡，鼻寒耳冷。听诊，肠音增强。

相关知识　表现腹痛且伴有腹泻的疾病主要有：肠痉挛（参见项目1.4）、胃肠炎（参见项目1.5）、磷化锌中毒（参见项目1.5）、有机磷中毒（参见项目7.2）等。

肠　痉　挛

肠痉挛又称痉挛疝，是由于肠平滑肌受到异常刺激发生痉挛性收缩，并以明显的间歇性腹痛为特征的一种腹痛病。常见于马，有时也发生于牛和猪。

【病因】肠痉挛多因气温和湿度的剧烈变化、汗后淋雨、风雪侵袭、寒夜露宿、劳役后暴饮冷水，采食霜冻或发霉、腐败的草料等引起。此外，消化不良、肠道溃疡、肠道内寄生虫及其毒素的刺激也可引起本病。

【症状】本病的特征性症状是出现明显的间歇性腹痛。腹痛发作时，病畜回顾腹部，起卧不安，前肢刨地，后肢蹴腹，卧地滚转，持续5~10min后转入间歇期。在间歇期，病畜外观上似健康，安静站立，有的尚能采食和饮水。但经过10~30min，腹痛又发作，如此反复。有的病畜，随着时间延长，腹痛逐渐减轻，发作期缩短，间歇期延长，常不药而愈。

在腹痛发作期，大、小肠肠音增强，连绵不断，有时在数步之外即可听到。随肠音增强，病畜频繁排出稀软粪便，但数量逐渐减少。口腔湿润，口色淡或青白，重者口温偏低，耳、鼻、四肢末梢发凉。病轻者，除腹痛发作时呼吸急促外，体温、呼吸、脉搏变化不大。

牛的肠痉挛，腹痛也呈间歇性发作，后肢频频屈曲，试图蹲卧，肠音亢盛，粪便稀薄。

猪的肠痉挛，表现高度不安，甚至卧地滚转、鸣叫，肠音高朗，排出稀软粪便。

【诊断】根据本病主要症状，明显的间歇性腹痛，肠音亢盛，口腔湿润，耳、鼻发凉，不难确诊。本病往往有继发肠阻塞或肠变位的可能，临床上应予以注意。

【治疗】

1. 治疗原则　加强护理，解除肠痉挛，清肠止酵，对症治疗。

2. 治疗措施　本病持续时间一般不长，从几十分钟至几个小时，若给予适当治疗，可迅速痊愈。如经治疗，症状不见减轻，腹痛加剧，全身症状也随之恶化，这表明继发了肠变位或肠阻塞，此时应慎重对待，并采取相应治疗措施。

(1) 牛肠痉挛处方。

【处方1】镇痛。

30%安乃近注射液 40mL。

用法：一次肌内注射。

【处方2】解除平滑肌痉挛。

1%硫酸阿托品注射液 3mL。

用法：一次皮下注射。

【处方3】解除平滑肌痉挛。

颠茄酊 30mL，温水 3 000mL。

用法：一次灌服。

【处方4】荜茄暖胃散。

荜澄茄90g，小茴香30g，青皮30g，木香30g，川椒20g，茵陈60g，白芍60g，酒大黄30g，甘草15g。

用法：煎汤去渣，候温一次灌服。

(2) 马肠痉挛处方。

【处方1】解痉镇痛、缓泻止酵。

①30%安乃近注射液 20~40mL。

用法：一次皮下注射。

说明：也可静脉注射安溴注射液（50~100mL），或 5%水合氯醛酒精注射液 100~200mL。

②硫酸钠 200~300g，20%鱼石脂酒精 100mL，温水 3 000~5 000mL。

用法：溶解后一次灌服。

【处方2】缓泻镇痛，调理胃肠机能。

人工盐 200~300g，芳香氨醑 30~60mL，陈皮酊 50~80mL，水合氯醛 8~15g，温水 2 000~3 000mL。

用法：混合，一次内服。

说明：处方中还可加入姜酊 30~50mL。

【处方3】穴位：三江、姜牙、耳尖、分水、尾尖等穴。

针法：血针。

【处方4】橘皮散（温中散寒）。

青皮、陈皮、官桂、小茴香、白芷、当归、茯苓各15g，细辛6g，元胡12g，厚朴20g。

用法：共为末，开水冲调，候温，加白酒60mL，一次灌服。

【预防】加强日常饲养管理，避免各种寒冷刺激；定期驱虫，及时治疗肠道疾病。

项目1.4.2 表现腹痛且无腹泻的疾病

任务描述 学习本类疾病的相关知识，参加相关临床病例的诊疗，分析临床案例。

案例分析 分析以下案例，确定诊断要点，提出初步诊断，并进行分析论证，制定出治疗方案。

案例1 主诉：公马，3岁，脱缰后找回，不久突然腹痛，排粪频繁，每次排出少量软粪。

临床检查：病马口腔干燥，口气奇臭，眼球凹陷，排粪停止，卧地滚转，急起急卧。听诊，肠音弱。

案例2 主诉：德国牧羊犬，体重约10kg，昨天开始发病，食欲减少，腹泻，随后呕吐。应用抗菌药物和止吐药物治疗不见好转，今天早晨食欲废绝，剧烈呕吐，呕吐物多为黏液。

临床检查：腹部触诊，发现一段增粗的香肠样、弯曲的肠段。X射线检查，见密度增高的香肠状阴影，有分层图像。

案例3 主诉：骡，7岁。早晨吃完草料去拉石头，早8点左右该骡不安，卧地但很快站起来，前蹄刨地，有时回顾腹部。

临床检查：起卧不安，前蹄刨地，呼吸急促，肠蠕动音弱。直肠检查有一段小肠有硬感。

案例4 主诉：3岁马突然发病，前蹄刨地，起卧不安，不吃不饮，未见拉粪。

临床检查：体温正常，疝痛剧烈，腹围增大，呼吸急促，排粪停止。直肠检查，手伸入直肠即呈不断强努责，腹腔内压大，在耻骨前缘稍下方摸到一段肠管有拳头大的结粪。

相关知识 表现腹痛且无腹泻的疾病主要有：胃扩张、肠变位、肠便秘、肠臌气等。

胃 扩 张

胃扩张是指胃排空机能紊乱和采食过量使胃急剧膨胀而引起的一种急性腹痛性疾病。按病因可分为原发性胃扩张和继发性胃扩张；按内容物性状可分为食滞性胃扩张、气胀性胃扩张和液胀性胃扩张（积液性胃扩张）。本病多见于马、骡和犬。

【病因】

1. 原发性病因 多见于突然一次过食干燥、易发酵、易膨胀、难消化的饲料或食物，继而剧烈运动，饮用大量冷水，使食物和气体积聚于胃内；另外，养护不当引起胃消化功能紊乱，或饮水不足、机体脱水、胃分泌功能不足导致的胃壁干涩，内容物后排障碍均可引起本病。

2. 继发性病因 见于幽门痉挛、小肠阻塞、胃扭转、胰腺炎、寄生虫病等。

【发病机理】在病因的作用下，胃黏膜感受器不断受到刺激，反射性引起胃蠕动和分泌机能增强。在大量胃液浸泡下，胃内容物逐渐膨胀，胃被膨胀的内容物胀大呈扩张状态，发生急性食滞性胃扩张。若胃内容物在微生物作用下产生大量低级脂肪酸、乳酸和气体等，则发生气胀性胃扩张。

在小肠阻塞、小肠变位，或者是某段大肠阻塞、臌气压迫小肠，致使小肠闭塞不通。由于剧烈疼痛的刺激，胃液反射性分泌增多，同时由于小肠闭塞不通，引起小肠逆蠕动增强，积聚在闭塞前部的肠内容物反流入胃，引起液胀性胃扩张。

【症状】

1. 原发性胃扩张　多于采食后不久或数小时内发病。病畜食欲废绝，精神沉郁，眼结膜发红或发绀，嗳气。病初口腔湿润，随后发黏，重症干燥，口臭。呼吸急促，脉率不断增快，脉搏由强转弱。肠音逐渐减弱，最后消失。重症病畜皮肤弹性减退，眼窝凹陷。腹痛明显，病初为间歇性腹痛，很快转为剧烈的持续性腹痛，病畜急起急卧，卧地滚转，或向前冲撞，有时出现犬坐姿势。胸前、肘后、股内侧、耳根等部位出汗，个别病畜全身出汗。

2. 继发性胃扩张　在原发病的基础上病情很快转重。大多数病畜经鼻流出少量粪水；插入胃管后，间断或连续地排出大量的具有酸臭气味、淡黄色或暗黄绿色液体，并混有少量食糜或黏液。随着液体的排出，病畜逐渐安静，经一定时间后，又复发，再次经胃管排出大量液体，病情又有所缓解，如此反复发作。两次发作的时间间隔越短，表示小肠闭塞的部位离胃越近。病畜很快出现脱水和心力衰竭。

若胃的扩张状态不能及时缓解，或由于急起急卧、卧地滚转等外力作用，可能发生胃破裂。食糜大量进入腹腔，腹痛症状立即缓解，而全身症状急剧恶化，发生中毒性休克，很快死亡。

犬发生胃扩张时，腹部膨大，呈中度间歇性腹痛或持续性剧烈腹痛，不安、鸣叫、嗳气、流涎。食欲废绝，精神沉郁，口气、呼出气酸臭，有时可见弓腰呕吐。眼结膜潮红或发绀，呼吸浅而快，心跳增速。听诊有金属音，叩诊呈鼓音，触诊敏感。胃管检查，可排出大量气体和液体。

【诊断】

1. 症状诊断　胃扩张发展快，症状急剧，腹围增大，腹痛明显，腹壁触诊紧张。

2. 胃管检查　送入胃管后，从胃管排出少量酸臭气体和稀糊状食糜，或无食糜排出，腹痛症状不减轻，则为食滞性胃扩张；送入胃管后，从胃管排出多量酸臭气体，病畜随气体排出而转为安静，则为气胀性胃扩张；若送入胃管后，从胃管排出多量液体，腹痛症状暂时消失，不久疼痛又发生，则为液胀性胃扩张。

3. 直肠检查　在马左肾前下方可摸到膨大的胃后壁，或后移的脾脏。触之胃壁紧张而有弹性，为气胀性胃扩张；若触之胃壁坚硬，压之留痕，则为食滞性胃扩张；若触之有波动感，则为液胀性胃扩张。

4. 实验室检查

(1) 血液检查。血沉减慢，红细胞压积容量升高，血清氯化物含量减少，血液碱贮增多。

(2) 胃液检查。液胀性胃扩张时，胃液中的胆色素呈阳性反应。

【治疗】

1. 治疗原则　以解除扩张状态、缓解幽门痉挛、镇痛止酵和恢复胃功能为主，强心补液、加强护理为辅。

2. 治疗措施　首先解除胃扩张状态。若为气胀性胃扩张，用胃管排除胃内气体；若为采食了大量细粒状或粉状饲料所致的食滞性胃扩张，通过胃管用大量温水洗胃，同时排出积气；对继发性胃扩张，用胃管排出大量液体和气体，同时积极治疗原发病。

对病犬，也可内服泻剂，灌服液体石蜡或植物油；或用阿扑吗啡皮下注射，促使内容物吐出。腹痛明显者，可内服水合氯醛或用5%水合氯醛溶液静脉注射。如病情严重，可手术切开胃壁取出内容物。术后24h内禁食，3d内吃流质食物，禁止剧烈运动，以后逐渐喂正常食物。

【处方1】止酵（适用于马气胀性胃扩张）。

鱼石脂15~20g，95%酒精80~100mL，温水500mL。

用法：胃管排除胃内气体后，经胃管一次灌服。

【处方2】止酵、镇痛（适用于马气胀性胃扩张）。

福尔马林10~20mL，95%酒精30~50mL，水合氯醛15~25g，温水500mL。

用法：胃管排除胃内气体后，取各药并加入1%淀粉混合，经胃管一次灌服。

【处方3】排除胃内容物、镇痛（适用于马食滞性胃扩张）。

液体石蜡500~1 000mL，普鲁卡因粉3~4g，稀盐酸15~20mL（或乳酸15~20mL），温水500mL。

用法：导胃后，取各药混合，经胃管一次灌服。

【处方4】排除胃内容物（适用于犬胃扩张）。

液体石蜡或植物油20~50mL。

用法：排除胃内气体后，一次灌服。

【处方5】催吐（适用于犬胃扩张）。

阿扑吗啡　每千克体重0.08mg。

用法：排除胃内气体后，一次皮下注射。

【处方6】镇痛（适用于犬胃扩张）。

水合氯醛0.5~1g。

用法：内服。

说明：用于犬胃扩张腹痛明显时镇痛。或用5%水合氯醛溶液每千克体重0.08g，静脉注射。

【处方7】适用于犬原发性胃扩张。

乌药、木香各50g，加水800mL，文火煎至400mL。

用法：候温，口服，每次20~40mL，每天2次，连用2~3d。

【处方8】适用于犬继发性胃扩张。

莱菔子10g，鸡内金10g，陈皮10g，木香6g，水煎至30mL，加醋20mL。

用法：候温，一次口服。

【预防】加强饲养管理，防止过饥过饱，劳役适度。防止动物偷食精料。

肠　变　位

肠变位是由于肠管的自然位置发生改变，致使肠腔发生机械性闭塞和肠壁局部发生循环障碍的一组重剧性腹痛病。本病主要发生于马属动物，其次发生于牛、猪和犬。通常将肠变位归纳为肠扭转、肠缠结、肠嵌闭和肠套叠四种类型。

1. **肠扭转** 肠管沿其纵轴或以肠系膜基部为轴发生不同程度的扭转。肠管沿横轴发生折转，称为折叠。如小肠扭转、小肠系膜根部扭转、盲肠扭转或折叠、左侧大结肠扭转或折叠、小结肠扭转等（图1-11）。

2. **肠缠结（肠绞窄）** 一段肠管与另一段肠管缠绕在一起，或肠管与肠系膜、某些韧带（如肝镰状韧带、肾脾韧带）、结缔组织索条、精索等缠绕在一起，引起肠腔闭塞不通。如空肠缠结、小结肠缠结（图1-12）等。

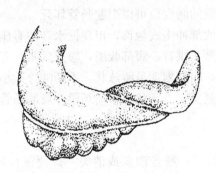

图1-11 马左侧大结肠扭转

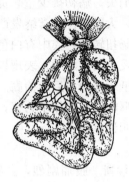

图1-12 马小肠缠结

3. **肠嵌闭** 一段肠管连同其肠系膜坠入与腹腔相通的先天性孔穴（腹股沟管、脐环）或病理性破裂孔（大网膜、肠系膜、膈肌破裂孔等）内，并卡在其中致使肠腔闭塞不通，引起血液循环障碍。如小肠、小结肠坠入腹股沟管、大网膜孔等。

4. **肠套叠** 是指某一段肠管连同肠系膜套入相邻的一段肠管内，引起局部肠管发生淤血、水肿甚至坏死的疾病。如空肠套入空肠、空肠套入回肠、回肠套入盲肠等（图1-13）。

【**病因**】引起肠变位的因素很多，一般将病因归纳为机械性（如肠嵌闭）和机能性（如肠扭转、肠缠结、肠套叠）两种。

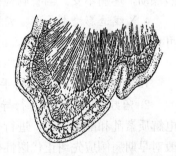

图1-13 马肠套叠

1. **机械性病因** 在腹压突然增大的条件下，如剧烈地跳跃、奔跑、交配、肠臌气和难产、便秘时强烈努责等，偶尔将小肠或小结肠压入先天性孔穴或病理性破裂孔而致病（疝病）。

2. **机能性因素** 由于突然受凉、饲喂冰冷的饮水和饲料、肠道炎症、肠道寄生虫以及全身麻醉等因素的作用，造成胃肠机能紊乱（如肠蠕动增强或弛缓），或在其他因素（如突然摔倒、打滚、跳跃等）影响下，均可导致肠扭转、缠结和套叠的发生。游离性大而且肠管较细的小肠，在体位改变、腹压增高时容易发生肠缠结；某段肠管蠕动增强，而与其相邻的肠管处于正常或弛缓状态时，容易发生肠套叠；若肠管充盈，肠蠕动机能增强甚至呈持续性收缩，使肠管相互挤压，容易发生肠扭转。

哺乳期的仔猪，由于母乳分泌不足，乳汁质量降低，或在突然受凉，乳温不适和乳头不清洁等影响下，肠管受到异常刺激，个别肠段的痉挛性收缩，从而发生肠套叠；断乳后的仔猪，由于从哺乳过渡到给饲的过程中，补饲方式不当，或饲料品质低劣时，则能引起胃肠道运动失调而发生肠套叠。

犬的肠套叠，常继发于犬瘟热、病毒性肠炎的后期，由于长时间腹泻，或病程后期病犬不食，导致肠管调节机能紊乱而引起。

【症状】各种动物不同类型肠变位的共同表现是：突然出现不安和腹痛现象，病初多为轻度间歇性腹痛，很快转为剧烈持续性腹痛，病畜急起急卧，急剧滚转，驱赶不起。使用镇痛药，腹痛症状无明显减轻或仅起到短暂的止痛作用。病畜精神沉郁，食欲废绝。脉率增快，脉搏细弱或不感于手，呼吸急促，可视黏膜发绀或苍白，出汗，肌肉震颤。口腔干燥，肠音微弱或消失。病初排少量恶臭粪便，并混有黏液或血液，最后排便停止。小肠变位时常继发胃扩张；大肠变位时常继发严重的肠臌气。严重的肠变位可以引起肠管坏死。

牛发生肠扭转时，粪中有白色胶冻样黏液，右髋部冲击式触诊，出现振水音并有压痛。

猪、犬发生肠套叠时，表现极度不安，腹痛剧烈，拱背，腹部收缩，腹壁紧张，有时前肢跪地，头抵于地面，后躯抬高。严重者突然倒地，四肢划动呈游泳状，不断呻吟。小肠套叠，常发生呕吐。犬和体小的猪，触压腹部可摸到坚实、香肠状可移动肠段。局部肠管有时发生臌气，叩诊呈鼓音。

【诊断】

1. 症状诊断　腹痛剧烈，药物镇痛常无明显效果；肠音微弱或消失，排便很快停止；全身症状迅速恶化。

2. 腹腔穿刺液检查　腹腔液呈粉红色或红色。

3. 直肠检查　直肠内空虚，有较多量的黏液或黏液块，检手前进时，感到阻力增大，通常可摸到局限性气肠，肠系膜紧张如索状，并向一定方向倾斜。如加以触压或牵拉，则剧烈躁动，疼痛不安。当直肠检查仍不能确定肠变位的性质时，可进行剖腹探查。

4. X线造影检查　猪、犬发生肠套叠时，可见2倍于正常肠管的筒状软组织阴影，有的可见局部肠管臌气、积液。

【治疗】

1. 治疗原则　尽早施行手术整复，妥善对症治疗，加强术后护理。

2. 治疗措施　及早进行导胃、穿肠放气减压，应用镇痛剂以减轻疼痛刺激，纠正脱水、电解质紊乱和酸碱失衡，进行合理补液，以维持血容量和血液循环功能，防止休克发生。一般对早期病例应先纠正代谢性碱中毒，对中后期病例应先纠正酸中毒。在肠变位解除前不要补糖。使用新霉素或庆大霉素等抗菌药物，制止肠道菌群紊乱，减少内毒素生成。严禁投服泻剂。尽早实施手术整复，并做好术后护理工作。

肠　便　秘

肠便秘是由于肠管运动机能和分泌机能紊乱，肠内容物滞留不能后移、水分被吸收而干燥，造成一段或几段肠管秘结的一种腹痛性疾病。

【病因】

1. 原发性病因　主要由于饲养管理不善引起。如长期饲喂干燥谷物、糠麸、不易消化的含粗纤维多的劣质饲料，饲料中混有泥沙，饮水不足、缺乏运动等。

断乳仔猪突然变换饲喂纯米糠而同时缺乏青绿饲料，妊娠母猪或分娩不久的母猪伴有肠弛缓等，均可引起便秘。

牛偷食或饲喂大量稻谷，或舔食多量被毛，在肠管内形成毛球而引起肠腔阻塞。母牛分娩前期，子宫增大压迫直肠致使直肠麻痹，容易引起直肠便秘。

犬的肠便秘常因饲料中混有骨头、毛发，或因生活环境的改变，扰乱了原有的排便习惯而引起。

马的肠便秘常发于由放牧转为舍饲，由喂青草、青干草转为喂粗硬饲料时，胃肠蠕动由最初的增强变为减弱，内容物停滞而发生；或由于炎热夏季、剧烈使役或运动，引起大量出汗，此时饲喂食盐不足则导致胃肠蠕动和分泌机能变弱，增加肠内容物后移阻力，导致肠便秘。

2. 继发性病因　多见于一些高热性疾病，如猪瘟、猪丹毒、猪肺疫、牛恶性卡他热、牛流行热、牛巴氏杆菌病、马流行性感冒、马大叶性肺炎等。

犬的肠便秘也常继发于排便疼痛的疾病，如直肠内异物、肛门囊炎、肛门囊肿、肛门周围形成瘘管、肛门狭窄、肛门痉挛；有机械性通过障碍的疾病，如前列腺肥大、骨盆腔肿瘤、骨盆骨折恢复后的骨盆狭窄、结肠和直肠的肿瘤、会阴疝等；支配排便的神经异常，如脊髓炎和脊椎骨折压迫脊髓所致的后躯麻痹，老龄犬迷走神经紧张性减退及特发性巨大结肠症等。

【症状】

1. 猪的肠便秘　各种年龄的猪都可发生，小猪多发，便秘部位常在结肠。病初精神不振，食欲减退，渴欲增加。腹痛，起卧不安，有时呻吟，屡呈排粪姿势，初期排出少量干燥、颗粒状的小粪球，被覆黏液或带有血丝。1~2d 后食欲废绝，排粪停止，肠音减弱或消失，伴有肠臌气时，可听到金属性肠音。双手从两侧腹部触诊，体小的猪可摸到肠内呈串珠状排列的干硬粪球。十二指肠便秘时，病猪呕吐，呕吐物液状酸臭。直肠便秘时粪块压迫膀胱，会伴发尿闭。

2. 牛的肠便秘　病初，腹痛一般较轻，但可呈持续性腹痛，患牛拱背、努责，屡呈排粪姿势，但不见排出粪便，或仅排出一些胶冻状团块。两后肢交替踏地，呈蹲伏姿势，或后肢踢腹。随病情发展，肠内容物发酵分解，产生毒素，使腹痛加剧，病牛喜卧，不愿起立。若病程延长，因肠管麻痹，腹痛减弱或消失。饮食欲减退或废绝，反刍停止。鼻镜干燥，结膜呈污秽的灰红色或黄色。口腔干臭，舌苔灰白或淡黄。直肠检查，肛门干涩、紧缩，直肠内空虚，或在直肠壁上附着少量干硬的粪屑。有些病例在便秘的前方胃肠积液，病至后期，眼球凹陷，目光无神，卧地不起，头颈贴地，脉搏增数至 100 次/min 以上，常因脱水和虚脱而死。

3. 犬的肠便秘　食欲不振或废绝，呕吐或呕粪；尾巴伸直，步态紧张。脉搏加快，可视黏膜发绀。轻症病例反复努责，排出少量秘结便；重症病例屡呈排粪姿势，排出少量混有血液或黏液的液体。肛门发红和水肿。时间较长病例，多有口腔干燥、结膜无光、皮肤干燥等脱水表现。触诊后腹上部有压痛，并可在腹中、后部摸到串珠状的坚硬粪块。肠音减弱或消失。直肠指诊能触到硬的粪块。

4. 马的肠便秘　口色变红或红中带黄，甚至暗红或发绀，口腔发黏甚至干燥，口臭；腹痛，若结粪坚硬且发生完全阻塞，或继发肠臌气或胃扩张，则腹痛剧烈；病初肠音频繁而增强，而后肠音减弱，病后期肠音极弱甚至消失；食欲减退或废绝，病初期体温、脉搏、呼吸多无明显变化，若继发引起肠臌气或胃扩张，则呼吸急促，脉搏加快、变弱甚至不感于手。若机体脱水过程进一步发展，则引起循环衰竭甚至休克。不同部位肠阻塞，其症状亦有不同。

（1）小肠阻塞。多在采食中或采食后数小时内发病。发生阻塞的部位离胃越近，发病越快、越重，越易导致胃扩张。腹痛剧烈，鼻流粪水，颈部食管出现逆蠕动波。直肠检查，在前肠系膜根后下方、右肾附近触到约有手腕粗、表面光滑、质地黏硬、呈块状或圆柱状的阻塞肠管，为十二指肠阻塞；在盲肠底部内侧摸到左右走向的香肠样硬固体，其左端游离，可被牵动，右端位置较为固定（因回肠末端与盲肠相连），空肠普遍臌胀，为回肠阻塞；当摸到的阻塞部位是游离的，并有一段或部分空肠发生臌胀，为空肠阻塞。

（2）大肠阻塞。大肠阻塞常发生的部位是骨盆曲、小结肠、胃状膨大部和盲肠。前两个部位多为完全阻塞，后二者常为不完全阻塞。

骨盆曲阻塞：病马常呈现剧烈腹痛，但肠臌气多不严重。直肠检查：可在骨盆腔前缘下方摸到像肘样弯曲的粗肠管，内有硬结粪，而有时阻塞的骨盆曲伸向腹腔的右方或向后伸至骨盆腔内。

小结肠阻塞：从发病起就呈现剧烈腹痛，当继发肠臌气时，腹围增大，腹痛加剧。病初肠音偏强，以后减弱或消失。直肠检查：通常于耻骨前缘的水平线上或体中线的左侧（有时偏向右侧）可触到拳头大的粪块。若发生肠臌气后，宜先穿肠放气再进行检查。

胃状膨大部阻塞：不完全阻塞者，病情发展缓慢，病期较长，通常为3~10d。多为间歇性轻度腹痛，常呈侧卧、四肢伸展状，只排少量稀粪或粪水；完全阻塞者，症状发展快而严重，腹痛也较剧烈，病期亦短。直肠检查，可在腹腔右前方摸到随呼吸而略有前后移动的半球状阻塞物。

左侧大结肠阻塞：左下大结肠较左上大结肠的管腔粗大，前者多为不完全阻塞，后者常为完全阻塞。直肠检查，在左腹下部可摸到左下大结肠或左上大结肠内的坚硬结粪。

全大结肠阻塞：病畜痴呆，呈慢性腹痛，肠音明显减弱，病情发展缓慢。直肠检查，凡能摸到的大结肠，其内都充满坚硬粪便。

盲肠阻塞：发展较慢，病期较长（10~15d），腹痛轻微。饮食欲明显减退，但在排泄具有恶臭气味的稀粪时，饮水量有增加趋势。排粪量明显减少，干粪和稀粪交替出现。肠音减弱，尤其以盲肠音减弱最为明显。体温、呼吸和脉搏都无明显变化，病马逐渐消瘦。直肠检查，盲肠内充满坚硬粪便。

直肠便秘：多发生于老弱马、骡和驴，腹痛较轻微，仅表现摇尾、举尾，频频做排粪姿势，但排不出粪便。全身无明显变化，有时可继发肠臌气。手入直肠即可确诊。

【诊断】根据症状和病史调查可做出诊断。

【治疗】

1. 治疗原则　加强护理，通便泻下，解痉止痛，补液强心，对症治疗。

2. 治疗措施　首先要加强护理，防止激烈滚转而继发肠变位、肠破裂或其他外伤；通便泻下用液体石蜡（或植物油）等油类泻剂或硫酸钠、硫酸镁等盐类泻剂；腹痛不安时，可肌内注射30%安乃近注射液（猪3~5mL，牛20~30mL，犬1~2mL）；为防止脱水和维护心脏功能，可静脉注射复方氯化钠注射液或5%葡萄糖生理盐水注射液，并适时注射20%安钠咖注射液；肠管疏通后应禁食1~2顿，以后逐渐恢复至常量，以免便秘复发或继发胃肠炎。上述方法无效时，应立即采取剖腹破结。剖腹后，在肠外直接做按压，并局部注入液体石蜡或生理盐水适量，局部按压至粪便松软为止。若粪块粗大或过于坚实，应切开肠管取出。若肠壁已严重淤血、坏死，在切除坏死肠管后作肠管吻合术。

(1) 猪肠便秘处方。

【处方1】硫酸钠6g，人工盐6g。

用法：拌料内服，每天3次。

说明：也可用大黄苏打片60片，分2次内服；或用硫酸镁40g，分2次拌料内服。

【处方2】食盐100~200g，鱼石脂（酒精溶解）20~25g。

用法：温水2~3kg，待食盐溶化后，一次灌服。

【处方3】液体石蜡50~100mL。

用法：灌服，每天1次，连用2~3d。

【处方4】温肥皂水适量。

用法：多次灌肠，而后行腹部按摩，以软化结粪，促进排出。

【处方5】大承气汤。

大黄15g，芒硝30g，枳实9g，厚朴9g，槟榔6g。

用法：水煎成500~1 000mL，一次灌服。

(2) 牛肠便秘处方。

【处方1】硫酸镁500~800g，液体石蜡500mL，常水3 000mL。

用法：一次灌服。

说明：配合0.1%新斯的明注射液20mL，肌内注射或皮下注射。

【处方2】适用于结肠便秘。

温肥皂水1 500~3 000mL。

用法：深部灌肠。

【处方3】适用于顽固性便秘。

硫酸镁300g，液体石蜡500mL，常水3 000mL。

用法：一次瓣胃注射。

【处方4】适用于大肠完全阻塞。

硫酸钠或硫酸镁300~500g，鱼石脂15~20g，酒精50mL，常水6~10L。

用法：一次灌服。

【处方5】适用于大肠不完全阻塞。

碳酸钠150g，碳酸氢钠250g，氯化钠100g，常水8~12L。

用法：一次灌服，每天1次，连用3~5d。

【处方6】适用于小肠阻塞。

液体石蜡或植物油500~1 000mL，鱼石脂15~20g，酒精50mL，常水500~1 000mL。

用法：一次灌服。

(3) 犬肠便秘处方。

【处方1】温肥皂水100~200mL。

用法：深部灌肠，每天或隔日重复1次，连用2~3次。

【处方2】液体石蜡10~20mL。

用法：一次灌服，每天1次，连用2～3次。

【处方3】适用于大肠完全阻塞。

硫酸钠或硫酸镁10～20g，常水200mL。

用法：一次灌服，每天1次，连用1～2次。

（4）马的肠便秘处方。

【处方1】适用于大肠便秘。

硫酸钠300～500g，大黄末60～80g，常水5 000～6 000mL。

用法：溶解后一次灌服。

说明：也可用人工盐300～400g，常水5 000～6 000mL，溶解后一次灌服。

【处方2】适用于小肠便秘。

液体石蜡500～1 000mL，松节油30～50mL，克辽林20～30mL，常水500～1 000mL。

用法：混匀后一次灌服。

说明：用药前应导胃。

【处方3】5%～7%碳酸氢钠溶液3 000～4 000mL。

用法：盲肠秘结后期直接注入盲肠，配合直肠按压。

【处方4】大承气汤。

大黄60g（后下），芒硝300g（冲），厚朴30g，枳实30g。

用法：水煎取汁，一次灌服。

【预防】加强饲养管理，青饲料、粗饲料、精饲料要合理搭配，含粗纤维多难以消化的饲料，要软化或煮烂。及时治疗有异嗜癖的动物，防止采食泥沙、煤块、毛球等异物。给予充足清洁的饮水，适当运动。

肠臌气

肠臌气是由于肠消化机能紊乱，肠内容物产气旺盛，肠道排气过程不畅或完全受阻，导致气体积聚于某部分或大部分肠管内，引起肠管臌胀的一种腹痛病。本病常见于马。

【病因】

1. 原发性肠臌气　主要是采食了过量容易发酵的饲料所致，如幼嫩苜蓿、三叶草、青燕麦、蔫青草、堆积发热的青草以及玉米、大麦和豆类饲料等。

初到高原地区的马、骡往往易发生肠臌气。一般认为与气压低、氧气不足和过劳等引起的应激有关。

2. 继发性肠臌气　常继发于大肠阻塞和大肠变位。也可继发于弥漫性腹膜炎、慢性消化不良等疾病。

【症状】

1. 原发性肠臌气　通常在食后2～4h发病。病畜腹部迅速膨大，腹壁紧张，叩诊呈鼓音。病初为间歇性腹痛，以后则转为持续性腹痛。后期，因肠管极度臌胀而逐渐陷于麻痹，腹痛减轻甚至消失。听诊肠音在病初增强，并带有明显的金属音，以后则减弱，甚至消失。病初多排稀软粪便，以后则完全停止排粪。口腔黏膜初湿润，以后逐渐转为干燥，可视黏膜发红甚至发绀。呼吸加快，严重者呈现呼吸困难。心率增快，脉搏减弱，体表静脉充盈。体温正常或稍高。直肠检查，原发性肠臌气为广泛性臌气，手入直肠即可触及充气性肠管。

2. 继发性肠臌气　具有与原发性肠臌气相同的症状，为进一步查明继发肠臌气的原因，应进行直肠检查或结合腹腔穿刺综合判定。若穿刺液混浊带有微红色甚至深红色，白细胞数增多，含有大量蛋白质时，可怀疑为肠变位引起的肠臌气。

【诊断】本病根据腹围增大，叩诊呈臌音，呼吸困难，剧烈腹痛不难诊断。但应对原发性和继发性肠臌气加以鉴别。

【治疗】

1. 治疗原则　加强护理，排气减压，解痉镇痛，清肠止酵。
2. 治疗措施　根据臌气程度采取相应处理。对臌气不严重的病例，可用解痉镇痛剂、缓泻止酵剂。对腹围显著胀大、呼吸急促的严重肠臌气，应立即穿肠排气，放气后应用解痉镇痛剂、缓泻止酵剂，以巩固疗效。放气时，常用盲肠穿刺，也可对臌气严重的肠管进行穿刺放气。排气后，通过放气针头注入止酵剂。为预防继发腹膜炎，常在穿肠放气后，用青霉素 240 万～360 万 IU，溶于温生理盐水注射液（37～40℃）500mL 中，0.25%盐酸普鲁卡因注射液 20～40mL，腹腔注射。

此外，应注意心脏功能、自体中毒和脱水等变化，进行必要的对症治疗。

继发性肠臌气，在采取穿肠排气、镇痛等急救措施的同时，应尽快确定和治疗原发病。

【处方1】适用于马肠臌气。

①30%安乃近注射液 20～30mL。

用法：一次皮下注射。

②人工盐 200～300g，鱼石脂 20～30g，常水 3 000～5 000mL。

用法：一次灌服。

说明：肠臌气严重时应及时配合穿肠排气。

【处方2】适用于原发性肠臌气。

穴位：关元俞、后海、脾俞、胈俞穴。

针法：白针或电针。

【处方3】丁香散。

丁香 30g，木香 20g，藿香 20g，青皮 22g，陈皮 22g，玉片 15g，生二丑 25g，厚朴 60g，枳实 15g。

用法：共为细末，开水冲调，加植物油 300mL，灌服。

技能训练

肠 穿 刺 术

【应用】常用于盲肠或结肠内积气的紧急排气治疗，也可用于向肠腔内注入药液。

【准备】同瘤胃穿刺。结肠穿刺时宜用较细的套管针。

【部位】

(1) 马盲肠穿刺部位在右侧胈窝的中心，即距腰椎横突约 1 掌处。或选在胈窝最明显的突起点。

(2) 马结肠穿刺部位在左侧腹部膨胀最明显处。

【方法】操作要领同瘤胃穿刺。盲肠穿刺时，可向对侧肘头方向刺入 6～10cm；结肠穿刺时，可向腹壁垂直刺入 3~4cm。其他按瘤胃穿刺要领进行。

【注意事项】参照瘤胃穿刺。

灌 肠 术

【应用】灌肠是向直肠内注入大量的药液、营养溶液或温水，直接作用于肠黏膜，使药液、营养被吸收或排出宿粪，以及除去肠内分解产物与炎性渗出物，达到疾病治疗的目的。

【准备】

（1）大动物于柱栏内站立保定，用绳子吊起尾巴。中、小动物于手术台上侧卧保定。

（2）灌肠器、塞肠器（分木质塞肠器与球胆塞肠器）、投药唧筒及吊桶等。

①木质塞肠器：呈圆锥形，长 15cm。中间有直径 2cm 的小孔，前端钝圆；直径 6~8cm，后端呈平面，直径 10cm，后端两边附着两个铁环，塞入直肠后，将两个铁环拴上绳子，系在笼头或颈部套包上。

②球胆塞肠器：在球胆上剪两个相对的孔，中间插入 1 根直径 1~2cm 的胶管，然后用胶密闭剪孔，胶管两端各露出 10~20cm，塞入直肠后，向球胆内打气。胀大的球胆堵住直肠膨大部，即自行固定。

（3）灌肠溶液一般用微温水、微温肥皂水、1%温盐水或甘油（小动物用）。消毒、收敛用溶液有：3%~5%单宁酸溶液、0.1%高锰酸钾溶液、2%硼酸溶液等。治疗用溶液根据病情而定。营养溶液可备葡萄糖溶液、淀粉浆等。

【方法】

1. 大动物

（1）一般方法。将灌肠液或注入液盛于漏斗（吊桶）内，将漏斗举起或将吊桶挂在保定栏柱上。术者将灌肠器的胶管另端，缓缓插入肛门直肠深部，溶液即可徐徐注入直肠内，边流边向漏斗（吊桶）内倾注溶液，直至灌完，并随时用手指刺激肛门周围，使肛门紧缩，防止注入的溶液流出。灌完后拉出胶管，放下尾巴。

（2）深部灌肠。主要应用于马的肠结石、毛球及其他异物性大肠阻塞、重危的大肠便秘等。灌肠之前，先用 1%~2%盐酸普鲁卡因溶液 10~20mL 进行后海穴封闭（用 10~20cm 长的封闭针头，与脊柱平行地刺入该穴约 10cm 深），使肛门与直肠弛缓之后，将塞肠器插入肛门固定。然后将灌肠器的胶管插入木质塞肠器的小孔到直肠内（或与球胆塞肠器的胶管连接），高举漏斗或吊桶，溶液即可注入深部直肠内，也可用压力唧筒注入溶液。一次平均可注入 10~30L 溶液。小结肠便秘可灌入 10L；胃状膨大部、左下大结肠及骨盆曲便秘可灌入 10~20L；盲肠便秘可灌入 20~30L。灌水后，为防止注入溶液逆流，可将塞肠器保留 15~20min 后再取出。

2. 中、小动物　使用小动物灌肠器，将橡胶管一端插入直肠，另端连接漏斗，溶液倒入漏斗内，即可流入直肠。也可使用 100mL 注射器注入溶液。

【注意事项】

（1）直肠内存有宿粪时，按直肠检查要领取出宿粪，再进行灌肠。

（2）防止粗暴操作，以免损伤肠黏膜或造成肠穿孔。

（3）溶液注入后由于排泄反射，易被排出。为防止排出，用手压迫尾根肛门，或于注入溶液的同时，以手指刺激肛门周围，也可按摩腹部。最好的办法是用塞肠器压迫肛门。

项目1.4.3 表现腹部有压痛的疾病

任务描述 学习本类疾病的相关知识,参加相关临床病例的诊疗,分析临床案例。

案例分析 分析以下案例,确定诊断要点,提出初步诊断,并进行分析论证,制定出治疗方案。

案例1 主诉:黑色雌性牧羊犬,4月龄。该犬一个月前从外地空运来到本地,刚来时好像很紧张,一周内都没有好好吃东西,后来逐渐好转。昨天吃了三根火腿肠后突然呕吐,呕吐物很多,最后几口呕吐物中有新鲜血液,昨晚排出黑色油状粪便,不断呻吟,来回行走。

临床检查:病犬消瘦,食欲废绝,神情不安,鸣叫,拒绝按压腹部。粪便呈黑色油状。粪便潜血检查,呈强阳性反应。X线造影检查,胃黏膜出现起皱、突起、增厚。

案例2 一头5岁母牛,开始时精神沉郁,食欲不振,逐渐消瘦,几天后食欲废绝,便秘。

临床检查:呼吸困难,眼窝凹陷,步态小心,排尿正常,瘤胃蠕动音减弱,腹壁紧张。直肠检查,直肠内蓄积有恶臭粪便,腹腔穿刺有少量浓稠液体。

相关知识 表现腹部有压痛的疾病主要有:胃溃疡、皱胃炎、腹膜炎、腹腔积液等。

胃 溃 疡

胃溃疡是一种胃黏膜形态学的缺损和周围组织的炎性反应,胃肠消化机能障碍,以及神经活动、物质代谢过程极度紊乱的疾病。有的病例还同时发生食管溃疡。临床上分为卡他性溃疡和消化性溃疡。本病多发于猪和犬。

【病因】

1. **卡他性溃疡** 主要与饲料品质有关,如采食霉变饲料、长期饲喂过冷或过热饲料、饲料中维生素E和硒缺乏或含铜量过高等。急、慢性胃肠炎,胃肠黏膜发生炎性浸润及黏膜组织出血时,也可继发胃溃疡。

2. **消化性溃疡** 与应激因素如感染、中毒、创伤、紧张以及饲喂不及时等有关。当胃的血液循环障碍时,酸性胃液不能被碱性物质中和,局部黏膜被胃酸和胃蛋白酶消化,形成溃疡。

【症状】

1. **急性病例** 常在采食、分娩前后、打斗后出现呕吐,呕吐物有强烈的酸味,吐血。胃出血导致食欲废绝,衰弱,贫血,排出黑色沥青样或松馏油样粪便,体温下降,呼吸急促,腹痛不安,可视黏膜苍白,衰竭死亡。

2. **慢性病例** 食欲减退或废绝,腹痛,神情不安,鸣叫,蜷腹,拒绝按压腹部。粪便时干时稀,呈暗褐色,有时吐血,生长发育不良,消瘦。继发胃穿孔时,突发剧烈腹痛,不安,腹壁肌肉因疼痛而呈痉挛性收缩,触之如木板样,肠音减弱甚至消失,腹腔穿刺可抽出淡黄色液体。多因急性腹膜炎而休克死亡。

【诊断】

1. **症状诊断** 本病轻症无明显可见症状,生前诊断较困难。重症病例通过食欲减退、体重下降、贫血、排出黑色沥青样或松馏油样粪便可做出初步诊断。

2. 剖检诊断　溃疡主要在胃的无腺区，也可见于胃底部和幽门区，表现不同程度的充血、出血以及大小、数量不等、形态不一的糜烂斑点和界限分明、边缘整齐的圆形溃疡。胃内有凝血块、新鲜血液和纤维素渗出物；肠管内也常有新鲜血液。慢性病例在胃黏膜上可见瘢痕。若发生胃穿孔，腹腔内有酸臭的胃液流入，并混有食糜。

3. 实验室诊断

(1) 粪便潜血检查。重症病例可见强阳性反应。

(2) X线造影检查。胃黏膜出现起皱、突起、增厚。

【治疗】

1. 治疗原则　加强护理，消除病因，保护胃黏膜，止血，消炎，镇静止痛。

2. 治疗措施　怀疑动物发生本病时，应给予胃黏膜保护剂，如硫糖铝、果胶铋等，同时将饲料中的纤维素含量调整为7%。对于出现临床症状的病例，应服用制酸剂，如氧化镁、碳酸钙、硅酸镁、氢氧化铝等；止血用安络血、维生素K、酚磺乙胺、云南白药等；止痛用阿托品、山莨菪碱等；防止继发感染用抗生素或磺胺类药物；贫血用硫酸亚铁、氯化钴、维生素B_{12}等药物。

【处方1】保护胃黏膜。

复方胃舒平1~2片，硫糖铝0.5~1.0g，生胃酮30~70mg。

用法：喂食后2~3h口服，每天3次，连用5~10d。

说明：严重出血病例口服安络血5.0~10.0mg，每天3次。

【处方2】适用于犬胃溃疡。

元胡3g，木香3g，五灵脂3g，香附4g，佛手4g，乌药3g，乳香4g，没药4g，海螵蛸5g，贝母2g，吴茱萸3g，砂仁3g，甘草2g。

用法：煎汤取汁，加入2mg阿托品，分上、下午2次服完，连用5剂。

【预防】搞好环境卫生，定期防疫和驱虫，减少或避免应激因素，配合饲料中纤维素含量不低于7%。

皱胃炎

皱胃炎是指各种原因所致的皱胃黏膜及黏膜下层的炎症。根据病程分为急性和慢性皱胃炎，根据病因分为原发性和继发性两种。临床上以严重的消化机能紊乱为主要特征。皱胃炎多见于犊牛和老龄牛，体质较差的牛也容易患该病。

【病因】

1. 原发性病因　长期饲喂粗硬饲料、冰冻饲料、霉变饲料或长期饲喂糟粕、粉渣等饲料；各种应激因素的影响，如饲喂不定时定量，突然变换饲料，经常调换饲养员，或者因长途运输、过度紧张和劳累等因素都会导致原发性皱胃炎的发生。

2. 继发性病因　本病常继发于自体中毒、前胃疾病、肠道疾病、营养代谢疾病、口腔疾病（包括牙齿不整、齿槽骨膜炎等）、某些化学物质中毒、急性或慢性传染病（牛病毒性腹泻、牛沙门氏菌病）以及某些寄生虫病（如血矛线虫病）等。

【症状】

1. 急性病例　精神沉郁，被毛污秽、蓬乱，垂头站立，鼻镜干燥，结膜潮红、黄染、拱背，后肢前伸站立，泌乳量降低甚至完全停止，体温一般无变化。食欲减退或废绝，反刍减少、短促、无力或停止，有时空嚼、磨牙；瘤胃轻度臌气，收缩力减弱；触诊右腹部皱胃区，病牛疼痛不安；口黏膜被覆黏稠唾液，舌苔白腻，口腔散发甘臭，有的伴发糜烂性口炎；便秘，粪呈球状，表面被覆多量黏液或黏液膜，间或腹泻。部分病例表现腹痛不安，卧地哞叫。个别表现视力减退，具有明显的神经症状。病的末期，病情急剧恶化，全身衰弱，伴发肠炎，脉率增快，脉搏微弱，精神极度沉郁，最后呈现昏迷状态。

2. 慢性病例　表现为长期消化不良，异嗜。口腔黏膜苍白或黄染，口腔内唾液黏稠，舌苔白，散发甘臭味。瘤胃收缩无力，便秘，粪便干硬，呈球状。病的后期，病畜衰弱、贫血，腹泻，精神沉郁，有时呈现昏迷状态。

【诊断】本病特征不明显，临床诊断困难。根据消化障碍，触诊皱胃区敏感，可视黏膜黄染等症状，可以做出初步诊断。

【治疗】

1. 治疗原则　清理胃肠，消炎止痛，对症治疗。

2. 治疗措施　对急性病的初期，绝食1～2d，以后逐渐给予青干草和麸粥。对犊牛，在绝食期间，喂给温生理盐水或者口服补液盐，再给少量牛奶，逐渐增量。对衰弱病畜，应强心、补液，维持代谢的基本需要。

重症病例，在及时使用抗生素的同时，应注意强心、输液，促进新陈代谢。病情好转时，可服用复方龙胆酊、橙皮酊等健胃剂。为清理胃肠道有害内容物，内服油类或盐类泻剂。

慢性病例，应着重改善饲养和护理，注意消积导滞、健胃止酵，增进治疗效果。

【处方1】

①植物油500～1 000mL（或人工盐400～500g），常水适量。

用法：一次内服。

②安溴注射液100mL。

用法：静脉注射。

③阿莫西林6g，生理盐水50mL。

用法：瓣胃内注射，每天1次，连用3～5次。

说明：适用于急性皱胃炎。

【处方2】

①黄连素2～4g，硫酸钠500g，常水5 000mL。

用法：配成溶液，一次瓣胃注射。

②阿莫西林2～3g，5%葡萄糖生理盐水2 000～3 000mL，20%安钠咖注射液10～20mL，40%乌洛托品注射液20～40mL。

用法：一次静脉注射（牛）。

说明：适用于病情严重的病例，防止继发感染，增进新陈代谢，改善全身机能状态。

【处方3】保和丸（消食降气）。

焦三仙180g，鸡内金30g，延胡索30g，川楝子50g，厚朴40g，大黄50g，青皮30g，陈皮30g，莱菔子50g，甘草30g。

用法：水煎，一次灌服（牛）。

【预防】搞好畜舍卫生，尽量避免各种不良因素的刺激和影响；加强饲养管理，给予质量良好的饲料，饲料搭配合理。

腹 膜 炎

腹膜炎是在致病因素作用下，引起腹膜局限性或弥漫性炎症。按病因可分为原发性腹膜炎和继发性腹膜炎；根据病程可分为急性腹膜炎和慢性腹膜炎。各种家畜和家禽都可发生，以马和牛最常见。

【病因】

1. 原发性腹膜炎　通常是由于受寒、感冒、过劳或某些理化因素的影响，机体防卫机能降低，抵抗力减弱，受到大肠杆菌、沙门氏菌、链球菌和葡萄球菌等条件致病菌的侵害而发生。猫可由传染性腹膜炎病毒引起。

2. 继发性腹膜炎　多由腹壁的创伤、腹腔与胃肠的穿刺或手术感染所致，或者由胃肠及其他脏器破裂或穿孔引起；也见于胃肠、肝脏、脾脏、子宫及膀胱等器官炎症的蔓延。此外，某些传染病（如炭疽、猪瘟、出血性败血症、肠结核、猪丹毒、马腺疫等）、寄生虫病（如肝片吸虫病、棘球蚴病等）也可继发本病。

【症状】腹膜炎的临床症状视动物种类、炎症性质和范围而有所不同。

1. 马腹膜炎

（1）马急性弥漫性腹膜炎。多取急性经过。病马精神沉郁，食欲废绝，眼窝凹陷，体温升高，结膜发绀，腹围紧缩。有时痛苦呻吟，全身出冷汗。不愿走动，常低头拱背站立，强迫行走时，则举步谨慎，当转弯或卧地时，则表现格外小心。腹痛，病畜表现摇尾，前肢刨地，回头顾腹，时起时卧。口色暗红，舌苔黄腻、口干、臭。病初肠音增强，随后减弱或消失。尿量少，浓稠，色深。心率增快，心音减弱。呼吸浅快，为胸式呼吸。触诊腹部，病畜躲避或抵抗。腹腔大量积液时，叩诊呈水平浊音。直肠检查，直肠内蓄有恶臭粪便，腹膜敏感。

（2）马急性局限性腹膜炎。仅表现腹壁局部敏感，腹肌紧张，全身症状不明显。

（3）马慢性腹膜炎。症状轻微，表现慢性胃肠卡他症状，体温有时升高，消化不良，发生顽固性腹泻，逐渐消瘦。有时继发腹水，腹部膨大。直肠检查，可触到腹膜面粗糙，腹膜与其他器官或器官之间互相粘连。

3. 牛腹膜炎　精神沉郁，食欲减退或废绝，眼窝凹陷，拱背站立，四肢聚于腹下，强迫行走时，步态强拘，有时呻吟。瘤胃蠕动音减弱或消失，并有轻度臌气，便秘。体温变化不明显，如在创伤性腹膜炎初期，体温升高。直肠检查，盲肠中宿粪较多，腹壁紧张。腹腔积液时肠管呈浮动状；慢性腹膜炎时，病牛逐渐消瘦。

4. 猪腹膜炎　病猪喜卧，食欲不振，严重时食欲废绝，呕吐或呃逆，体温升高，呼吸加快，排粪减少。

5. 犬腹膜炎

（1）犬急性弥漫性腹膜炎。体温突然升高，精神沉郁，食欲废绝，心跳加快，心律不齐，脉沉细数。腹痛，站立时吊腹，走动时弓腰、迈步拘泥。触诊腹部，腹壁紧张且敏感。常有反射性呕吐。呼吸浅而快，呈胸式呼吸。后期腹围增大，轻轻冲击触诊有波动感，腹腔穿刺液多混浊、黏稠，有时带有血液或脓汁。重剧者多死于虚脱和休克。整个病程一般为2

周左右,少数在数小时到1d内死亡。

(2) 犬慢性腹膜炎。腹痛不明显,多表现为慢性肠功能紊乱,如消化不良、腹泻或便秘等,时间延长可致病犬消瘦、发育不良。也有少数继发腹腔脏器粘连和腹水。

6. 猫传染性腹膜炎　发病急骤,精神沉郁,体温升高,急剧消瘦,腹部膨大。有的表现呕吐和腹泻。

【诊断】

1. 症状诊断　根据病史和症状可做出诊断,必要时可做腹腔穿刺液检查。但应与子宫积水及蓄脓、膀胱破裂、膀胱麻痹、牛创伤性网胃炎、肠变位、肝硬化等疾病进行鉴别。

2. 剖检诊断　腹膜充血、潮红、粗糙。腹腔中有混浊的渗出液,其内混有纤维蛋白絮片。腹膜壁面覆盖有纤维蛋白膜,腹膜和腹腔各器官互相粘连或愈合。胃肠破裂或穿孔所引起的腹膜炎,腹腔内有食糜或粪便;化脓性腹膜炎,有脓性渗出物;腐败性腹膜炎,有恶臭的渗出物;血管严重损伤时,渗出物中有大量红细胞;膀胱破裂,则有尿液。

慢性腹膜炎,结缔组织增生,纤维蛋白机化,形成带状或绒毛状的附着物,并与邻近的内脏器官粘连。

3. 实验室检查　白细胞总数增多,嗜中性粒细胞比例增大,核左移。腹部X射线检查,可见肠腔普遍胀气,并有多个小气液面等肠麻痹征象。

【治疗】

1. 治疗原则　加强护理,消炎止痛,制止渗出,对症治疗。

2. 治疗措施　加强护理,使动物保持安静。最初2～3d应禁食,经静脉给予营养药物,随病情好转,逐步给予流质食物和青草。如果是由腹壁创伤或手术创伤引起的,则应及时进行外科处理。

消炎,应用抗生素或磺胺类药物;止痛,用安乃近、盐酸吗啡、水合氯醛酒精等。

制止渗出,增强抵抗力,可应用葡萄糖生理盐水、氯化钙、乌洛托品等;为改善血液循环,增强心脏机能,可及时应用安钠咖、毒毛旋花子苷K、西地兰等药物。

根据个体症状表现,采取相应对症治疗措施。对于肠臌气的家畜,可内服萨罗(水杨酸苯酯)、鱼石脂等药物;对便秘的家畜,可使用缓泻剂,或进行灌肠;渗出液量大时,进行腹腔穿刺排液(如果渗出液浓稠,可行腹壁切开)。排液后,用生理盐水,同时加入无刺激性的抗菌药物,彻底洗涤腹腔。

【处方1】抗菌消炎、止痛(适用于各种腹膜炎)。

青霉素480万IU,链霉素300万IU,0.25%普鲁卡因注射液300mL,生理盐水500～1 000mL。

用法:牛、马一次腹腔注射,注射前加温至37℃左右。

【处方2】抗菌消炎、制止渗出。

庆大霉素100万IU,5%氯化钙注射液100～150mL,40%乌洛托品注射液40mL,5%葡萄糖生理盐水注射液3 000mL,1%地塞米松注射液3mL。

用法:牛、马一次静脉注射。

【处方3】抗菌消炎、维持酸碱平衡(适用于犬)。

林格氏液500～1 000mL,0.2%地塞米松注射液2～5mL,先锋霉素1～2g,25%维生素C注射液2～4mL。

用法：一次静脉注射，每天1次，连用2~3d。

【处方4】抗菌消炎、止痛、制止渗出。

①0.2%普鲁卡因注射液20mL，青霉素160万IU。

用法：腹腔穿刺放液后，一次注入腹腔。

②10%葡萄糖酸钙注射液20mL，10%葡萄糖注射液100~200mL。

用法：一次缓慢静脉注射，每天1次，连用2~3d。

说明：用于腹腔渗出液过多的病犬。

【处方5】五皮饮。

大腹皮20g，茯苓皮15g，桑白皮20g，陈皮10g，白术10g，二丑15g。

用法：水煎取汁90mL，每千克体重5mL，深部灌肠，每天1次。

说明：用于腹腔渗出液过多的病犬。

【预防】平时避免各种不良因素的刺激和影响，防止腹腔及骨盆腔脏器的破裂和穿孔；直肠检查、灌肠、导尿以及助产、子宫整复、胎盘剥离、难产手术以及子宫内膜炎的治疗等都必须谨慎；去势、腹腔穿刺以及腹壁手术均应按照操作规程进行，防止腹腔感染。

腹 腔 积 液

在生理状态下，动物的腹腔内含有少量液体，主要起润滑作用。病理状态下，腹腔内液体增多，称为腹腔积液或腹水。按其形成的原因及性质，可分为漏出液性腹腔积液和渗出液性腹腔积液。临床上以腹围增大，触诊腹壁有波动为特征。各种家畜都有发生，以犬、猫多发。

【病因】本病主要见于慢性肝病，如肝炎、肝硬化、肝肿瘤等；心脏病，如心包炎、心力衰竭、心脏丝虫病等；肺部疾病，如大叶性肺炎、肺结核、肺肿瘤等；肾脏疾病，如慢性肾炎等，以上疾病可使血液和淋巴回流受阻，导致体液渗漏至腹腔。

此外，肠变位、肝门静脉或腹腔大淋巴管受到肿瘤或肿胀的压迫，引起血液循环障碍也可引起腹水；全身营养不良，血液中蛋白质含量过低，致使血液胶体渗透压下降时，也可引起腹水发生。重症胰腺炎、腹膜炎等，使炎症区内的毛细血管壁受损，通透性增高，血液中的液体、细胞和分子较大的蛋白质渗出到腹腔，导致腹水。

【症状】典型症状是腹部外形发生明显变化，腹下部两侧对称性肿胀，状如蛙腹。当动物体位改变时，腹部的形态也随着改变，腹部的最低处即膨起。腹部叩诊呈水平浊音，腹部冲击式触诊，可感到回击波或震荡音。腹腔穿刺有多量液体流出。患畜食欲减退，消瘦，被毛粗乱，便秘，有时便秘和下痢交替出现，排尿减少，黏膜苍白或发绀，脉搏微弱，常表现呼吸困难（由于腹水压迫横膈膜），体温变化因原发病不同而情况不一，漏出液性腹腔积液，体温一般正常。

【诊断】

1. 症状诊断　腹围增大，腹部两侧对称性、下垂性臌胀，叩诊呈水平浊音，触诊有波动或震水音。

2. 实验室诊断　通过腹腔穿刺液检查，鉴别腹腔积液的性质。漏出液为淡黄色透明液体或稍混浊的淡黄色液体，相对密度低于1.018，一般不凝固，蛋白总量在25g/L以下，黏蛋白定性试验（Rivalta试验）为阴性反应。细胞计数，常小于100×10^6/L。细菌学检查为阴性。

渗出液为深黄色混浊液体（但因病因不同，亦可呈现红色、黄色等颜色），相对密度高于1.018，蛋白总量在30g/L以上，黏蛋白定性试验为阳性。细胞计数，常大于$500×10^6$/L。细菌学检查，可找到病原菌。

【治疗】

1. 治疗原则　积极治疗原发病，对症治疗。
2. 治疗措施　首先注重原发病治疗。为促进积液的吸收和排出，应用强心药和利尿药，如洋地黄、安钠咖、利尿素、醋酸钾等。积液量大时，应进行腹腔穿刺，排出腹腔积液，一次排液量不可过大，以防发生虚脱。

【处方1】强心、利尿。

①25%葡萄糖注射液200mL，10%氯化钙注射液10mL，20%安钠咖注射液2mL。

用法：一次静脉注射，每天1次，连用3d。

②速尿，每千克体重2～5mg；抗醛固酮剂，每千克体重4mg。

用法：1次口服，每天2次，连用3d。

【处方2】五皮饮。

大腹皮20g，茯苓皮15g，桑白皮20g，陈皮10g，白术10g，二丑15g。

用法：水煎取汁90mL，按每千克体重5mL，深部灌肠，每天1次。

说明：用于腹腔渗出液过多的病犬。

【处方3】抗菌消炎。

青霉素钾160万～320万IU，链霉素100万IU，生理盐水40mL。

用法：穿刺放液后，注入腹腔。

技能训练

腹 腔 穿 刺 术

【应用】用于排出腹腔的积液和洗涤腹腔及注入药液进行治疗。或采取腹腔积液，以助于胃肠破裂、肠变位、内脏出血、腹膜炎等疾病的鉴别诊断。

【准备】套管针或16～10号长针头。腹腔洗涤剂，如0.1%雷佛奴尔溶液、0.1%高锰酸钾溶液、生理盐水（加热至体温程度）等。还需用输液瓶。

【部位】牛、羊在脐与膝关节连线的中点；马在剑状软骨突起后10～15cm，白线两侧2～3cm处为穿刺点；犬在脐至耻骨前缘的连线上中央，白线旁两侧。

【方法】术者蹲下，左手稍移动皮肤，右手控制套管针（或针头）的深度，由下向上垂直刺入3～4cm。当阻力消失而有空虚时，表明已刺入腹腔内，左手把持套管，右手拔去内针，即可流出积液或血液，放液时不宜过急，应用拇指间断堵住套管口，间断地放出积液，如针孔堵塞不流时，可用内针疏通，直至放完为止。当洗涤腹腔时，马属动物在左侧肷窝中央，牛、鹿在右侧肷窝中央，小动物在肷窝或两侧后腹部。右手持针头垂直刺入腹腔，连接输液瓶胶管或注射器，注入药液，再由穿刺部排出，如此反复冲洗2～3次。

【注意事项】

(1) 刺入深度不宜过深，以防刺伤肠管。

(2) 穿刺位置应准确，保定要安全。
(3) 其他参照胸腔穿刺的注意事项。

项目 1.5　以腹泻为主的疾病

任务描述　学习本类疾病的相关知识，参加相关临床病例的诊疗，分析临床案例。

案例分析　分析以下案例，确定诊断要点，提出初步诊断，并进行分析论证，制定出治疗方案。

案例 1　主诉：奶牛，4岁，前天下午开始腹泻，粪便稀水样，有腥臭味。

临床检查：肚腹蜷缩，后躯被稀粪污染，瘤胃蠕动音减弱，肠音弱，肛门松弛，不时有腥臭稀粪排出。鼻镜干，眼窝凹陷，皮肤弹性减退，体温39.6℃。

案例 2　主诉：养殖场上的看护犬吃了扔在垃圾边的死老鼠，出现呕吐，其呕吐物有蒜臭味，在暗处有磷光。同时有腹泻，粪中混有血液，在暗处也见发磷光。

临床检查：该犬迅速衰弱，脉数减少而节律不齐，黏膜呈黄色，尿色也带黄色，并出现蛋白尿、红细胞和尿管型；粪便带灰黄色。

相关知识　以腹泻为主的疾病主要有：胃肠炎、幼畜消化不良、磷化锌中毒等，此外可见于肠痉挛（参见项目1.4）、硒缺乏症（参见项目6）、有机磷中毒（参见项目7.2）等。

胃 肠 炎

胃肠炎是胃肠表层黏膜及深层组织的重剧性炎症。由于胃和肠的解剖结构和生理功能密切相关，胃和肠的疾病容易相互影响。胃和肠的炎症多同时或相继发生，按其炎症性质可分为黏液性、化脓性、出血性和纤维素性胃肠炎；按其病程经过可分为急性胃肠炎和慢性胃肠炎；按其病因可分为原发性胃肠炎和继发性胃肠炎。胃肠炎是畜禽常见的多发病，以马、牛、猪、犬最为常见。

【病因】

1. 原发性病因　主要由于采食了发霉变质饲料或饮用了不洁饮水，或因采食了巴豆等有毒植物，误食酸、碱、砷、汞、铅等有刺激性或腐蚀性的化学物质，或误食了尖锐异物刺伤胃肠黏膜后被链球菌、葡萄球菌等化脓菌感染，从而导致胃肠炎发生。饲养管理不善、气候突变、卫生条件不良、车船运输等应激因素使机体抵抗力降低，容易受到条件性病原菌的侵袭而发生胃肠炎。此外，滥用抗生素造成胃肠道菌群失调，也能引起胃肠炎。

2. 继发性胃肠炎　常见于各种病毒性传染病（猪瘟、猪传染性胃肠炎、犬细小病毒性胃肠炎、犊牛病毒性肠炎、羔羊出血性毒血症、鸡新城疫等）、细菌性传染病（沙门氏菌病、巴氏杆菌病、副结核等）、寄生虫病（球虫、蛔虫等）及一些内科疾病（肠变位、便秘、幼畜消化不良、创伤性网胃炎等）的过程中。

【发病机理】在各种致病因素的强烈刺激下，胃肠道发生不同程度的充血、出血、渗出、化脓、坏死、溃疡等病理变化。胃肠壁上皮细胞的损伤和脱落以及蠕动增强，严重影响胃肠道内食物的消化和吸收。

急性胃肠炎，由于病因的强烈刺激，肠蠕动加强，分泌增多，引起剧烈腹泻，导致大量肠液、胰液丢失，钠离子、钾离子丢失增多，从而引起脱水、电解质丢失及酸碱平衡紊乱。细菌大量繁殖，产生毒素，毒素及肠内的发酵、腐败产物吸收入血液，引起自体中毒。随机体脱水的发展，血液浓缩，外周循环阻力增大，心脏负担加重，发生心力衰竭以至外周循环衰竭，病畜陷于休克。若炎症局限于胃和十二指肠，由于副交感神经受到抑制，肠蠕动减弱而排粪迟缓；并由于大肠仍具有吸收水分的作用，所以不显腹泻症状。但由于胃肠道内有毒物质被吸收，则引起自体中毒。

慢性胃肠炎，由于结缔组织增生，贲门腺、胃底腺、幽门腺和肠腺萎缩，分泌机能和运动机能减弱，引起消化不良、便秘及肠臌气。肠内容物停滞，发酵、腐败产生的有毒物质被吸收，也会引起自体中毒。

【症状】

1. **急性胃肠炎** 全身症状严重，病畜精神沉郁，食欲减退或废绝，体温升高，心率增快，呼吸加快，眼结膜暗红或发绀。

以胃和十二指肠炎症为主的胃肠炎，口腔黏腻或干燥，舌苔重，口臭。反刍动物的嗳气、反刍减少或停止，鼻镜干燥。猪、犬出现呕吐，呕吐物带血或混有胆汁。触诊腹壁紧张，有明显压痛。排粪迟滞，粪球干小、色暗，表面覆盖多量黏液。

以肠炎为主的胃肠炎，主要表现为剧烈腹泻。粪便呈粥样或水样，腥臭，粪便中混有黏液、血液和脱落的黏膜组织，有的混有脓液。病的初期，肠音增强，随后逐渐减弱甚至消失；当炎症波及直肠时，排粪呈现里急后重；病至后期，肛门松弛，排粪呈现失禁自痢。不同程度的腹痛和肌肉震颤，肚腹蜷缩。眼窝凹陷，皮肤弹性减退，血液浓稠，尿量减少。随着病情恶化，病畜体温降至正常温度以下，四肢厥冷，出冷汗，脉搏微弱甚至脉不感于手，体表静脉萎陷，精神高度沉郁，甚至昏睡或昏迷。

2. **慢性胃肠炎** 病畜精神不振，衰弱，消瘦。食欲不定，时好时坏。异嗜，喜食泥土、墙壁和粪尿。便秘，或者便秘与腹泻交替。轻微腹痛，肠音不整。体温、脉搏、呼吸常无明显改变。病程数周至数月不等，最终因衰弱而死，或因肠破裂而死于穿孔性腹膜炎和中毒性休克。

【诊断】

1. **症状诊断** 根据排粪变化、口腔变化以及明显的全身反应，可做出诊断。
2. **实验室诊断** 对传染病、寄生虫病引起的继发性胃肠炎，或怀疑中毒时，应采取血、粪、尿及可疑饲料，做相应的实验室检查，以进一步确诊。

【治疗】

1. **治疗原则** 加强护理，抑菌消炎，适时缓泻和止泻，纠正脱水与酸中毒，对症治疗。
2. **治疗措施** 加强护理，病初可停喂数日。随着病情和食欲的好转，可灌炒面糊或小米汤、麸皮粥。逐渐给予易消化的饲草、饲料和清洁饮水。

抗菌消炎，选用抗生素、磺胺类药物、喹诺酮类药物。

根据腹泻程度及粪便性状，适时进行缓泻和止泻。对于肠音弱，排粪迟缓，粪干、色暗、混有大量黏液、气味腥臭者，为促进胃肠内容物排出，减轻自体中毒，应采取缓泻措施；当病畜粪稀如水，频泻不止，基本无腥臭气味时，应予以止泻。

扩充血容量，纠正酸中毒，常使用糖盐水、复方氯化钠注射液、右旋糖酐、5%碳酸氢钠溶液等。补液数量应根据脱水程度而定。具体根据红细胞压积容量、血钾浓度、血浆二氧化碳结合力等检验结果，按以下公式计算出补液的量及补充氯化钾、碳酸氢钠等物质的量。

补充等渗 NaCl 溶液估计量（mL）＝［(PCV 测定值－PCV 正常值)/PCV 正常值］×体重（kg）×0.25[①]×1000

补充 5% $NaHCO_3$ 溶液估计量（mL）＝（CO_2CP[②] 正常值－CO_2CP[②] 测定值）×体重（kg）×0.4[③]

补充 KCl 估计量（g）＝（血清 K^+ 正常值－血清 K^+ 测定值）×体重（kg）×0.25[①]/14[④]

静脉补液时，应留有余地，当日一般先给 1/3～1/2 的缺水估计量，边补充边观察，其余的量可在次日补完。$NaHCO_3$ 的补充，可先输 2/3 的量，另 1/3 视具体情况续给。从静脉补 KCl 时，浓度不能超过 0.3%，输入速度不宜过快，可先输 2/3 的量，另 1/3 视具体情况续给。

为了维护心脏功能，可应用西地兰、毒毛旋花子苷 K、安钠咖等药物。

(1) 马胃肠炎处方。

【处方1】杀菌、补液。

10%恩诺沙星注射液 7.5mL，5%葡萄糖生理盐水 2 000～3 000mL。

用法：一次静脉注射，每天 1～2 次。

【处方2】缓泻、止酵。

液体石蜡 500～1 000mL，鱼石脂 30～50g，常水适量。

用法：一次灌服。

【处方3】收敛、止泻。

0.1%高锰酸钾溶液 3 000～4 000mL。

用法：一次灌服。

【处方4】杀菌消炎。

磺胺脒 25～30g。

用法：每天 3 次喂服。

【处方5】减少渗出、止血。

10%葡萄糖酸钙注射液 300～500mL。

用法：一次静脉注射。

说明：胃肠出血时选用，也可用氯化钙注射液 100～200mL，一次缓慢静脉注射。

【处方6】纠正酸中毒。

5%碳酸氢钠注射液 500～1 000mL。

用法：一次缓慢静脉注射。

说明：酸中毒时选用。

[①] 动物细胞外液以 25%（0.25）计算。
[②] CO_2CP 值的单位为 mmol/L。
[③] 动物细胞外液以 25%（0.25）计算，5% $NaHCO_3$ 1mL＝0.6mmol，0.25÷0.6≈0.4。
[④] 1g KCl 约折合 14mmol K^+。

（2）牛胃肠炎处方。

【处方1】抗菌消炎、缓泻止酵、纠正酸中毒。

①硫酸镁250g，鱼石脂（加酒精50mL溶解）15g，鞣酸蛋白20g，碳酸氢钠40g，常水3 000mL。

用法：一次灌服。

②磺胺甲基异噁唑20g。

用法：一次口服，每天2次，首次量加倍，连用3～5d。

【处方2】抗菌消炎、扩充血容量、纠正酸中毒、维持电解质平衡。

丁胺卡那霉素注射液300万IU，10%氯化钾注射液100mL，5%葡萄糖生理盐水4 000mL，5%碳酸氢钠注射液500mL，25%葡萄糖注射液1 000mL。

用法：一次缓慢静脉注射。

【处方3】抗菌消炎。

庆大霉素注射液160万IU。

用法：一次瓣胃注射。

说明：配合强心补液用于顽固性腹泻。

【处方4】白头翁汤。

白头翁72g，黄柏36g，黄连36g，秦皮36g，黄芩40g，枳壳45g，芍药40g，猪苓45g。

用法：水煎取汁，候温，一次灌服。

（3）猪、羊胃肠炎处方。

【处方1】抗菌消炎、补液强心、纠正酸中毒、止泻。

①氟苯尼考，每千克体重10～15mg。

用法：拌料内服，每天2次，连用3～4d。

②5%葡萄糖生理盐水100～300mL，5%碳酸氢钠注射液30～50mL，25%葡萄糖注射液30～50mL。

用法：一次静脉注射。

③次硝酸铋2～6g。

用法：一次灌服。

说明：也可用鞣酸蛋白2～5g内服。

④10%安钠咖注射液5～10mL。

用法：一次肌内注射。

⑤0.1%硫酸阿托品注射液2～4mL。

用法：一次皮下注射。

【处方2】郁金散。

郁金15g，黄芩10g，大黄15g，乌梅20g，诃子10g，黄柏10g，白芍10g，黄连6g，栀子10g，罂粟壳6g。

用法：水煎取汁，候温，一次灌服。

【处方3】穴位：脾俞、百会、后海穴。

针法：白针。或用庆大霉素注射液每千克体重4 000IU，后海穴注射，每天1次，连用

1~2d。

(4) 犬胃肠炎处方。

【处方1】镇静。

2.5%氯丙嗪注射液0.2~0.8mL，维生素B_1注射液0.5~1g。

用法：一次肌内注射，每天1次，连用3d。

【处方2】补充血容量、维持电解质平衡。

复方氯化钠注射液250~750mL，5%葡萄糖注射液250mL，25%维生素C注射液2~4mL，5%维生素B_6注射液2mL，0.2%地塞米松注射液1~3mL。

用法：一次静脉滴注，每天2次，连用3~5d。

【处方3】杀菌、止泻。

磺胺脒0.2~0.8g，次硝酸铋0.3~2.0g。

用法：加水适量，一次内服，每天2~3次，连用4d。

【处方4】郁金散。

郁金3g，黄芩2g，大黄3g，诃子2g，黄柏2g，白芍2g，木香2g，陈皮2g。

用法：水煎取汁，候温，一次灌服或直肠滴入，每天1剂，连用3剂。

【处方5】穴位：脾俞、后海穴。

用法：庆大小诺霉素注射液8万~16万IU，或穿心莲注射液2~4mL，一次注入穴位，每天1次，连用2~3d。

【预防】加强饲养管理，不饲喂发霉变质及有毒饲料、对胃肠黏膜刺激性强的饲料，给予清洁卫生的饮水，减少应激因素的发生。搞好定期免疫接种和驱虫工作。

幼畜消化不良

幼畜消化不良是哺乳期幼畜胃肠消化机能障碍的统称。以犊牛、羔羊、仔猪最为多发。根据临床症状和疾病经过，分为单纯性消化不良和中毒性消化不良两种。

【病因】

1. 单纯性消化不良

(1) 由于妊娠母畜饲养不良引起。妊娠母畜饲养不良，特别是妊娠后期营养物质不足，可使母畜营养代谢发生紊乱，一方面影响胎儿正常生长发育，造成刚出生的幼畜体质虚弱，吮乳反射出现较晚，抵抗力低下，胃肠道消化机能降低；另一方面，由于母畜初乳中蛋白质、脂肪含量低，维生素、溶菌酶等物质缺乏，而且在产仔后经数小时才开始分泌初乳，并经1~2d后停止分泌，幼畜只能吃到量少、质差的初乳，从初乳中得不到足够的免疫球蛋白，则易发生消化不良。

(2) 由于哺乳母畜饲养不善引起。哺乳母畜饲料中营养物质不足，如矿物质、维生素、微量元素缺乏等，严重影响了母乳的数量和质量，不能满足幼畜生长发育所需的营养，体质下降，抵抗力降低，进而导致幼畜消化道机能障碍。此外，当母畜患乳房炎等慢性疾病时，母乳中含有各种病理产物和病原微生物，幼畜食后极易发生消化不良。

(3) 由于幼畜饲养管理和护理不当引起。如新生幼畜不能及时吃到初乳或食入的量不够，不仅使幼畜得不到足够的免疫球蛋白，而且会由于饥饿而舔食污物，或因人工哺乳的代乳品配制不当、不定时定量、乳温过高或过低，哺乳期幼畜补饲不当等，均可引起幼畜消化机能紊乱，从而导致发病。

(4) 应激因素的影响。如畜舍潮湿、气温骤降、过度拥挤、卫生不良等，都可引起本病的发生。

2. 中毒性消化不良 多因单纯性消化不良治疗不当或治疗不及时，导致肠内容物发酵、腐败，产生的有毒物质被机体吸收，引起自体中毒。

【症状】

1. 单纯性消化不良 病畜精神不振，喜躺卧，食欲减退，体温一般正常或偏低。主要表现为腹泻，犊牛多排粥样或水样粪便，粪便呈深黄色、黄色或暗绿色，混有黏液和泡沫；羔羊的粪便多呈灰绿色，混有气泡和白色小凝块；仔猪的粪便稀薄，呈淡黄色，含有黏液和泡沫，有的粪便呈灰白色或黄白色干酪样；幼驹的粪便稀薄，混有气泡及未消化的凝乳块或饲料残渣。肠音高朗，并有轻度臌气和腹痛现象。脉搏、呼吸加快。若腹泻不止时，则导致被毛粗乱无光泽，皮肤干皱，眼窝凹陷，异嗜，贫血，逐渐消瘦，生长发育缓慢。

2. 中毒性消化不良 全身症状重剧，病畜精神沉郁，目光痴呆，食欲废绝，全身无力，躺卧于地。剧烈腹泻，常表现为失禁自痢，粪便内含有大量黏液和血液，并呈恶臭、腥臭或腐败臭气味。体温升高，心音减弱，心率增快，呼吸浅快，皮肤弹性降低，眼窝凹陷，全身震颤，反射降低。病至后期，体温多突然下降，四肢及耳尖、鼻端厥冷，终至昏迷而死亡。

【诊断】根据饲养管理情况和临床症状进行综合诊断。临床上要注意以下两点。

1. 单纯性消化不良与中毒性消化不良的区别 单纯性消化不良主要表现消化与营养的急性障碍，全身症状轻微，粪便内含有大量低级脂肪酸并呈酸性反应；中毒性消化不良，呈现严重的消化障碍、明显的自体中毒和重剧的全身症状，粪便内氨的含量显著增加。

2. 幼畜消化不良通常不具有传染性 对于犊牛应与轮状病毒病、冠状病毒病、细小病毒病、犊牛副伤寒、球虫病等相鉴别；对于羔羊应与羊副伤寒、羔羊痢疾等相鉴别；对于猪应与猪瘟、猪传染性胃肠炎、猪副伤寒等相鉴别；对于幼驹应与幼驹大肠杆菌病、马副伤寒等相鉴别。

【治疗】

1. 治疗原则 加强护理，除去病因，促进消化，防止肠道感染，恢复胃肠功能以及对症治疗。

2. 治疗措施 首先，将患病幼畜置于干燥、温暖、清洁的畜舍内，禁乳（禁食）8～10h，此时可喂饮适量的盐酸水溶液（氯化钠5g，33%盐酸1mL，凉开水1 000mL）或温红茶水；纠正母畜的饲养错误，给予全价日粮，改善乳汁质量，保持乳房卫生。

对于单纯性消化不良，为促进消化，可给予胃液、人工胃液或胃蛋白酶。

为排除胃肠内容物，对腹泻不甚严重的病畜，可应用油类泻剂或盐类泻剂进行缓泻。清除胃肠内容物后，适量给予稀释乳或人工初乳（鱼肝油10～15mL，氯化钠10g，鸡蛋3～5枚，鲜温牛乳1 000mL）。饲喂时要搅拌均匀，开始时以1.5倍稀释，以后1倍稀释，犊牛、幼驹每次饮用500～1 000mL，羔羊、仔猪50～100mL，每天5～6次。

当腹泻不止时，可选用明矾、鞣酸蛋白、次硝酸铋等药物；为制止肠内发酵、腐败过程，可选用乳酸、鱼石脂、萨罗、克辽林等防腐制酵药物。

防止脱水，保持水盐代谢平衡，可进行口服补液、静脉或腹腔注射补液。病初饮用生理盐水，犊牛500～1 000mL，羔羊、仔猪50～100mL，每天5～8次。或饮用口服补液盐（氯化钠 3.5g，氯化钾 1.5g，碳酸氢钠 2.5g，葡萄糖 20g，加水至 1 000mL），每次每千克体重 50~100mL，每天 5~8 次。也可用 5％葡萄糖生理盐水注射液 250~500mL，5％碳酸氢钠注射液 20~60mL，犊牛、幼驹一次静脉注射，每天 2~3 次。

抑菌消炎，防止肠道感染，可选择使用抗微生物药物。如肌内注射链霉素每千克体重 10mg，或卡那霉素每千克体重 10~15mg，或庆大霉素每千克体重 1 500~3 000IU，头孢噻吩每千克体重 10~20mg。内服磺胺脒每千克体重 0.12g，磺胺-5-甲氧嘧啶每千克体重 50mg。

为提高机体抵抗力和促进代谢机能，可施行血液疗法。皮下注射葡萄糖枸橼酸钠血（血液 100mL，枸橼酸钠 2.5g，葡萄糖 5g，灭菌蒸馏水 100mL），犊牛、幼驹每千克体重 3~5mL，羔羊、仔猪 0.5~1mL，每次可增量 20％，间隔 1~2d 注射 1 次，每 4~5 次为一个疗程。

【处方 1】促进消化。

胃蛋白酶 10g，稀盐酸 5mL，维生素 B_1 和维生素 C 适量，常水 1 000mL。

用法：犊牛、幼驹每次 30~50mL，羔羊、仔猪每次 10~30mL，灌服，每天 2~3 次。

说明：对于单纯性消化不良，也可单独使用胃蛋白酶（犊牛、幼驹 1 600~4 000 IU）或乳酶生（犊牛、幼驹 10~30g）内服。

【处方 2】促进消化。

健康马或牛空腹时的胃液，30~50mL。

用法：犊牛、幼驹于喂食前 20~30min 口服，每天 1~3 次。

【处方 3】五积散。

焦山楂、麦芽、神曲、莱菔子各 15~30g，半夏、陈皮、茯苓、白术各 10~20g，连翘 5~10g。

用法：水煎取汁内服，每天 1 剂，连用 3 剂。

说明：适用于伤乳泄泻型，仔猪、羔羊为上述用量的 1/5。兼形寒畏冷，口色青白者，加干姜、吴茱萸以温暖肠胃；口色赤红者，减半夏，重用连翘，加黄连、白头翁以清热止泻。

【处方 4】葛根黄芩黄连汤。

葛根 20~40g，黄连、黄芩、诃子、乌梅、姜黄各 10~20g，地锦草、车前草各 30~45g，甘草 5~10g。

用法：水煎取汁内服，每天 1 剂，连用 3~5 剂。

说明：适用于湿热泄泻型，仔猪、羔羊为上述用量的 1/5。若泻下带血者，加银花、白头翁、地榆以清热凉血；津液耗伤者，加麦冬、石斛、生地，去地锦草、车前草以滋阴生津；气阴两伤者，加党参以补气养阴。

【处方 5】穴位：脾俞、后海、后三里、百会穴。

针法：白针或电针。也可用硫酸庆大霉素注射液 50 万 IU，后海穴注射。

【预防】加强妊娠母畜饲养管理，特别是在妊娠后期，应增喂富含蛋白质、脂肪、矿物质及维生素的优质饲料；改善母畜的卫生条件，保持乳房清洁；加强对仔畜的护理，保证新生仔畜能尽早地吃到初乳；人工哺乳应定时、定量，且应保持适宜的温度，饲具清洁卫生，经常洗刷消毒；避免各种应激因素的影响；定期驱虫和预防注射。

磷 化 锌 中 毒

磷化锌是久经使用的灭鼠药和熏蒸杀虫剂，纯品是暗灰色带光泽的结晶，常同食物配制成毒饵使用。动物常因摄入该诱饵而发生磷化锌中毒。磷化锌露置于空气中，会散发出磷化氢气体。在酸性溶液中则散发更快，散发出来的磷化氢气体有剧毒，不仅可毒杀鼠类，而且也对人和动物有毒害作用。据测定，其对各种动物的口服致死量，一般都在每千克体重20~40mg。

【病因】多因误食灭鼠毒饵，或被磷化锌沾污的食物，造成中毒。

【发病机理】吃入的磷化锌在胃酸的作用下，释放出剧毒的磷化氢气体，并被消化道吸收，进而分布在肝、心、肾以及横纹肌等组织，引起所在组织的细胞发生变性、坏死。并在肝和血管遭受病损的基础上，发展至全身泛发性出血，直至休克或昏迷。

【症状】先是食欲显著减退，继而发生呕吐和腹痛。其呕吐物有蒜臭味，在暗处有磷光。同时有腹泻，粪中混有血液，在暗处也见发磷光；患病动物迅速衰弱，脉数减少而节律不齐，黏膜呈黄色，尿色也带黄色，并出现蛋白尿、红细胞和尿管型；粪便带灰黄色，末期可能陷于昏迷。

【病变】切开胃散发带有蒜味的特异臭气。将其内容物移置在暗处时，可见有磷光。尸体的静脉扩张，泛发性的微血管损害。胃肠道充血、出血，肠黏膜脱落。肝、肾淤血，混浊肿胀。肺间质水肿，气管内充满泡沫状液体。

【治疗】无特异解毒疗法。如能早期发现，可灌服1%硫酸铜溶液，既能催吐，又可与磷化锌形成不溶性的磷化铜，阻滞吸收而降低毒性。与此同时，可由静脉注入高渗葡萄糖溶液和氯化钙溶液。

【处方】（适用于猪、犬）。

①1%硫酸铜溶液 25~50mL。

用法：一次灌服。

②健胃散，人工盐或硫酸钠适量，常水适量。

用法：胃管投服。

③50%葡萄糖注射液 20~30mL；5%氯化钙 10mL；10%安钠咖注射液 5~10mL。

用法：一次静脉注射。

【预防】加强对灭鼠药的保管和使用，杜绝敞露、散失等一切漏误事故。凡制订和实施灭鼠计划时，均需在设法提高对鼠类的杀灭功效的同时，确保人和动物的安全。

项目2　以呼吸道症状为主的疾病

项目2.1　表现喘、咳嗽、流鼻液、发热的疾病

任务描述　学习本类疾病的相关知识，参加相关临床病例的诊疗，分析临床案例。

案例分析　分析以下案例，确定诊断要点，提出初步诊断，并进行分析论证，制定出治疗方案。

案例1　某猪场，猪舍简陋，一次寒流过后，发现某猪舍的一头猪精神沉郁，采食减少，喝水增加，流鼻涕，淌眼泪等，其他猪只正常。

临床检查：该猪鼻盘干燥，体温升高到40.5℃，结膜潮红，流泪，有鼻液，听诊心音增强，心率加快，精神状态尚可。

案例2　主诉：猪场，近期因天气寒冷、转群等因素，猪群中出现个别病猪，精神状态不好，不食，咳嗽，高热，呼吸困难。

临床检查：发现个别猪体温高达41℃以上，持续不下。病猪极度沉郁、不食，脉搏增加，呼吸加快，呈混合性呼吸困难，咳嗽，个别有铁锈色鼻液；X射线检查，肺部有明显而广泛的阴影。

案例3　主诉：病猪咳嗽数天，未治疗，最近精神沉郁，不食，咳嗽。

临床检查：体温41℃，呈弛张热型，鼻孔流出脓性鼻液，呼吸困难；胸部听诊，肺泡呼吸音减弱，有捻发音。

相关知识　表现喘、咳嗽、流鼻液、发热的疾病主要有：感冒、支气管肺炎、大叶性肺炎等。

感　冒

感冒是由于受到寒冷的作用，使机体的防御机能降低，从而引起以上呼吸道感染为主的一种急性热性病。临床上以鼻塞、流鼻液、羞明流泪、咳嗽、体温升高为特征。本病一年四季均可发生，但以春、秋气候多变季节多发。

【病因】本病主要是由于动物受风寒袭击所致，如厩舍简陋，受贼风侵袭；舍饲的动物突然在寒冷的条件下露宿；使役家畜出汗后被雨淋、风吹等。另外，营养不良、过度使役等引起机体抵抗力降低，容易引发本病。

【发病机理】寒冷因素作用于机体时，机体的防御机能降低，上呼吸道黏膜的血管收缩，腺体分泌减少，气管黏膜上皮纤毛运动减弱，致使寄生于呼吸道黏膜上的常在菌大量繁殖，由于细菌产物的刺激，引起上呼吸道黏膜的炎症，从而出现咳嗽、流鼻液、喷嚏，甚至体温升高等临床症状。

【症状】患病动物精神沉郁，食欲减退，体温升高，皮温不整，耳尖、鼻端发凉。眼结膜充血，眼睑轻度浮肿，羞明流泪，有黏性分泌物。鼻黏膜充血，鼻塞不通，病初流水样鼻

液，随后转为黏液或黏液脓性。呼吸加快，咳嗽；并发支气管炎时，出现干性或湿性啰音。脉搏快，口黏膜干燥，舌苔淡白。牛、羊发生本病时，除以上症状外，鼻镜干燥，并出现前胃弛缓症状。本病病程3~5d，多取良性经过。如治疗不及时易继发支气管肺炎。

【诊断】根据临床症状、受寒史等可做出诊断。

本病应注意与流行性感冒相区别：流行性感冒是由流行性感冒病毒引起的，全身症状较重，传播迅速，有明显的流行性，往往大批发生，依此可与感冒相区别。

【治疗】

1. 治疗原则　解热镇痛，防止继发感染。

2. 治疗措施　患病动物应注意保暖、休息、多饮水。解热镇痛可肌内注射安乃近、氨基比林等；防止继发感染可使用磺胺类药物或抗生素。

【处方1】解热镇痛。

复方氨基比林注射液，马、牛40mL，犬、猫1~2mL；柴胡注射液，马、牛40mL，犬、猫2~10mL。

用法：一次分别肌内注射，每天2次，连用3d。

【处方2】解热镇痛、防止感染。

①复方氨基比林注射液，马、牛20~50mL，猪、羊5~10mL，猫、犬1~2mL。

用法：肌内注射，每天2次。

②青霉素，马、牛每千克体重1万~2万IU，猪、羊每千克体重2万~3万IU，猫、犬每千克体重3万~4万IU。

用法：用适量注射用水溶解后，一次肌内注射，每天2次，连用3d。

【处方3】解热镇痛、防止感染。

①30%安乃近注射液，马、牛20~40mL，猪、羊5~10mL。

用法：肌内注射，每天2次。

②10%磺胺嘧啶钠溶液，马、牛100~150mL，猪、羊10~20mL。

用法：肌内或静脉注射，每天1~2次。

支 气 管 肺 炎

支气管肺炎，又称小叶性肺炎，是病原微生物感染引起的以细支气管为中心的个别小叶或几个肺小叶的炎症。其病理学特征为肺泡内充满了由上皮细胞、血浆和白细胞组成的卡他性炎性渗出物，故也称为卡他性肺炎。临床上以出现弛张热型、咳嗽、呼吸次数增多、叩诊有散在的局灶性浊音区、听诊有啰音和捻发音等为特征。各种动物均可发病，幼畜和老龄动物尤为多发。

【病因】引起支气管肺炎的病因很多，主要有以下几方面。

1. 原发性病因　主要是受寒冷刺激，畜舍卫生不良，饲养不当，应激因素，使机体抵抗力下降，内源性或外源性细菌大量繁殖以致发病。异物及有害气体刺激，亦可致病。

2. 继发性病因　支气管肺炎通常是由气管黏膜炎症的蔓延，逐渐波及所属肺小叶，引起肺泡炎症和渗出现象，导致小叶性肺炎。

一些化脓性疾病，如子宫炎、乳房炎等，其病原微生物经血流至肺脏，可先引起间质的炎症，而后波及支气管壁，进入支气管腔，即经由支气管周围炎、支气管炎，最后发展为支气管肺炎。

本病也可继发或并发于许多传染病和寄生虫病的过程中。如仔猪流行性感冒、传染性支气管炎、结核病、犬瘟热、牛恶性卡他热、猪肺疫、副伤寒、肺线虫病等。

【发病机理】机体在致病因素的作用下，呼吸道的防御机能降低，呼吸道内的常住寄生菌大量繁殖，引起感染，发生支气管炎，然后炎症沿支气管黏膜向下蔓延至细支气管、肺泡管和肺泡，引起肺组织的炎症；或支气管炎向支气管周围发展，先引起支气管周围炎，然后再由邻近的肺泡间隔向外扩散，波及肺泡。当支气管壁炎症明显时，因刺激黏膜分泌黏液增多，病畜出现咳嗽，并排出黏液脓性的痰液。同时，炎症使肺泡充血肿胀，并产生浆液性和黏液性渗出物，上皮细胞脱落。由于炎性渗出物充满肺泡腔和细支气管，导致肺脏有效呼吸面积缩小，随着炎症范围的增大，出现呼吸困难，严重时可发生呼吸衰竭。

本病的经过与发病原因和机体的状况有直接关系，自然病程一般1~2周，使用有效抗生素药物后可逐渐康复。如病畜发病后饲养管理不当，在不良因素的刺激下，疾病恶化，可引起死亡。若病期延长，则转变为慢性，少数并发化脓性肺炎或肺坏疽而死亡，存活的动物因肺脏结缔组织大量增生，使肺有效呼吸面积减少而出现呼吸困难或气喘，病畜极度消瘦而丧失生产性能。

【症状】病初呈急性支气管炎的症状。精神沉郁，食欲减退或废绝，可视黏膜潮红或发绀，尿呈酸性反应，含有蛋白。初期干而短的疼痛性咳嗽，逐渐变为湿而长的咳嗽，疼痛减轻或消失，并有分泌物被咳出。体温升高1.5~2.0℃，呈弛张热型。脉搏频率随体温升高而增加。呼吸频率增加，严重者出现呼吸困难。流少量浆液性、黏液性或脓性鼻液。

胸部叩诊，当病灶位于肺的表面时，可听到一个或多个局灶性的小浊音区，融合性肺炎则出现大片浊音区；病灶较深，则浊音不明显。胸部听诊，肺泡呼吸音减弱或消失，出现捻发音和支气管呼吸音，并常可听到干啰音或湿啰音；病灶周围的健康肺组织，肺泡呼吸音增强。

血液学检查，白细胞总数增多（$1×10^{10}$~$2×10^{10}$个/L），嗜中性粒细胞比例可达80%以上，出现核左移现象，有的细胞内出现中毒颗粒。免疫功能低下者，白细胞总数可能增加不明显，但嗜中性粒细胞比例仍增加。

X线检查，可见斑片状或斑点状的渗出性阴影，大小和形状不规则，密度不均匀，边缘模糊不清，可沿肺纹理分布。当病灶发生融合时，则形成较大片的云絮状阴影，但密度多不均匀（图2-1）。

【诊断】根据咳嗽、弛张热型、叩诊呈局灶性浊音及听诊捻发音和啰音等典型症状，结合X线检查和血液学变化，可做出诊断。

【治疗】

1. 治疗原则　加强护理，祛痰止咳，抗菌消炎，制止渗出和促进渗出物吸收及对症疗法。

2. 治疗措施　将病畜置于光线充足、空气清

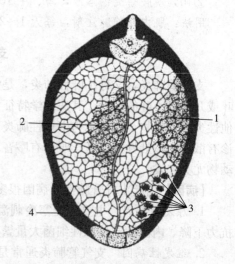

图2-1　支气管肺炎模式

1. 肺表面的病灶　2. 肺深部病灶
3. 分散的小炎症灶　4. 胸壁肥厚

新、通风良好且温暖的畜舍内，供给营养丰富、易消化的饲草料和清洁饮水。抗菌消炎，临床上可选用抗生素和磺胺类药物进行治疗，用药途径及剂量视病情轻重及有无并发症而定，有条件的可在治疗前取鼻分泌物做细菌的药敏试验，以便对症用药。祛痰止咳，咳嗽频繁，分泌物黏稠时，可选用溶解性祛痰剂。剧烈频繁的咳嗽，无痰干咳时，可选用镇痛止咳剂。制止渗出，可静脉注射 10%氯化钙溶液。促进渗出物吸收和排出，可用利尿剂，也可用 10%安钠咖溶液。对症疗法，可解热，补液，纠正水、电解质和酸碱平衡紊乱等。

【处方1】抗菌消炎、祛痰止咳、促进吸收。

①氯化铵，马、牛 10~20g，猪、羊 0.2~2g。

用法：口服，每天 1~2 次。

②青霉素，马、牛每千克体重 4 000~8 000IU，羊、猪、犬每千克体重 10 000~15 000IU，链霉素每千克体重 10mg，注射用水适量。

用法：肌内注射，每天 2 次，连用 2~3d。

③5%氯化钙 100mL，10%葡萄糖注射液 500mL。

用法：马、牛一次静脉注射。

说明：本方用于咳嗽频繁，分泌物黏稠的支气管肺炎病畜的治疗。

【处方2】抗菌消炎、解热止咳。

①青霉素 200 万~400 万 IU，链霉素 1~2g，1%普鲁卡因溶液 40~60mL。

用法：马、牛气管内注射，每天 1 次，连用 2~4 次。

②复方氨基比林 20~50mL。

用法：肌内注射，每天 1 次，连用 2~4 次。

③阿莫西林 3g，25%葡萄糖注射液 500mL。

用法：静脉注射，每天 1 次。

说明：本方用于较重支气管肺炎的治疗。

【处方3】抗菌消炎、祛痰止咳、促进吸收。

①青霉素每千克体重 5 万 IU，链霉素每千克体重 3 万 IU，地塞米松每千克体重 0.1~0.3mg。

用法：混合后肌内注射，每天 2 次，连用 5~7d。

②先锋霉素每千克体重 50mg。

用法：深部肌内注射，每天 2 次。

③5%葡萄糖盐水每千克体重 15~30mL，5%碳酸氢钠注射液每千克体重 1~2mL。

用法：混合后静脉注射。每天 1 次。

④氯化铵每千克体重 50mg，咳必清每千克体重 2.5mg。

用法：口服每天 2 次，连用 5~7d。

说明：本方用于犬、猪支气管肺炎的治疗。

【处方4】加味麻杏石甘汤。

麻黄 15g，杏仁 8g，生石膏 90g，二花 30g，连翘 30g，黄芩 24g，知母 24g，元参 24g，生地 24g，麦冬 24g，花粉 24g，桔梗 21g。

用法：共为研末，蜂蜜 250g 为引，马、牛一次开水冲服（猪、羊酌减）。

说明：体温过高时，可加用解热药。呼吸困难的病畜，可静脉注射 0.3%过氧化氢葡萄糖液,每千克体重2～3mL。

大叶性肺炎

大叶性肺炎是整个肺叶发生的以纤维蛋白渗出为主的急性炎症。由于炎性渗出物为纤维蛋白性物质,故又称纤维素性肺炎或格鲁布性肺炎。病变起始于局部肺泡,并迅速波及整个或多个大叶。临床上以高热稽留、铁锈色鼻液、肺部出现广泛性浊音区和病理的定型经过为特征。本病常发生于马、牛、猪、羔羊、犬、猫也可发生。

【病因】目前认为本病发生原因有传染性和非传染性两类。

1. **传染性因素** 常见于某些传染病过程中,如马和牛的传染性胸膜肺炎和巴氏杆菌引起的牛、羊和猪肺炎。此外,肺炎杆菌、金黄色葡萄球菌、绿脓杆菌、大肠杆菌、坏死杆菌、沙门氏菌、支原体属、溶血性链球菌、副流感病毒、犬瘟热病毒等均可引起本病。

2. **非传染性因素** 非传染性大叶性肺炎是一种变态反应性疾病,诱发因素很多,如过度劳役、受寒感冒、饲养管理不当、长途运输、吸入刺激性气体、使用免疫抑制剂等均可导致呼吸道黏膜的防御机能降低而发病。

【发病机理及病理变化】

根据上述病因,病原微生物可能经气源、血源或淋巴途径,侵害到肺组织,通常侵入肺脏的病原微生物首先侵害肺的前下部尖叶和心叶(图2-2),引起典型的与非典型病理过程。

大叶性肺炎一般只侵害单侧肺脏,有时可能是两侧性的,多见于左肺尖叶、心叶和膈叶。在未使用抗生素治疗的情况下,大叶性肺炎的典型炎症过程可分为四个时期。

1. **充血水肿期** 炎症早期,发病1～2d。肺毛细血管显著扩张、充血,肺泡上皮肿胀脱落,肺泡腔内有较多浆液性、纤维性渗出物,并混有红细胞,中性粒细胞和肺泡巨噬细胞。病变肺叶肿大,挤压时有淡红色泡沫状液体流出,切面平滑,弹性降低,其中仍有少量空气,割切小块放入水中,不下沉。

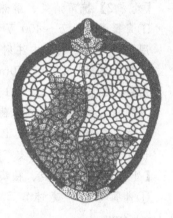

图2-2 大叶性肺炎模式

2. **红色肝变期** 发病后3～4d。肺泡壁毛细血管扩张充血,肺泡腔内充满纤维蛋白,其中含有大量红细胞,脱落的上皮和少量白细胞渗出物。渗出物很快凝固,使肺组织坚实,呈暗红色,切面干燥呈粗糙颗粒状,近似肝脏,故称"红色肝变"。由于肺组织内不含空气,剪取一块放入水中,立即下沉。

3. **灰色肝变期** 发病后5～6d。肺泡内凝固的渗出物开始发生脂肪变性和白细胞的渗入,肺叶仍肿胀,坚实性比红色肝变期小,切面干燥,颗粒状,由于充血消退,红细胞大量溶解消失,颜色由暗红色逐渐变为灰白色,通常持续两昼夜或更长时间。

4. **溶解吸收期** 发病后一周左右。凝固的渗出物在白细胞释出的溶蛋白酶的作用下逐渐溶解稀释,溶解液部分被吸收,部分在咳嗽时随痰液排出体外。肺组织体积复原,质地变软,病变肺部呈黄色,挤压有少量脓性混浊液体流出,病变肺组织逐渐恢复正常结构和功能。

由于临床上大量抗生素的应用,大叶性肺炎的上述典型经过已不多见,分期也不明显,病变的部位有局限性。

【症状】患畜起病突然，体温迅速升高至40～41℃，呈稽留热型，一般持续6～9d后渐退或骤退至常温。脉搏加快（60～100次/min），一般初期体温每升高1℃，脉搏增加10～15次/min，体温继续升高2～3℃时，脉搏则不再增加，后期脉搏逐渐变小而弱。这种高热与脉搏加快之间不相适应的现象，为早期诊断本病的主要依据之一。呼吸急促，频率增加（60次/min以上），严重时呈混合性呼吸困难，鼻孔开张，呼出气体温度较高。黏膜潮红或发绀。初期出现短而干的痛咳，溶解期则变为湿咳。发病初期，有浆液性、黏液性或黏液脓性鼻液，在肝变期鼻孔中流出铁锈色或黄红色的鼻液，主要是渗出物中的红细胞被巨噬细胞吞噬，崩解后形成含铁血黄素混入鼻液。病畜精神沉郁，食欲减退或废绝，反刍停止，泌乳降低，病畜因呼吸困难而采取站立姿势，并发出呻吟或磨牙。

胸部叩诊，随着病程出现规律性的叩诊音：充血渗出期，叩诊呈过清音或鼓音；肝变期，由于细支气管和肺泡内充满炎性渗出物，肺泡内空气逐渐减少，叩诊呈大片半浊音或浊音，可持续3～5d；溶解期，凝固的渗出物逐渐被溶解、吸收和排除，重新呈过清音或鼓音；随着疾病的痊愈，叩诊音恢复正常。

马的浊音区多从肘后下部开始，逐渐扩展至胸部后上方，范围广大，上界多呈弓形，弓背向上（图2-3）。牛的浊音区，常在肩前叩诊区。大叶性肺炎继发肺气肿时，叩诊边缘呈过清音，肺界向后下方扩大。

肺部听诊，因疾病发展过程中病变的不同而有一定差异。充血渗出期，出现肺泡呼吸音增强和干啰音；以后随肺泡腔内浆液渗出，可听到湿啰音或捻发音，肺泡呼吸音减弱；当肺泡内充满渗出物时，肺泡呼吸音消失。肝变期，出现支气管呼吸音。溶解期，渗出物逐渐溶解、液化和排除，支气管呼吸音逐渐消失，出现湿啰音或捻发音。最后随疾病的痊愈，呼吸音恢复正常。

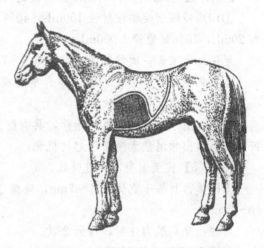

图2-3 马大叶性肺炎弓形浊音区

血液学检查，白细胞总数增加，可达$2×10^{10}$个/L或更多，中性粒细胞比例增加，呈核左移，淋巴细胞比例减少，嗜酸性粒细胞和单核细胞缺乏，红细胞的沉降加速。但在严重的病例中，出现白细胞减少。

X射线检查，充血期仅见肺纹理增重，肝变期发现肺脏有大片均匀的浓密阴影，溶解期表现散在不均匀的片状阴影。2～3周后，阴影完全消散。

【诊断】临床上根据稽留热型，铁锈色鼻液，不同时期肺部叩诊和听诊的变化，即可诊断。血液学检查、X射线检查肺部有大片浓密阴影有助于诊断。

【治疗】
1. 治疗原则　加强护理，抗菌消炎，控制继发感染，制止渗出和促进炎性产物吸收。
2. 治疗措施　首先将病畜置于通风良好、清洁卫生的环境中，供给优质易消化的饲草料；选用抗生素抗菌消炎；制止渗出和促进吸收可静脉注射10%氯化钙或葡萄糖酸钙溶液。

促进炎性渗出物吸收可用利尿剂。若渗出物消散太慢，为防止机化，可用碘制剂。

【处方1】抗菌消炎。

青霉素100万～150万 IU，链霉素150万～200万 IU，注射用水10～20mL。

用法：马、牛一次肌内注射，每天2次。

说明：体温过高时，可用解热镇痛药。

【处方2】抗菌消炎。

新胂凡纳明每千克体重0.015g，生理盐水100～500mL。

用法：稀释缓慢静脉注射，间隔3～5d一次，连用3次。

说明：在注射前半小时，先皮下注射少量咖啡因。

【处方3】消炎止喘。

先锋霉素Ⅳ 150～200mg，盐酸麻黄素5～15mg。

用法：犬一次口服，每天2次，连用3d。

说明：体温过高时，可用解热镇痛药。

【处方4】抗菌消炎，制止渗出，促进吸收。

①10%磺胺嘧啶钠注射液150mL，40%乌洛托品50mL，10%氯化钙100mL，10%安钠咖20mL，10%葡萄糖1 000mL。

用法：大家畜一次静脉注射，连用5～7d。

②碘化钾，马、牛5～10g，猪、羊酌减。

用法：灌服，每天2次。

说明：用于大叶性肺炎的治疗，具有防治脓毒血症及制止渗出、促进吸收的作用，碘化钾可防止渗出物消散太慢而引起的机化。

【处方5】抗菌消炎，促进吸收。

①阿莫西林每千克体重4～7mg，硫酸丁胺卡那霉素每千克体重5～7.5mg，注射用水10～20mL。

用法：分别肌内注射，每天2次。

②地塞米松，马2.5～5mg/次，牛5～20mg/次，猪、羊4～12mg/次，犬0.25～1mg/次。

用法：分两次静脉注射，连用2～3d。

说明：抗生素还可选用青霉素、四环素、土霉素等。

【处方6】清瘟败毒散。

石膏120g，犀角6g（或水牛角30g），黄连18g，桔梗24g，淡竹叶60g，甘草9g，生地30g，山栀30g，丹皮30g，黄芩30g，赤芍30g，元参30g，知母30g，连翘30g。

用法：水煎，马、牛一次灌服。

说明：体温过高时，可用解热镇痛药。剧烈咳嗽时，可选用祛痰止咳药。

项目2.2 表现喘、咳嗽但发热不明显的疾病

任务描述 学习本类疾病的相关知识，参加相关临床病例的诊疗，分析临床案例。

项目2 以呼吸道症状为主的疾病

案例分析 分析以下案例，确定诊断要点，提出初步诊断，并进行分析论证，制定出治疗方案。

案例1 主诉：病犬，经常用爪搔抓鼻部，流鼻液，打喷嚏，食欲正常，精神尚可。

临床检查：病犬鼻黏膜充血、肿胀，体温、脉搏正常。

案例2 某羊场，最近有个别羊只出现咳嗽，流鼻涕，精神不好，采食减少。

临床检查：发现该羊场卫生条件极差，空气中弥漫大量灰尘，人工诱咳，发生持续性咳嗽，声音高朗；两侧鼻孔流出灰白色鼻液，全身症状轻微，体温升高0.5℃，呼吸增数。

案例3 病牛，精神不好，被毛粗乱，不愿走动。

临床检查：该病牛，精神沉郁，体温40℃，触压胸部，躲闪，呻吟，胸部穿刺流出大量淡黄色液体，易凝固，胸廓下部叩诊，可听到水平浊音，呼吸急促。

案例4 主诉：家犬，出去玩了一天，回来后，出现了异常现象，呼吸急促、困难，流出带血色泡沫状鼻液，咳嗽。

临床检查：听诊肺部有明显啰音。体温偏低，呕吐，流涎，肠蠕动增强，水泻，兴奋不安，肌肉痉挛，怪声号叫。

相关知识 表现喘、咳嗽但发热不明显的疾病主要有：鼻炎、喉炎、支气管炎、肺气肿、胸膜炎、胸腔积水、安妥中毒等。

鼻　炎

鼻炎是鼻黏膜的炎症。临床上以流鼻液和打喷嚏为特征，主要病理变化为鼻黏膜发生充血、肿胀。鼻液根据性质不同分为浆液性、黏液性和脓性。各种动物均可发生，但主要见于马、犬和猫等。

【病因】

1. **原发性鼻炎** 主要是由于受寒、化学因素和机械因素等的刺激引起。

(1) 寒冷刺激，在气温剧变或寒夜露宿，风雪侵袭时，机体抵抗力降低，鼻黏膜在寒冷的刺激下，充血、渗出，鼻腔内的常在菌大量繁殖，从而引起黏膜发炎。

(2) 化学因素，如畜舍通风不良，吸入氨、硫化氢等有害气体，或吸入烟雾、农药等。

(3) 机械性刺激，如使用胃管不当，或吸入尘埃、饲料中的霉菌孢子和花粉及麦芒和昆虫等，直接刺激鼻腔黏膜而引起鼻炎。

2. **继发性鼻炎** 主要见于流感等传染病及咽炎、喉炎、副鼻窦炎、支气管炎和肺炎等炎症的蔓延或转移。犬齿根脓肿扩展到上颌骨隐窝时，也可发生鼻炎或鼻窦炎。

【症状】

1. **急性性鼻炎** 因鼻黏膜受到刺激主要表现打喷嚏，流鼻液，摇头，摩擦鼻部，犬、猫抓挠面部。鼻黏膜充血、肿胀，敏感性增高，由于鼻腔变窄，动物呼吸时出现鼻塞音或鼾声，严重者张口呼吸或发生吸气性呼吸困难。鼻液初期为浆液性，后为黏液性，甚至出现黏液脓性鼻液，最后逐渐减少、变干，呈干痂状附着于鼻孔周围。病畜体温、呼吸、脉搏及食欲等全身症状一般无明显变化。

急性单侧性鼻炎伴有抓挠面部或摩擦鼻部，提示鼻腔可能有异物。初期为单侧性流鼻液，后期呈双侧性，或鼻液由黏脓性变为浆液血性或鼻出血，提示肿瘤性或霉菌性疾病。

2. 慢性鼻炎 病程较长，临床表现时轻时重，有的鼻黏膜肿胀、肥厚、凹凸不平，严重者有糜烂、溃疡或瘢痕。犬的慢性鼻炎可引起窒息或脑病。猫的慢性化脓性鼻炎可导致鼻骨肿大，鼻梁皮肤增厚及淋巴结肿大，很难痊愈。

牛的"夏季鼻塞"常见于春、夏季牧草开花时，突然发生呼吸困难，打喷嚏，鼻塞，鼻孔流出黏脓性至干酪样、不同稠度的橘黄色或黄色的大量鼻液。因鼻腔发痒而使动物摇头，在地面擦鼻或将鼻镜在篱笆及其他物体上摩擦。严重者两侧鼻孔完全堵塞，表现呼吸困难，甚至张口呼吸。最严重的病例形成明显的伪膜，有的喷出一条完整的鼻腔管型。在慢性期，鼻孔附近的黏膜上有许多直径 1cm 的结节。

【诊断】根据鼻黏膜充血、肿胀及打喷嚏和流鼻液等特征症状，而体温、脉搏、食欲等一般无明显变化，即可做出诊断。

本病与鼻腔鼻疽、马腺疫、流行性感冒及副鼻窦炎等疾病有相似之处，应注意鉴别。

【治疗】

1. *治疗原则* 除去致病因素，消除炎症。

2. *治疗措施* 将病畜置于通风良好、温暖的畜舍。轻度的卡他性鼻炎可自行痊愈。病情严重病例可用温生理盐水，1％碳酸氢钠溶液，2％～3％硼酸溶液，1％磺胺溶液，1％明矾溶液，0.1％鞣酸溶液或 0.1％高锰酸钾溶液冲洗鼻腔，冲洗后涂以青霉素或磺胺软膏，也可向鼻腔内撒入青霉素或磺胺类粉剂。鼻黏膜严重充血肿胀时，为促进局部血管收缩并减轻鼻黏膜的敏感性，可用可卡因肾上腺素溶液滴鼻。对体温升高、全身症状明显的病畜，应及时用抗生素或磺胺类药物进行治疗。对慢性细菌性鼻炎可根据微生物培养及药敏试验，用有效的抗生素治疗。对霉菌性鼻炎应根据真菌病原体的鉴定结果，用抗真菌药物进行治疗。

【处方1】消炎止渗。

①生理盐水 1 份，1％明矾溶液 1 份。

用法：先用生理盐水冲洗后再用明矾溶液冲洗，每天 2 次。

②青霉素粉剂。

用法：冲洗后撒入鼻腔内。

说明：本方用于一般性鼻炎的治疗。冲洗液也可选用 1％碳酸氢钠溶液，2％～3％硼酸溶液，1％磺胺溶液，0.1％鞣酸溶液或 0.1％高锰酸钾溶液等。消炎药物也可选用磺胺软膏或磺胺类粉剂。

【处方2】促进吸收，制止渗出。

①可卡因 0.1g，0.1％肾上腺素溶液 1mL，蒸馏水 20mL。

用法：混合液滴鼻，每天 2～3 次。

②生理盐水 1 份，1％明矾溶液 1 份。

用法：先用生理盐水冲洗后再用明矾溶液冲洗，每天 2 次。

说明：当鼻黏膜肿胀严重时，先用可卡因、0.1％肾上腺素溶液混合液滴鼻，再用生理盐水、1％明矾溶液冲洗。

【处方3】消毒防腐。

2％克辽林 1 份。

用法：蒸气吸入，每次 15～20min，每天 2～3 次。

说明：也可用 2％的松节油进行蒸气吸入。

【处方4】消除炎症（适用于卡他性鼻炎）。

0.1%肾上腺素2mL，青霉素80万IU，链霉素200万IU，蒸馏水500mL。

用法：冲洗鼻腔。

喉　　炎

喉炎是喉黏膜的炎症。临床上以剧烈咳嗽和喉头敏感为特征。各种动物均可发生，主要见于马、牛、羊和猪。

【病因】原发性喉炎主要发生于受寒感冒引起的上呼吸道感染，吸入尘埃、烟雾或刺激性气体及异物等刺激均可发病。如插管麻醉或插入胃管时，因技术不熟练而损伤黏膜可引起本病。

继发性喉炎一般见于一些疾病过程中，如鼻炎、气管和支气管炎、咽炎、犬瘟热、猫传染性鼻气管炎、马腺疫、马传染性支气管炎、羊痘、猪流感等。

【症状】喉炎的主要症状为剧烈的咳嗽，病初为干而痛的咳嗽，声音短促强大，以后则变为湿而长的咳嗽，病程较长时声音嘶哑。触诊喉部或紧接喉部的气管环，吸入寒冷或有灰尘的空气，吞咽粗糙食物或冷水以及投服药物等均可引起剧烈的咳嗽。压迫时可引起呼吸困难。

触诊喉部时，患畜疼痛敏感、肿胀、发热，病畜可能流浆液性、黏液性或黏液脓性的鼻液，可引起强烈的咳嗽。听诊喉部气管，有大水泡音或喉头狭窄音。一般体温升高，严重者体温可达40℃以上。喉头水肿时，表现吸气性呼吸困难，喉头有喘鸣音。随着吸气困难加剧，呼吸频率减慢，可视黏膜发绀，脉搏增加，体温升高。

【诊断】临床上根据剧烈咳嗽、喉部敏感等症状可做出初步诊断，确诊则需要进行喉镜检查。本病应与咽炎相鉴别，咽炎主要以吞咽障碍为主，病畜吞咽时摇头伸颈，食物和饮水常从两侧鼻孔流出，咳嗽较轻。

【治疗】

1. 治疗原则　消除病因，缓解疼痛，消除炎症。

2. 治疗措施　首先将病畜置于通风良好和温暖的畜舍，供给优质松软或流质的食物和清洁饮水。缓解疼痛主要采用喉头或喉囊封闭。频繁咳嗽时，应及时内服祛痰镇咳药。促进喉囊内炎性渗出物排除，同时选用磺胺类药物或抗生素消除炎症。

【处方1】抗菌消炎、缓解疼痛。

0.25%普鲁卡因20～30mL，青霉素40万～100万IU。

用法：混合后，马、牛喉头周围封闭性注射，每天2次。

【处方2】消炎祛痰。

①人工盐20～30g，茴香粉50～100g。

用法：马、牛一次内服。

②青霉素240万～400万IU，链霉素100万～300万IU，注射用水20mL。

用法：马、牛一次肌内注射，每天2次。

【处方3】消炎祛痰。

①化痰片0.05～0.2g。

用法：犬、猫内服，每天3次。

说明：小动物也可内服复方甘草片、止咳糖浆等。大动物可一次内服碳酸氢钠15～30g，远志酊30～40mL，温水500mL；或氯化铵15g，杏仁水35mL，远志酊30mL，温水500mL等。

②青霉素40万～80万IU，注射用水2mL。

用法：犬一次肌内注射，每天2次，连用3d。

【处方4】普济消毒饮。

黄芩30g，玄参30g，柴胡30g，桔梗30g，连翘30g，马勃30g，薄荷30g，黄连15g，橘红24g，牛蒡子24g，甘草8g，升麻8g，僵蚕9g，板蓝根45g。

用法：水煎服（马、牛）。

说明：本方为普济消毒饮加减，清热解毒、消肿利喉。

支 气 管 炎

支气管炎是各种原因引起动物支气管黏膜表层或深层的炎症。临床上以咳嗽、流鼻液和不定热型为特征。根据病程可分为急性和慢性两种。各种动物均可发生，但幼龄和老龄动物比较常见。寒冷季节或气候突变时容易发病。

【病因】

1. 急性支气管炎　主要由以下病因引起。

（1）物理因素。如受潮湿和寒冷空气的刺激，异物的刺激（如灌药时药物误入气管，呕吐时食物逆流入气管内），霉菌孢子、尘埃等，过度勒紧脖（项）圈，食道内异物及肿瘤等的压迫。主要是受寒感冒，导致机体抵抗力降低，一方面病毒、细菌直接感染，另一方面呼吸道寄生菌或外源性非特异性病原菌乘虚而入，呈现致病作用。也可由急性上呼吸道感染的细菌和病毒蔓延而引起。

（2）化学因素。如吸入刺激性气体（二氧化硫、氨气、氯气、烟雾等）。

均可直接刺激支气管黏膜而发病。投药或吞咽障碍时由于异物进入气管，可引起吸入性支气管炎。

（3）生物性因素。由某些病毒（如犬瘟热病毒、犬副流感病毒、猫鼻气管炎病毒、流行性感冒病毒、牛口蹄疫病毒、恶性卡他热病毒）、细菌（如肺炎球菌、巴氏杆菌、嗜血杆菌、链球菌、葡萄球菌、支气管败血波氏杆菌、副伤寒杆菌等）的感染所致。或外源性非特异性病原菌乘虚而入，引发支气管炎。

（4）过敏反应。常见于吸入花粉、有机粉尘、真菌孢子等引起气管—支气管的过敏性炎症。主要见于犬，特征为按压气管容易引起短促的干而粗厉的咳嗽，支气管分泌物中有大量嗜酸性粒细胞，无细菌。

（5）诱发因素。饲养管理粗放，如畜舍卫生条件差、通风不良、闷热潮湿及饲料营养价值低等，导致机体抵抗力下降，均可成为支气管炎发生的诱因。

2. 慢性支气管炎　通常由急性转变而来，常见于致病因素未能及时消除，长期反复作用，或未能及时治疗，饲养管理及使役不当，均可使急性转变为慢性。维生素C、维生素A缺乏，影响支气管黏膜上皮的修复，降低了溶菌酶的活力，也容易发生本病。另外，本病可由心脏瓣膜病、慢性肺脏疾病（如鼻疽、结核、肺蠕虫病、肺气肿等）或肾炎等继发引起。

【发病机理】在致病因素的作用下，呼吸道防御机能降低，呼吸道寄生的细菌乘机大量繁殖，刺激黏膜发生充血、肿胀，上皮细胞脱落，黏液分泌增加，炎性细胞浸润，刺激黏膜中的感觉神经末梢，使黏膜的敏感性增高，出现反射性的咳嗽。同时，炎症变化可导致管腔狭窄，甚至堵塞支气管，炎症向下蔓延可造成细支气管狭窄、阻塞和肺泡气肿，出现不同程度的呼吸困难和啰音。炎性产物和细菌毒素被吸收后，则引起不同程度的全身症状。

由于致病因素的长期反复刺激，引起炎症性充血、水肿和分泌物渗出，上皮细胞增生、变性和炎性细胞浸润。初期，上皮细胞的纤毛粘连、倒伏和脱失，上皮细胞空泡变性、坏死、增生和鳞状上皮化生。随着病程延长，炎症由支气管壁向周围扩散，黏膜下层平滑肌束断裂、萎缩。后期，黏膜萎缩，气管和支气管周围结缔组织增生，管壁的收缩性降低，造成管腔僵硬或塌陷，发生支气管狭窄或扩张。病变蔓延至细支气管和肺泡壁，可导致肺组织结构破坏或纤维结缔组织增生，进而发生阻塞性肺气肿和间质纤维化，从而形成慢性支气管炎。

【症状】

1. 急性支气管炎　主要的症状是咳嗽。在疾病初期，表现短而痛的干咳，以后随着炎性渗出物的增多，变为湿而长的咳嗽，疼痛减轻。有时咳出较多的黏液或黏液脓性的痰液，呈灰白色或黄色。同时，鼻孔流出浆液性、黏液性或黏液脓性的鼻液。胸部听诊，肺泡呼吸音增强，并可听到干啰音和湿啰音。人工诱咳，可出现声音高朗的持续性咳嗽。

全身症状较轻，体温正常或轻度升高 0.5～1.0℃，呼吸增数。重剧性的支气管炎病畜表现精神萎靡，嗜睡，食欲减退，使役时易疲劳。

2. 细支气管炎　当炎症侵害细支气管时，则全身症状加剧，一般体温升高 1～2℃，病畜呼吸加快，严重者出现吸气性呼吸困难，可视黏膜发绀。胸部听诊肺泡呼吸音增强，可听到干啰音、捻发音及小水泡音。X 线检查仅为肺纹理增粗，无明显异常。

3. 慢性支气管炎　持续性咳嗽是本病的特征，咳嗽可拖延数月甚至数年。咳嗽严重程度视病情而定，一般在早晚气温较低时、稍运动、饮水采食及气候剧变时，常常出现剧烈咳嗽。痰量较少，有时混有少量血液，急性发作并有细菌感染时，则咳出大量黏液脓性的痰液。人工诱咳阳性。体温变化不明显，有的病畜因支气管狭窄和肺泡气肿而出现呼吸困难。由于长期食欲不良和疾病消耗，病畜逐渐消瘦，有的发生贫血。X 线检查早期无明显异常。后期由于支气管壁增厚，细支气管或肺泡间质炎症细胞浸润或纤维化，可见肺纹理增粗、紊乱，呈网状或条索状、斑点状阴影。

4. 腐败性支气管炎　吸入异物引起的支气管炎，后期可发展为腐败性炎症，全身症状重剧，出现呼吸困难，呼出气体有腐败性恶臭，两侧鼻孔流出污秽不洁和有腐败臭味的鼻液。听诊肺部可能出现空瓮性呼吸音。

【诊断】根据病史，结合咳嗽、流鼻液和肺部出现干、湿啰音等呼吸道症状即可初步诊断。X 射线检查可为诊断提供依据。

本病应与流行性感冒、急性上呼吸道感染等疾病相鉴别。流行性感冒发病迅速，体温高，全身症状明显，并有传染性。急性上呼吸道感染，鼻咽部症状明显，一般无咳嗽，肺部听诊无异常。

【治疗】

1. 治疗原则　消除病因，祛痰止咳，抑菌消炎。
2. 治疗措施　加强护理，畜舍内通风良好且温暖，供给充足的清洁饮水和优质的饲草料。祛痰止咳，对咳嗽频繁、支气管分泌物黏稠的病畜，可口服溶解性祛痰剂，抑菌消炎，可选用抗生素或磺胺类药物。必要时也可用抗过敏药，效果显著。

【处方1】抑菌消炎、祛痰止咳。

①氯化铵，马、牛10～20g，猪、羊0.2～2g。

用法：口服，每天1～2次。

②青霉素，马、牛每千克体重4 000～8 000IU，羊、猪、犬每千克体重10 000～15 000IU，注射用水适量。

用法：肌内注射，每天2次，连用2～3d。

说明：本方用于咳嗽频繁，支气管分泌物黏稠的急性支气管炎病畜的治疗。

【处方2】消炎止咳。

青霉素100万IU，链霉素100万IU，1%普鲁卡因溶液15～20mL。

用法：将抗生素溶于1%普鲁卡因溶液内，气管内注射，每天1次。

【处方3】消炎止咳。

①复方樟脑酊，马、牛30～50mL，猪、羊5～10mL。

用法：口服，每天1～2次。

②10%磺胺嘧啶钠溶液，马、牛100～150mL，猪、羊10～20mL。

用法：肌内或静脉注射，每天1～2次。

说明：本方用于病情严重，且频繁痛咳的病畜。

【处方4】消炎祛痰。

①氯化铵0.2～1g。

用法：犬一次口服，每天2次，连用3～4d。

②氨苄西林0.2～1.5g，注射用水2mL，地塞米松1.5～12mg。

用法：犬一次肌内注射，每天2次，连用3～4d。

【处方5】参胶益肺散。

党参60g，阿胶60g，黄芪45g，五味子50g，乌梅20g，桑皮30g，款冬花30g，川贝30g，桔梗30g，米壳30g。

用法：共研末，开水冲服。

说明：益气敛肺、化痰止咳，参胶益肺散加减，临床用于慢性支气管炎的治疗。

肺 气 肿

肺气肿是由于肺泡过度扩张，肺泡壁弹力丧失，肺泡内充满大量气体，并常伴有肺泡隔破裂，致气体窜入叶间组织，导致间质充气，统称为肺气肿。临床上以呼吸困难、呼吸急促等为特征。根据其发生的过程和性质，分为急性肺泡气肿、慢性肺泡气肿和间质性肺气肿三种。

(一) 急性肺泡气肿

急性肺泡气肿是肺组织弹力一时性减退，肺泡极度扩张，充满气体，肺体积增大，但肺泡未破裂。临床上以呼吸困难为特征。常见于急剧过度劳役的动物，尤其多发生于老龄动物。

【病因】急性弥漫性肺气肿，主要由于过度使役、剧烈运动，长期挣扎和鸣叫等紧张呼吸所致。特别是老龄动物，由于肺泡壁弹性降低，更容易发生。另外，呼吸器官疾病引起持续剧烈的咳嗽、慢性支气管炎使管腔狭窄等也可发生急性肺泡气肿。急性局限性或代偿性肺泡气肿，多由于肺组织的局灶性炎症或一侧性气胸使病变部肺组织呼吸机能丧失，健康肺组织呼吸机能相应增强而引起。

【发病机理】在临床上急性肺泡气肿的发生，由于病因的不同而有一定差异。当上呼吸道内腔狭窄时，呼气时由于胸膜腔内压增加使支气管闭塞，空气由肺泡向外呼出发生困难。残留在肺泡中的气体过多，使肺泡充气过度，从而引起肺泡壁扩张，肺体积增大。长时间的肺泡过度充气，使肺泡壁弹力暂时丧失，机体必须借助呼吸肌的参与完成呼气过程。由于呼吸肌在呼气时主动收缩，压迫肺脏及小支气管，使小支气管内腔更加狭窄，肺泡内气体排出更加困难，肺泡扩张加剧，临床上出现明显的呼吸困难。剧烈运动、过度劳役及持续性咳嗽，均可使肺泡长时间处于过度膨胀状态，导致肺泡壁弹性减退而发生肺泡气肿。急性肺泡气肿，如能及时消除病因，则迅速恢复健康，否则可转为慢性，出现不可逆的病变。

【症状】急性弥漫性肺泡气肿发病突然，病畜呼吸困难，气喘，用力呼吸，甚至张口伸颈，呼吸频率增加。腹肋部由于因腹肌的强度收缩，沿肋骨弓的皮肤出现一条弧形的沟，即所谓的息痨沟或喘线。可视黏膜发绀，有的病畜出现低而弱的咳嗽、呻吟、磨牙等症状。肺部叩诊呈广泛性过清音，叩诊界向后扩大。肺部听诊，肺泡呼吸音病初增强，后期减弱，有时伴有干啰音或湿啰音。

X射线检查，两肺透明度增高，膈后移及其运动减弱，肺的透明度不随呼吸而发生明显改变。

【诊断】根据临床症状，结合呼吸困难及肺部的叩诊和听诊变化，结合X射线检查，即可确诊。

【治疗】
1. 治疗原则　除去病因，加强护理，缓解呼吸困难，祛痰平喘。
2. 治疗措施　病畜应置于通风良好和安静的畜舍，供给优质饲草料和清洁饮水。缓解呼吸困难，如出现窒息危险时，有条件的应及时输入氧气。

【处方1】缓解呼吸困难。
2%氨茶碱1~2mL，1%硫酸阿托品1~2mL。
用法：雾化吸入。
说明：在呼吸困难时使用。

【处方2】祛痰平喘，缓解呼吸困难。
①0.5%异丙肾上腺素1~2mL。
用法：雾化吸入。
②1%硫酸阿托品，大动物1~3mL，小动物0.2~0.3mL。
用法：皮下注射。

【处方3】抗菌消炎，缓解呼吸困难。
①2%氨茶碱1~2mL，1%硫酸阿托品1~2mL。
用法：雾化吸入。
②青霉素，马、牛每千克体重4 000~8 000IU，羊、猪、犬每千克体重10 000~15 000IU，注射用水适量。

用法：肌内注射，每天2次，连用2~3d。

说明：适用于原发病是支气管炎的病例。

(二) 慢性肺泡气肿

慢性肺泡气肿是肺泡持续性扩张，肺泡壁弹性丧失，导致肺泡壁、肺间质及弹力纤维萎缩甚至崩解的一种肺脏疾病。临床上以高度呼吸困难、肺泡呼吸音减弱及肺脏叩诊界后移为特征。老龄动物和营养不良者容易发病。

【病因】原发性慢性肺泡气肿发生于长期过度劳役或迅速奔跑的家畜，由于深呼吸和胸廓扩张，肺泡异常膨大，弹性丧失，无法恢复而发生。继发性慢性肺泡气肿多发生于慢性支气管炎和毛细支气管卡他，因呼气性呼吸困难和痉挛性咳嗽导致发病。

【发病机理】过度使役或运动的动物因耗氧量增加，增强呼吸机能，呼吸运动加剧，使肺泡长期处于扩张状态，导致肺泡壁毛细血管内腔狭窄，减少了血液循环，破坏了肺泡壁的营养，引起弹性纤维断裂，肺泡上皮细胞的脂肪分解，肺泡壁萎缩，进而结缔组织增生，肺泡壁弹性减弱，失去了正常肺组织的回缩能力，于是发生慢性肺泡气肿。

慢性支气管炎或细支气管炎时，由于支气管黏膜增厚和炎性渗出物的蓄积，可造成不全阻塞，出现呼气性呼吸困难，残留于肺泡的气体过多，使肺泡充气过度。其次炎症过程可损伤和破坏细支气管壁的弹性纤维，导致细支气管在吸气时过度扩张；同时肺部慢性炎症使白细胞和巨噬细胞释放的蛋白分解酶增加，损害肺组织和肺泡壁，使多个肺泡融合成大小不等的囊腔。

由于弹力纤维数量减少和充满气体，肺的弹性被破坏，使肺的体积不断增大，肺的呼吸面积则不断减少，气体代谢出现障碍（图2-4、图2-5）。本病发展缓慢，常可拖延数月、数年，甚至终生。患病时间长，且肺组织发生不可逆的形态学变化时，临床治疗难以恢复正常，最终丧失使役能力。

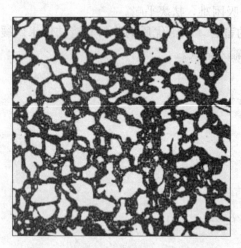

图2-4 正常肺组织

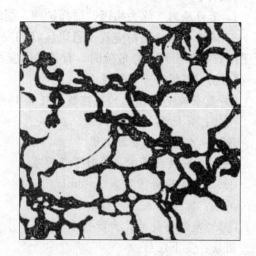

图2-5 气肿的肺组织

【症状】病畜呼气性呼吸困难，呈现二重式呼气，即在正常呼气运动之后，腹肌又强烈地收缩，出现连续两次呼气动作。同时可沿肋骨弓出现较深的凹陷沟，又称"喘沟"或"喘线"，呼气用力，脊背拱曲，肷窝变平，腹围缩小，肛门凸出。黏膜发绀，容易疲劳、出汗，体温正常。

肺部叩诊呈过清音，正常叩诊界后移，可达最后1~2肋间，心脏绝对浊音区缩小。肺部听诊，肺泡呼吸音减弱甚至消失，并发支气管炎时可听到干、湿啰音。因右心室肥大，肺动脉第二心音高朗。

X线检查，整个肺区异常透明，支气管影像模糊，膈穹隆后移。

【诊断】本病根据病史，二重式呼气为特征的呼气性呼吸困难，肺部叩诊区后移，以及X线检查，即可诊断。

本病应与急性肺泡气肿和间质性肺气肿相鉴别。急性肺泡气肿发病迅速，但病因消除后，症状随即消失，动物恢复健康。间质性肺气肿一般突然发病，肺脏叩诊界不扩大，肺部听诊出现破裂性啰音，气喘明显，皮下发生气肿，常见于颈部和肩背部，严重时迅速扩散到全身皮下组织。

【治疗】

1. 治疗原则　主要是加强护理，控制病情进一步发展，对症治疗。

2. 治疗措施　改善饲养管理，将病畜置于清洁、安静、通风良好、无灰尘和烟雾的畜舍，充分休息，饲喂优质青草或潮湿的干草。可口服亚砷酸钾溶液提高病畜的物质代谢，改善其营养和全身状况，以便恢复肺组织的机能。可用舒张支气管药物缓解呼吸困难，有条件的应每天输氧，改善呼吸状态。对急性发作期的病畜，应选用有效的抗菌药。

【处方】参考急性肺泡气肿治疗。

（三）间质性肺气肿

间质性肺气肿是由于肺泡、漏斗和细支气管破裂，空气进入肺间质，在小叶间隔与肺膜连接处形成串珠状小气泡，呈网状分布于肺膜下的一种疾病。临床上以突然表现呼吸困难、皮下气肿以及迅速发生窒息为特征。本病最常见于牛。

【病因】临床上常见原因有：成年肉牛，在秋季转入草木茂盛的草场后，可在5~10d发生急性肺气肿和肺水肿，即所谓的"再生草热"。主要是生长茂盛的牧草中L-色氨酸含量高，牛可将其降解为吲哚乙酸，然后又被某些瘤胃微生物转化为3-甲基吲哚（3-MI）。3-MI被血液吸收后，经肺组织中活性很高的多功能氧化酶系统代谢，对肺脏产生毒性。吸入刺激性气体、液体，或肺脏被异物刺伤及肺线虫损伤。继发于流行热和某些中毒性疾病。

【发病机理】肺脏在致病因素的作用下，导致机体发生痉挛性咳嗽或用力地深呼吸，使肺内压力剧烈升高，导致细支气管和肺泡壁破裂，空气进入肺间质。进入间质中的小气泡散布于整个肺脏中，部分还汇合成大的气泡。大部分气体随着肺脏的运动移动至纵隔，沿前胸口而到达颈部、肩部以及背部皮下引起皮下气肿。

【症状】突然发病，表现急性呼吸困难，甚至窒息。病畜张口呼吸，伸舌，流涎，惊恐不安，脉搏快而弱。胸部叩诊音高朗，呈过清音，肺中有较大充满气体的空腔时，则出现鼓音，肺界一般正常。听诊肺泡呼吸音减弱，但可听到碎裂性啰音及捻发音。多数病畜颈部和肩部出现皮下气肿，有的迅速散布于全身皮下组织。本病发展迅速，由于肺组织受压迫，病畜经数小时或1~2d可能因窒息而死亡。

【诊断】根据病史，临床上突然出现呼吸困难、叩诊呈鼓音及皮下气肿等症状，可做出诊断。

【治疗】本病无特效疗法。

1. 治疗原则　加强护理，消除病因，制止空气进入间质组织及对症治疗。

2. 治疗措施 将病畜置于安静的环境，供给清洁饮水和优质饲草料。对极度不安和剧烈咳嗽的病畜，应用镇静剂，对严重缺氧并危及生命的动物，有条件的应及时输氧。

胸 膜 炎

胸膜炎是胸膜发生以纤维蛋白沉着和胸腔积聚大量炎性渗出物为特征的一种炎症性疾病。临床上以胸部疼痛、体温升高和胸部听诊出现摩擦音为特征。根据病程可分为急性和慢性。各种动物均可发生。

【病因】

1. 原发性胸膜炎 临床上比较少见，肺炎、肺脓肿、败血症、胸壁创伤或穿孔、肋骨骨折、食道破裂、胸腔肿瘤等均可引起发病。剧烈运动、长途运输、外科手术及麻醉、寒冷侵袭及呼吸道病毒感染等应激因素可成为发病的诱因。

2. 继发性胸膜炎 常继发或伴发于某些传染病的过程中，如多杀性巴氏杆菌和溶血性巴氏杆菌引起的吸入性肺炎、纤维素性肺炎、结核病、流行性感冒、猪肺疫、马传染性贫血、反刍动物创伤性网胃心包炎、支原体感染等。在这些疾病过程中，均可伴发胸膜炎。常见的致病微生物有兽疫链球菌、大肠杆菌、巴氏杆菌、克雷伯氏菌、马棒状杆菌、某些厌氧菌、支原体等。

【发病机理】在病因的作用下，各致病微生物产生毒素，损害胸膜的间皮组织和毛细血管，使血管的神经肌肉装置发生麻痹，导致血管扩张，血管通透性升高，血液成分通过毛细血管壁渗出进入胸腔，产生大量的渗出液。细菌产生的内毒素、炎性渗出物及组织分解产物被机体吸收，可导致体温升高，严重时可引起毒血症。炎症过程对胸膜的刺激，以及沉着于胸膜壁层和脏层的纤维蛋白，在呼吸运动时相互摩擦，均可引起动物胸部疼痛，严重者出现腹式呼吸。当大量液体渗出时，肺脏受到液体的压迫，降低了肺活量，影响气体的交换，出现呼吸困难。

【症状】原发性病例初期，精神沉郁，食欲降低或废绝，体温升高（40℃），呼吸急促，出现腹式呼吸，脉搏加快。慢性病例表现食欲减退，消瘦，间歇性发热，呼吸困难，运动乏力，反复发作咳嗽，呼吸机能的某些损伤可能长期存在。

胸壁触诊或叩诊，动物敏感疼痛，常躲避，甚至发生战栗或呻吟。站立时两肘外展，不愿活动，有的病畜胸腹部及四肢皮下水肿。因渗出液积聚，胸廓下部叩诊呈水平浊音。

胸部听诊，随呼吸运动出现胸膜摩擦音，随着渗出液增多，则摩擦音消失。伴有肺炎时，可听到拍水音或捻发音，同时肺泡呼吸音减弱或消失，出现支气管呼吸音。

胸腔穿刺可抽出大量渗出液，可在短时间内大量渗出，炎性渗出物表现混浊，易凝固，蛋白质含量在4%以上或有大量絮状纤维蛋白及凝块，显微镜检查发现大量炎性细胞和细菌。

X线检查，少量积液时，心膈三角区变钝或消失，密度增高。大量积液时，心脏、后腔静脉被积液阴影淹没，下部呈广泛性浓密阴影。

血液学检查，白细胞总数升高，嗜中性粒细胞比例增加，呈核左移现象，淋巴细胞比例减少。慢性病例呈轻度贫血。

急性渗出性胸膜炎，全身症状较轻时，如能及时治疗，一般预后良好。因传染病引起的胸膜炎或化脓菌感染导致胸腔化脓腐败时，则预后不良。转变为慢性后，因胸膜发生粘连，

项目 2　以呼吸道症状为主的疾病

绝大多数动物丧失生产性能和经济价值，预后应谨慎。继发于食道破裂或胸腔肿瘤的胸膜炎，预后不良。

【诊断】根据胸膜摩擦音和叩诊出现的水平浊音等典型症状（图 2-6），结合 X 线和超声波检查，即可诊断。

胸腔穿刺对本病与胸腔积水的鉴别诊断有重要意义，穿刺部位为胸外静脉之上，马在左侧第 7 肋间隙或右侧第 6 肋间隙，反刍动物多在左侧第 6 肋间隙，猪在左侧第 8 肋间隙或右侧第 6 肋间隙，犬在 5～8 肋间隙。对抽取的胸腔积液进行理化性质和细胞学检查。

【治疗】

1. 治疗原则　抗菌消炎，制止渗出，促进渗出物的吸收和排除。

图 2-6　马胸腔积液及水平浊音区

2. 治疗措施　加强护理，将病畜置于通风良好、温暖和安静的畜舍，供给营养丰富、优质易消化的饲草料，并适当限制饮水。抗菌消炎，可选用广谱抗生素或磺胺类药物，也可根据细菌培养后的药敏试验结果，选用更有效的抗生素。制止渗出，可静脉注射 5% 氯化钙溶液或 10% 葡萄糖酸钙溶液。促进渗出物吸收和排除，可用利尿剂、强心剂等。当胸腔有大量液体存在时，穿刺抽出液体可使病情暂时改善，并可将抗生素直接注入胸腔。

【处方 1】抗菌消炎、制止渗出。

庆大霉素 100 万 IU，5% 氯化钙注射液 100～150mL，40% 乌洛托品 20～30mL，5% 葡萄糖生理盐水 1 500mL，地塞米松注射液 30mg。

用法：马、牛一次静脉注射，每天 1 次。

说明：适应于机体抵抗力较低的家畜。

【处方 2】消炎止痛、制止渗出。

①0.2% 普鲁卡因注射液 20mL，青霉素 160 万 IU。

用法：胸腔穿刺放液后，一次注入胸腔。

②5% 氯化钙注射液 20mL，25% 葡萄糖注射液 20～40mL。

用法：一次缓慢静脉注射，每天 1 次，连用 3d。

【处方 3】抗菌消炎。

5% 葡萄糖生理盐水 500～1 000mL，地塞米松注射液 5～10mg，先锋霉素 1 000～2 000mg，维生素 C 注射液 1 000mg。

用法：一次静脉注射，每天 1 次，连用 3d。

说明：适用于犬。

【处方 4】抗菌消炎、缓解疼痛。

①0.1% 雷佛奴尔溶液适量。

用法：反复冲洗胸腔。

②青霉素 480 万 IU，链霉素 300 万 IU，0.25% 普鲁卡因注射液 20mL，5% 葡萄糖盐水 30～50mL。

用法：胸腔注入。

说明：冲洗液也可选用2%～4%硼酸溶液或0.01%～0.02%呋喃西林溶液。

【处方5】归芍散加减。

银柴胡30g，瓜蒌皮60g，薤白18g，黄芩24g，白芍30g，牡蛎30g，郁金24g，甘草15g。

用法：共为末，马、牛一次开水冲服。

说明：渗出性胸膜炎可用归芍散（当归30g，白芍30g，白芨30g，桔梗15g，贝母18g，寸冬15g，百合15g，黄芩20g，花粉24g，滑石30g，木通24g），共为末，马、牛一次开水冲服。加减：热盛加双花、连翘、栀子；喘甚加杏仁、杷叶、葶苈子；胸水加猪苓、泽泻、车前子；痰多加前胡、半夏、陈皮；胸痛明显加没药、乳香；后期气虚加党参、黄芪等。

胸 腔 积 水

胸腔积水又称胸水，是指胸腔内积聚大量的漏出液，胸膜无炎症变化。一般不是独立的疾病，而是全身水肿的一种表现，同时伴有腹腔积液、心包积液及皮下水肿。临床上以呼吸困难为特征。

【病因及发病机理】 临床上常见于心力衰竭、肾功能不全、肝硬化、营养不良、各种贫血等。也见于某些毒物中毒、机体缺氧等因素。另外，恶性淋巴瘤（特别是犬、猫）时常见胸腔积液。

当动物发生心力衰竭时，静脉回流障碍，体循环静脉系统淤积有大量血液，充盈过度，压力上升，使组织液生成与回流失去平衡，胸膜腔内的液体形成过快，而发生胸腔积液。中毒、缺氧、组织代谢紊乱等，使酸性代谢产物及生物活性物质积聚，破坏毛细血管内皮细胞间的黏合物质，引起血管壁通透性升高而发生大量液体渗出。营养不良时，机体蛋白质生成不足、丧失过多及摄入减少等均可引起低蛋白血症，导致血浆胶体渗透压下降，可使液体漏入胸腔和其他器官，发生胸水，同时并发腹水及全身水肿。间皮起源的肿瘤或其他肿瘤造成淋巴管阻塞，可发生乳糜性胸水，其中含大量的乳糜颗粒，蛋白质含量高，具有一般漏出液的化学性质。

胸腔大量漏出液积聚，压迫膈肌后移，胸腔负压降低，使肺脏扩张受到限制，导致肺通气功能障碍，肺泡通气不足而发生呼吸急促或呼吸困难。

【症状】 少量的胸腔积液，一般无明显的临床表现。当液体积聚过多时，动物出现呼吸频率加快，严重者呼吸困难，甚至出现腹式呼吸。体温正常，心音减弱或模糊不清。

胸部叩诊呈水平浊音，水平面随动物体位的改变而发生改变。肺部听诊，浊音区内常听不到肺泡呼吸音，有时可听到支气管呼吸音。X线检查，显示一片均匀浓密的水平阴影。胸腔穿刺，有大量淡黄色的液体流出。

【诊断】 临床上根据呼吸困难、叩诊胸壁呈水平浊音、胸腔穿刺有大量淡黄色液体及抽出液体的理化性质和细胞学检查等特征症状，可做出诊断。

【治疗】

1. 治疗原则 积极治疗原发病，制止渗出，促进液体吸收和排除。
2. 治疗措施 首先应加强饲养管理，限制饮水，供给蛋白质丰富的优质饲料。促进液体吸收和排除可选用强心剂和利尿剂。当胸腔积液过多引起严重呼吸困难时,可通过胸腔穿刺排出积液。

【处方1】改善心脏功能、促进积液排出。

①20%安钠咖 10~20mL。

用法:马、牛一次肌内注射。

②25%葡萄糖 1 000mL,ATP 300~500mg,辅酶A 1 500mg,维生素C 5g。

用法:马、牛静脉放血后,缓慢静脉注射。

③胸腔穿刺。

说明:适用于心力衰竭引起的胸腔积水。

【处方2】制止渗出。

5%氯化钙注射液 100~150mL,40%乌洛托品 20~30mL,5%葡萄糖生理盐水 1 500mL,地塞米松注射液 30mg。

用法:马、牛一次静脉注射,每天1次。

【处方3】改善心脏功能、促进积液排出。

①洋地黄毒苷每千克体重 0.006~0.012mg。

用法:犬一次静脉注射。

说明:用于治疗急性心力衰竭病犬,对于病情较重、较急的病例,首次应注射全效量的1/2,以后每隔2h注射全效量的1/10,达到全效量(其指征是心脏情况改善,心率减慢接近正常,尿量增加)后,每天给1次维持量。维持量使用时间的长短,随病情而定,一般需1~2周或更长时间。

②速尿每千克体重 5mg。

用法:犬一次口服,每天1~2次,连用3d。

说明:为了减轻心脏负荷,对出现心性浮肿,水、钠潴留的病犬,要适当限制饮水和给盐量。

安妥中毒

安妥也称甲萘硫脲,纯品呈白色结晶,商品为灰色的粉剂,通常是将其按2%的比例加于食品内配毒饵,用以毒杀鼠类。据试验用安妥给各种家畜做单次口服时,其致死量分别如下:马每千克体重 30~80mg,猪 20~50mg,犬 10~40mg,猫 75~100mg,家禽 2 500~5 000mg。

【病因】由于保管不严,致使安妥散失;或因同其他药剂混淆,造成使用上的失误;或则因投放毒饵的地点、时间不当,以致发生家畜误食的中毒事故。

一般集约化畜禽场的饲料仓库及饲养场鼠害成灾,常常采取灭鼠措施,如不采取预防措施,往往引起畜禽发生中毒。

猫可因偶然捕食中毒鼠类,而间接中毒。小鼠、大鼠等试验动物和家兔等,则可能因偶尔逃出笼圈而误食毒饵。

【发病机理】安妥经胃肠道吸收,分布于肺、肝、肾和神经组织中。其分子结构中的硫脲部分可在组织液中水解成为 CO_2、NH_3 和 H_2S 等,故对局部组织具有刺激作用。但对机体的主要毒害作用则为经由交感神经系统,对血管收缩神经所起的阻断作用,造成肺部微血管壁的通透性增加，以致血浆大量透入肺组织和胸腔，而导致严重的呼吸障碍。此外，本品尚具有抗维生素K样作用，即阻抑了血中凝血酶原的生成及其活性，从而降低了血液的凝固性，致使中毒病畜呈有出血性倾向。

【病理变化】安妥中毒死亡病例，以肺部的病变最为显著，可见全肺呈暗红色，极度肿大，且有许多出血斑，气管内则充满许多血色泡沫。胸腔内有多量的水样透明液体。肝呈暗红色，稍微肿大。脾也呈暗红色，并见有溢血斑。心包有多量的出血斑，容积稍增大，心脏的冠状血管扩张。肾脏充血，表面也有溢血斑。胃中有时尚可检出安妥的颗粒或团块，可能有胃肠卡他性病变。

【症状】中毒病畜呼吸急促，体温偏低，有时伴有呕吐（特别是病犬）或作呕。很快由于肺水肿和渗出性胸膜炎，而呼吸变为困难，流出带血色的泡沫状鼻液，咳嗽，听诊肺部有明显的湿啰音。心音混浊，脉搏增数，同时病畜表现兴奋、不安，或出怪声号叫等症状，最后多因窒息致死。

【诊断】提取呕吐物、胃及胃内容物为检材。采取筛选试验、颜色反应、薄层色谱法、紫外吸收光谱法等方法进行测定。

【治疗】对本病缺乏特效的解毒疗法，而且因很快就发展为肺水肿，致使在发病后难以采取催吐或洗胃等排除毒物的措施，通常采用对症疗法，以消除肺水肿和排除胸腔积液。结合采用强心、保肝等措施。也可试用维生素K或给予含巯基解毒剂。

【预防】在预防上应加强对安妥的保管。特别是在拟订灭鼠计划时，应将有关人、畜的安全问题，列为必须考虑的因素，并应做好必要的防护措施，由专人负责执行，以免发生意外事故。

技能训练

胸 腔 穿 刺 术

【应用】主要用于排出胸腔的积液、血液，或洗涤胸腔及注入药液进行治疗。也可用于检查胸腔有无积液，并采取胸腔积液，从而鉴别其性质，有助于诊断。

【准备】套管针或16～10号长针头。胸腔洗涤剂，如0.1%雷佛奴尔溶液、0.1%高锰酸钾溶液、生理盐水（加热至体温程度）等。还需用输液瓶。

【部位】牛、羊、马在右侧第6肋间，左侧第7肋间，猪、犬在右侧第7肋间。具体位置在与肩关节引水平线相交点的下方2～3cm处，胸外静脉上方约2cm处。

【方法】左手将术部皮肤稍向上方移动1～2cm，右手持套管针用指头控制3～5cm处，在靠近肋骨前缘垂直刺入。穿刺肋间肌时有阻力感，当阻力消失而又空虚时，表明已刺入胸腔内，左手把持套管，右手拔去内针，即可流出积液或血液，放液时不宜过急，应用拇指不断堵住套管口，间断地放出积液，预防胸腔减压过急，影响心肺功能。如针孔堵塞不流时，可用内针疏通，直至放完为止。

有时放完积液之后，需要洗涤胸腔时，可将装有消毒药的输液瓶的橡胶管或注射器连接在套管口上（或注射针），高举输液瓶，药液即可流入胸腔，然后将其放出。如此反复冲洗2～3次，最后注入治疗性药物。操作完毕，插入内针，拔出套管针（或针头），使局部皮肤复位，术部涂碘酊，以碘仿火棉胶封闭穿刺孔。

【注意事项】
(1) 穿刺或排液过程中，应注意防止空气进入胸腔内。
(2) 排出积液和注入洗涤剂时应缓慢进行，同时注意观察病畜有无异常表现。
(3) 穿刺时需注意防止损伤肋间血管与神经。
(4) 刺入时，应以手指控制套管针的刺入深度，以防过深刺伤心肺。
(5) 穿刺过程遇有出血时，应充分止血，改变位置再行穿刺。

项目 2.3　表现呼吸困难且伴有可视黏膜颜色改变的疾病

任务描述　学习本类疾病的相关知识，参加相关临床病例的诊疗，分析临床案例。

案例分析　分析以下案例，确定诊断要点，提出初步诊断，并进行分析论证，制定出治疗方案。

案例 1　主诉：猪场用堆积存放 3d 的白菜喂猪，采食后半小时，猪表现不安，呼吸困难，黏膜、皮肤发绀，呈犬坐姿势。

临床检查：病猪流涎、呕吐，四肢厥冷，体温 37℃，肌肉发抖，步态不稳，倒地后四肢痉挛，很快死亡。剖检见口鼻呈紫色，流出淡红色泡沫状液体。血液暗褐如酱油状，凝固不良，暴露在空气中较长时间不变红。各脏器的血管淤血。

案例 2　主诉：羊群在放牧归来后大约 3h，部分羊兴奋不安，挣扎转圈，行走不稳，后肢麻痹，肌肉痉挛。

临床检查：病羊张口伸舌，严重的呼吸困难，可视黏膜呈鲜红色，呼出气有苦杏仁味；流泡沫样唾液，瘤胃臌气。体温 38.2℃，瞳孔散大，脉细弱无力，心搏动徐缓，反射减弱，个别羊迅速死亡。剖检见血液呈鲜红色，血凝不良，胃、肠内容物有苦杏仁味。

相关知识　表现呼吸困难且伴有可视黏膜颜色改变的疾病主要有：亚硝酸盐中毒、氢氰酸中毒等。

硝酸盐和亚硝酸盐中毒

硝酸盐或亚硝酸盐中毒是动物采食富含硝酸盐或亚硝酸盐的饲料引起的一种中毒病。其临床特点包括：起病突然，黏膜发绀，呼吸困难，神经紊乱和病程短促。本病多发于猪，俗称"饱潲病"。其次是牛和羊，其他动物少见。

【病因】动物采食富含硝酸盐的饲料（如白菜、甜菜叶、牛皮菜、萝卜叶、南瓜藤、灰菜等）、饮用硝酸盐含量高的饮水（施氮肥的田水、厩舍、厕所、垃圾堆附近的地面水）、误把硝酸盐当食盐应用均可引起中毒。对动物来说，硝酸盐是无毒或低毒的，而亚硝酸盐是高毒的。促进硝酸盐转化为亚硝酸盐的条件有两个，一是 20~40℃ 的温度，二是硝酸盐还原菌的作用。如果将上述饲料堆积发酵或文火焖煮，其内的硝酸盐在硝酸盐还原菌的作用下经24~48h，转化成亚硝酸盐。其过程可发生在体外（外源性转化）或体内（内源性转化）。反刍动物的瘤胃也是形成亚硝酸盐的适宜环境，喂给大量富含硝酸盐而糖分不足的饲料时，会形成大量的亚硝酸盐，导致中毒。

【发病机理】
1. 刺激作用　硝酸盐和亚硝酸盐可刺激胃肠道，引起呕吐和胃肠炎。
2. 形成高铁血红蛋白　亚硝酸盐经吸收进入血液后，将二价铁血红蛋白氧化成三价铁血红蛋白，使之失去运载氧的能力，导致组织缺氧和严重的呼吸困难。
3. 血管扩张作用　亚硝酸盐使血管扩张，血压下降，外周循环衰竭，组织缺血、缺氧，呈现神经症状。

【症状】猪食入亚硝酸盐后，一般20～30min后发病。最急性病例，仅稍现不安，站立不稳，突然倒地，四肢划动，很快死亡。或边吃边倒，即所谓的"饱潲病"。急性病例症状典型，呈现呼吸困难、黏膜、皮肤发绀，呈犬坐姿势。流涎、呕吐，四肢厥冷，体温下降，肌肉发抖，步态不稳，倒地后四肢痉挛，很快死亡。

牛、羊大量食入菜类饲料后1～5h发病，除了呼吸困难、黏膜发绀等基本症状外，还伴有流涎、呕吐、腹痛、腹泻等症状。整个病程可持续12～24h。

鸡表现不安或精神沉郁，食欲减少或废绝，嗉囊膨大。站立不稳，两翅下垂，口腔黏膜与冠、髯发绀，口内黏液增多。呼吸困难，体温正常，最后死于窒息。

【诊断】
1. 病史诊断　有食入硝酸盐或亚硝酸盐的病史。
2. 症状诊断　发病急，死亡快，呼吸困难，黏膜发绀。
3. 剖检诊断　中毒病猪的尸体腹部膨胀，口鼻呈乌紫色，流出淡红色泡沫状液体。眼结膜呈棕褐色，血液暗褐如酱油状，凝固不良，暴露在空气中较长时间不变红。各脏器的血管淤血，胃肠道各部有不同程度的充血、出血，黏膜易脱落。肝、肾呈暗红色，肺充血，气管和支气管黏膜充血、出血，管腔内充满红色泡沫状液体。心外膜、心肌有出血斑点。牛还伴有胃肠道炎性病变。
4. 实验室诊断　亚硝酸盐检验呈阳性。
5. 治疗性诊断　美蓝等特效解毒药进行抢救治疗，疗效显著。

【治疗】
1. 治疗原则　特效解毒，促进毒物排出，对症治疗。
2. 治疗措施　特效解毒药为美蓝（亚甲蓝）和甲苯胺蓝，可迅速将高铁血红蛋白还原为正常血红蛋白而达解毒目的。美蓝是一种氧化还原剂，其在低浓度小剂量时为还原剂，先经体内还原型辅酶Ⅰ（NADPH）作用变成白色美蓝，再作为还原剂把高铁血红蛋白还原为正常血红蛋白。而在高浓度大剂量时，则呈氧化作用，加重亚硝酸盐中毒的症状，故治疗亚硝酸盐中毒时，需严格控制美蓝剂量。葡萄糖和维生素C作为还原剂有辅助治疗作用。另外，需配合强心、补氧、兴奋呼吸中枢等对症疗法。

【处方1】特效解毒。
①美蓝（亚甲蓝）每千克体重1～2mg。
用法：静脉注射。
说明：使用浓度为1%，配制时先用10mL酒精溶解1g美蓝，后加灭菌生理盐水至100mL。
②10%葡萄糖注射液100～500mL，5%维生素C注射液10～50mL，10%安钠咖注射液5～20mL。

用法：混合后一次静脉注射。

说明：葡萄糖、维生素C有辅助治疗作用。

【处方2】特效解毒。

甲苯胺蓝每千克体重5mg。

用法：配成5%溶液进行静脉注射或肌内注射。

【处方3】强心升压。

0.1%肾上腺素，猪、羊0.2～1mL，牛2～5mL。

用法：皮下或肌内注射。

【处方4】兴奋呼吸。

尼可刹米注射液（0.25g/mL），猪、羊1～4mL，牛10～20mL。

用法：肌内注射或静脉注射。

【处方5】雄黄30g，小苏打45g，大蒜60g，鸡蛋清2个，新鲜石灰水上清液250mL，将大蒜捣碎，加雄黄、小苏打、鸡蛋清，再倒入石灰水。

用法：每天灌服2次。

【预防】改善青绿饲料的堆放和调制方法。将青绿饲料摊开放置，切忌堆积发热，熟饲时不要小火焖煮。已腐败、变质的饲料不能喂动物。牛、羊在饲喂青绿饲料时，要添加适量碳水化合物。接近收割的青饲料不能再施用硝酸盐或化肥、农药，以避免增高其中硝酸盐或亚硝酸盐的含量。对可疑饲料、饮水实行临用前的简易化验，特别是在规模化养猪场，应列为常规的兽医保健措施之一。

氢 氰 酸 中 毒

氢氰酸中毒是由于家畜采食富含氰苷的饲料或误食氰化物，在胃内由于酶和盐酸的作用，产生游离的氢氰酸而发生的中毒病。主要特征为严重的呼吸困难，肌肉震颤和可视黏膜呈鲜红色。本病主要见于牛和羊，马、猪和犬也可发生。

【病因】

1. **动物采食了含氰苷的植物**　含氰苷的饲料主要有木薯（尤其是秋后的木薯）、高粱、玉米幼苗、亚麻子以及桃、杏、李子、枇杷、樱桃等的叶子、种子等。

2. **动物误食含氰化合物**　常见的氰化物有氰化钾、氰化钠、氰化钙、乙烯基氰等。各种动物口服氢氰酸的最小致死量为每千克体重2～2.3mg，哺乳动物吸入氢氰酸每千克体重200～500mg，数分钟死亡。

【发病机理】动物采食了含氰苷的植物或氰化物，在酶和胃酸的作用下水解形成氢氰酸，进入机体的氰离子能抑制细胞内许多酶的活性，其中最显著的是细胞色素氧化酶。氰离子能迅速与氧化型细胞色素氧化酶的三价铁结合，形成氰化高铁细胞色素氧化酶复合物，使之失去了传递电子、激活分子氧的作用，抑制了组织内的生物氧化过程，阻止组织对氧的吸收利用，导致机体缺氧。由于血液中氧不能被组织利用，血液含氧量升高，因此可视黏膜呈鲜红色。由于中枢神经缺氧，心跳呼吸中枢功能障碍，动物迅速麻痹死亡。

【症状】一般在采食后30min发病。

1. **呼吸变化**　严重的呼吸困难，可视黏膜呈鲜红色，呼出气有苦杏仁味。

2. **消化障碍**　流泡沫样唾液，全身或局部出汗，马有腹痛症状，牛、羊常伴有胃肠臌气。

3. **神经症状** 首先兴奋不安，挣扎脱缰，很快抑制，全身衰弱无力，行走不稳，后肢麻痹，肌肉痉挛。

4. **全身症状** 体温正常或下降，瞳孔散大，脉细弱无力，心搏动徐缓，反射减弱或消失，迅速死亡。

【诊断】

1. **病史调查** 有采食含氰苷的植物或含氰化合物的病史。
2. **症状诊断** 发病急，严重的呼吸困难且可视黏膜呈鲜红色，明显的神经症状。
3. **剖检诊断** 血液呈鲜红色，血凝不良，胃、肠内容物有苦杏仁味。
4. **实验室诊断** HCN含量在可疑饲料（植物）中超过200mg/kg，瘤胃内容物中超过10mg/kg，肝脏达1.4mg/kg以上，肌肉浸液含0.63mg/L时即可确定为氢氰酸中毒。
5. **鉴别诊断** 临床上应与急性亚硝酸盐中毒、硫化氢中毒、尿素中毒等疾病相鉴别。

【治疗】

1. **治疗原则** 尽早应用特效解毒药，同时配合排毒与对症疗法。
2. **治疗措施** 亚硝酸钠（或美蓝）与硫代硫酸钠进行配伍解毒。亚硝酸钠（或大剂量美蓝）可使部分血红蛋白氧化成高铁血红蛋白，夺取与细胞色素氧化酶结合的CN^-，使细胞色素氧化酶的活力得以恢复；硫代硫酸钠可促进CN^-的排出。中毒严重者配合对症疗法如兴奋呼吸（尼可刹米）、强心（樟脑、安钠咖）、升压（肾上腺素）等，同时静脉注射大剂量的葡萄糖溶液，不仅能提高机体的抵抗力，还能与氰离子结合生成低毒的腈类，起到辅助治疗作用。

【处方1】特效解毒。

①亚硝酸钠，马、牛2g，猪、羊0.1～0.2g，注射用水适量。

用法：一次静脉注射。

说明：将亚硝酸钠配成5%的浓度。

②硫代硫酸钠，马、牛5～10g，猪、羊1～3g，注射用水适量。

用法：一次静脉注射，将硫代硫酸钠配成10%浓度应用。

说明：先注射亚硝酸钠，数分钟后，再静脉注射硫代硫酸钠，1h后可重复应用1次。

【处方2】10%安钠咖，马、牛10～20mL，猪、羊3～5mL。

用法：肌内或静脉注射。

说明：兴奋中枢、强心。

【处方3】特效解毒。

①亚甲蓝每千克体重2.5～10mg，注射用水适量。

用法：一次静脉注射。

说明：使用浓度为1%，配制时先用10mL酒精溶解1g美蓝，后加灭菌生理盐水至100mL。

②硫代硫酸钠，马、牛5～10g，猪、羊1～3g，注射用水适量。

用法：一次静脉注射，将硫代硫酸钠配成10%浓度应用。

说明：先注射亚甲蓝，数分钟后，再静脉注射硫代硫酸钠，1h后可重复应用1次。

【处方4】促进毒物排出（适用于猪、犬）。

①1%硫酸铜或吐根酊20～50mL。

用法：内服。

② 10%亚硫酸铁 10~15mL。

用法：内服。

说明：亚硫酸铁可促进 CN^- 经肠道排出。

【预防】限用或不用氢氰酸含量高的植物饲喂动物，不可避免时，可采取以下处理措施。

（1）加热。氰苷在 40~60℃ 时易分解为氢氰酸，其在酸性环境中易挥发，故对青菜、叶类可蒸煮后加醋以减少 CN^- 的含量。或边煮边搅拌至熟后利用，以使氰苷酶灭活、氢氰酸蒸发。

（2）流水冲洗。木薯、豆类饲料在饲用前，需用流水或池水浸渍、漂洗 1d 以上。

技能训练

亚硝酸盐中毒检验

【材料设备】

动物：猪亚硝酸盐中毒病例，或用试验动物（猪）做人工病例复制。

器材：注射器、针头、白瓷反应盘、微量滴管、小试管、定性滤纸、玻璃容器、茶色玻瓶、血液分光镜等。

试剂：冰醋酸、对氨基苯磺酸、酒石酸、甲萘胺、联苯胺、氰化钾、亚硝酸钠等。

【方法】

（一）亚硝酸盐检验

1. 样品的采取及处理 采取可疑的剩余饲料、呕吐物、胃肠内容物及血液等样品约 10g，加蒸馏水及 10%醋酸液数毫升使其呈酸性后，搅拌成粥状，放置约 15min，然后用定性滤纸过滤，所得滤液，用做亚硝酸盐定性试验。

2. 亚硝酸盐检验法

（1）偶氮色素反应（格利斯反应）。

原理：亚硝酸盐在酸性条件下，与氨基苯磺酸作用生成重氮化合物，再与甲萘胺耦合生成一种紫红色偶氮染料。

试剂：取氨基苯磺酸 0.5g，注于 150mL 30%醋酸中为甲液；取甲萘胺 0.1g，注于 20mL 蒸馏水中过滤，滤液再加 150mL 30%醋酸混合为乙液；甲、乙液分别保存于棕色瓶中备用，应用前将甲、乙液等量混合为格利斯试剂。

方法：取检材 5~10g 加水搅拌振荡数分钟，如有颜色时，加入少量活性炭脱色，取滤液 1~2mL 置于小试管中，然后加格利斯试剂数滴，振摇试管，观察颜色变化。若有亚硝酸盐存在，即显玫瑰色，色之深浅表示亚硝酸盐含量的多少（表2-1）。

表2-1 亚硝酸盐概略定量

显色程度	NO_2^- 的含量（mL/L）
微玫瑰色	<0.01
淡玫瑰色	0.01~0.1
玫瑰色	0.1~0.2
鲜玫瑰色	0.2~0.5
深紫红色	>0.5

本法灵敏度高，出现阴性反应，可做否定结论；出现阳性反应，需在红色以上，即含量在 0.1mL/L 以上才有诊断价值。

本反应也可在白瓷盘上进行。即取格利斯试剂少许于瓷盘上，加 3～5 滴检液，用小玻棒搅匀，如显深玫瑰色或紫红色，即为阳性。

(2) 联苯胺冰醋酸反应。灵敏度 1:400 000。

原理：亚硝酸盐在酸性溶液中，将联苯胺重氮化生成黄色或红棕色醌式化合物。

试剂：取联苯胺 10mg，溶于冰醋酸 10mL 中，加水稀释至 100mL，过滤即成联苯胺冰醋酸溶液，置于棕色玻瓶中保存备用。

方法：取检液数滴置于小试管中，加联苯胺冰醋酸溶液数滴（与检液的滴数相等）。如有亚硝酸盐存在，即呈红棕色反应；若亚硝酸盐含量不多，则呈黄色反应。

本反应也可在白瓷盘上进行。即取检液滴于白瓷盘上，加联苯胺冰醋酸溶液 1 滴，用小玻棒搅匀，如有亚硝酸盐存在，即呈红棕色反应；若亚硝酸盐含量不足，则呈黄色反应。

(3) 亚硝酸盐试粉法快速检验。

原理：同偶氮色素反应。

试剂：取酒石酸 8.9g，对氨基苯磺酸 10g，甲萘胺 0.1g，置乳钵中研成细末，混匀后即为格利斯固体试剂，应密封保存于棕色玻瓶中备用。

方法：取检液 2mL 于试管中，加格利斯固体试剂 15～25mg，振荡，如有亚硝酸盐存在，即呈紫红色。但试剂需密封避光保存，若变为红色者，即为失效，不能使用。

(二) 高铁血红蛋白检验

原理：亚硝酸盐（钾）离子，在血液中使红细胞内正常的低铁血红蛋白（氧合）氧化为异常的高铁血红蛋白（正铁），从而失去携氧作用。

方法：取血 5mL 于试管中，在空气中用力振荡 15min。在有高铁血红蛋白的情况下，血液仍保持棕色，健畜则由于血红蛋白与氧结合而变为鲜红色。

取血 5mL 于试管中，滴加 1% 氰化钾（钠）溶液数滴，在有高铁血红蛋白的情况下，血液立即变为鲜红色。

血液分光镜检查：取血用水稀释 10～20 倍后置于分光镜上检查，可在红色区 640～650nm 波长发现高铁血红蛋白的吸收光谱带。当加入 5% 氰化钾（钠）溶液数滴后，由于氰血红蛋白形成，此吸收光带立即消失。但经急救治疗过的家畜，高铁血红蛋白大部分已被还原，故用此法检查宜早进行。

氢氰酸中毒检验

【材料设备】

动物：氢氰酸中毒病例，或用试验动物（猪或兔）复制人工病例。

器材：定性滤纸、新华滤纸、玻璃容器、量筒、棕色玻瓶、玻棒、微量吸管、25mL 滴管等。

药物试剂：酒石酸、碳酸钠、苦味酸、硫酸亚铁、三氯化铁、盐酸。

【方法】

1. 检材的采集与处理　氢氰酸很不稳定，因此对送检材料要及时检验，以免挥发难以检出，一般剩余饲料、呕吐物、胃及其内容物为较好的检材，其次是血液。

氢氰酸属于挥发性毒物，最常用的分离方法为水蒸气蒸馏法。

2. 定性检验

(1) 苦味酸试纸法。

原理：氰化物于酸性条件下温热，生成氢氰酸，遇碳酸钠后生成氰化钠，再和苦味酸作用生成异性紫酸钠，呈玫瑰红色。

试剂：10%酒石酸溶液（取酒石酸10g，加水到100mL溶解后即成）、10%碳酸钠溶液（取无水碳酸钠10g，加水到100mL溶解后即成）、苦味酸试纸（将定性滤纸剪成7cm长、0.5～0.7cm宽的小条，浸入1%苦味酸溶液中，取出阴干或吹干备用）

操作：称取样品10g，置于125mL三角瓶中，加蒸馏水10～15mL，浸没样品，取大小与三角瓶口合适的中间带一小孔的橡皮塞，孔内塞入内径为0.5～0.7cm的玻璃管，管内悬苦味酸试纸一条，临用时滴上1滴10%碳酸钠溶液使之湿润（如有条件可使用磨口装置代替橡皮塞），向三角瓶中加10%酒石酸溶液5mL（或0.5g酒石酸粉末），立即塞上带苦味酸试纸的塞，置40～50℃水浴上加热30～40min，观察试纸有无颜色变化。

如有氰化物存在，少量时苦味酸试纸变为橙红色，量较多时为红色。

说明：亚硫酸盐、硫代硫酸盐、硫化物、醛、酮类物质对本反应有干扰，如果出现阳性时需进一步做其他试验，当反应呈阴性结果时，一般情况下可做否定结论。本法约可检出20μm氢氰酸。

加热温度不宜过高，因过高时大量水蒸气会将试纸条上的试剂淋洗下来，使结果难以观察。

(2) 普鲁士蓝反应（灵敏度1∶50 000）。

原理：氰离子在碱性溶液中与亚铁离子作用，生成亚铁氰复离子，在酸性溶液中，再遇高铁离子即生成普鲁士蓝。

试剂：10%硫酸亚铁溶液（新配制）、1%三氯化铁溶液、10%盐酸。

操作：取碱性馏液（即水蒸气蒸馏用1%氢氧化钠吸收的蒸馏液）1～2mL，加2～3滴10%硫酸亚铁溶液，摇匀，微温，加1%三氯化铁溶液1滴，再加10%盐酸使呈明显酸性，如有氢氰酸存在，即产生蓝色，如果氢氰酸含量多时，出现蓝色沉淀；含量少时出现蓝绿色，有时反应不明显，需放置12h以上，蓝色反应才能出现。

(3) 氢氰酸及氰化物的快速检验法。本试验不需蒸馏，直接取检样5～10g切细，放在小三角烧瓶内，加水呈粥状，并加酒石酸使呈酸性，立即在瓶口上盖以硫酸亚铁—氢氧化钠试纸，然后用小火缓缓加热，待三角瓶内溶液沸腾后，去火，取下试纸，浸入稀盐酸中，如检材中含氰化物或氢氰酸时，则试纸出现蓝色斑点。硫酸亚铁—氢氧化钠试纸制法：取定性滤纸一小块，在中心部分依次滴加20%硫酸亚铁和10%氢氧化钠溶液各1滴即成（临用时现制备）。

项目2.4　表现呼吸困难且伴有神经症状的疾病

任务描述　学习本类疾病的相关知识，参加相关临床病例的诊疗，分析临床案例。

案例分析 分析以下案例，确定诊断要点，提出初步诊断，并进行分析论证，制定出治疗方案。

案例1 主诉：牛饲料中添加菜子饼已30多天，一直正常，前天放牧时偷食了一些油菜，回家后即不吃不喝，腹胀。

临床检查：精神不振，呼吸42次/min，体温38℃，眼结膜苍白；尿液呈红色，带大量泡沫；视力下降，皮肤瘙痒，有湿疹样病变。

案例2 主诉：商品鸡场，为节省饲料成本，新近进了一批价格低廉的饲料，饲喂一段时间后，食欲下降，体重减轻，母鸡产蛋变小，孵化率降低。

临床检查：头颈扭曲、翅下垂、站立不稳。蛋黄膜增厚，蛋黄呈茶色，煮熟后的蛋黄坚韧有弹性，蛋白呈粉红色。剖检见胃肠黏膜充血、出血，其他脏器未见明显变化。

相关知识 表现呼吸困难且伴有神经症状的疾病主要有：棉子饼中毒、菜子饼中毒、有机磷中毒（参见项目7.2）、中暑（参见项目7.1）等。

棉子饼中毒

棉子饼中毒是由饲喂生棉子饼引起的一种疾病。棉子饼中含有丰富的蛋白质和必需氨基酸，可以作为蛋白饲料应用，但如果长期单一饲喂或未经过减毒处理，就会引起中毒。本病以出血性胃肠炎、全身水肿、血红蛋白尿和实质器官变性为特征。主要见于犊牛、单胃动物和家禽，少见于成年牛和马属动物。

【病因】

1. 棉子饼饲喂时间过长或过量 棉子饼应间隔饲喂，喂半月停半月。日饲喂量牛不超过1~1.5kg，猪不超过0.5kg。

2. 棉子饼未做去毒处理 冷榨生产的棉子饼，不经过加热处理的棉子饼，其游离棉酚含量较高，游离棉酚毒性强，更易引起中毒。

3. 直接饲喂棉叶或棉子 棉花的茎、叶以及棉子皮中也含棉酚，过量采食都会中毒。

另外，饲料中维生素、矿物质含量不足，动物对棉酚的敏感性增强，也是导致中毒的原因。

【发病机理】棉子饼中的有毒成分主要是游离棉酚，其次为环丙烯脂肪酸。其毒性表现在如下几方面。

1. 刺激作用 大量棉酚进入消化道后，可刺激胃肠黏膜，引起胃肠炎。

2. 血管损伤作用 棉酚能增强血管壁的通透性，促进血浆或血细胞渗入周围组织，使受害的组织发生浆液性浸润和出血性炎症，同时发生体腔积液。

3. 细胞毒性作用 棉酚吸收入血后，能损害心、肝、肾等实质器官。因心脏损害而致的心力衰竭又会引起肺水肿和全身缺氧性变化。棉酚易溶于脂质，能在神经细胞积累而使神经系统的机能发生紊乱。

4. 影响酶的活性和血红蛋白的合成 棉酚可与许多功能蛋白质和一些重要的酶结合，使它们失去活性。棉酚与铁离子结合，从而干扰血红蛋白的合成，引起缺铁性贫血。

5. 影响雄性动物的生殖机能 试验证明，棉酚能破坏动物的睾丸生精上皮，导致精子畸形、死亡，甚至无精子，造成繁殖能力降低或公畜不育。

6. 影响鸡蛋品质　形成"桃红蛋"或"海绵蛋"，使鸡蛋的质量下降，导致种蛋受精率和孵化率降低。

【症状】

1. 共同症状

（1）出血性胃肠炎。先便秘后腹泻，粪便带血呈黑褐色。

（2）神经症状。初期兴奋不安，前冲后撞，惊厥或抽搐；后期精神沉郁，四肢无力，走路摇摆，共济失调。

（3）水肿。胸腹下、四肢下部、眼睑、下颌、垂皮等处水肿，弹力下降。由于四肢水肿变粗，失去弹性，俗称"橡皮腿"。

（4）呼吸变化。呼吸困难，鼻孔周围有泡沫样液体，听诊肺部有湿啰音和捻发音。

（5）全身症状。食欲减退，反刍停止，体温一般不高，心跳快而弱，结膜发绀或黄染；排尿困难，血尿和血红蛋白尿，公牛往往发生尿结石。

2. 各种动物的表现

（1）犊牛。食欲降低，精神萎靡，体弱消瘦，行动迟缓乏力。常出现腹泻，黄疸，呼吸急促，流鼻液，肺部听诊有明显的湿啰音，视力障碍或失明，瞳孔散大。

（2）成年牛、羊。食欲下降，反刍稀少或废绝，渐进性衰弱，严重时腹泻，排出恶臭、稀薄的粪便，并混有黏液和血液甚至脱落的肠黏膜。心率加快，呼吸急促或困难，咳嗽，流泡沫性鼻液。全身性水肿，可视黏膜发绀，共济失调，直至卧地抽搐。部分牛羊可发生血红蛋白尿或血尿，公畜易出现尿结石症，孕畜流产。

（3）猪。精神沉郁，食欲减退甚至废绝，呕吐，粪便初干而黑，后稀薄色淡，甚至腹泻；尿量减少，皮下水肿，体重减轻，日渐消瘦。低头拱腰，行走摇晃，后躯无力而呈现共济失调，严重时搐搦，并发生惊厥。呼吸急促，心跳加快，心律不齐，体温升高，可达41℃，喜凉怕热，常卧于阴湿凉爽处。有些病例出现夜盲，肥育猪出现后躯皮肤干燥和皲裂，仔猪常腹泻、脱水和惊厥，很快死亡。

（4）马。以间歇性腹痛为主要症状，并常发生便秘，粪便上附有黏液或血液。尿液呈红色或暗红色，有典型的红细胞溶解现象。

（5）家禽。食欲下降，体重减轻，头颈扭曲、翅下垂、站立不稳。母鸡产蛋变小，孵化率降低，蛋黄膜增厚，蛋黄呈茶色或深绿色，不易调匀，煮熟后的蛋黄坚韧有弹性，称"橡皮蛋"或"硬黄蛋"，蛋白呈粉红色。

（6）犬。精神萎靡、发呆、厌食、呕吐、腹泻，体重减轻。后躯共济失调，心跳加快，心律不齐，呼吸困难，进而嗜睡和昏迷。最后因肺水肿、心衰和恶病质而死亡。

【诊断】

1. 病史调查　有采食棉子饼的病史，量较大，时间较长。
2. 症状诊断　有出血性胃肠炎，神经症状及水肿表现。
3. 剖检诊断　剖检见实质器官出血，结缔组织水肿，体腔积液。
4. 实验室诊断　饲料中游离棉酚含量的测定可确诊，一般认为，猪和小于4月龄的反刍动物日粮中游离棉酚的含量高于100mg/kg，即可发生中毒。成年反刍动物对棉酚的耐受量较大，但日粮中游离棉酚的含量应小于1 000mg/kg。

【治疗】

1. 治疗原则 解除病因，排出毒物，脱水利尿，防止继发感染。

2. 治疗措施 尚无特效解毒药物，病畜应立即停喂含有棉子饼或棉子的日粮，禁止在棉地放牧。同时采取导胃、洗胃、催吐、下泻等治疗措施，以排除胃肠内毒物。对胃肠炎、肺水肿严重的病例进行抗菌消炎、收敛和阻止渗出等对症治疗。

【处方1】促进毒物排出。

①0.03%高锰酸钾溶液适量。

用法：反复洗胃。

说明：洗胃后可灌服适量5%碳酸氢钠溶液。

②硫酸钠，马、牛100~200g，猪、羊50~100g，健胃散5~20g。

用法：加适量温水将硫酸钠配成8%浓度1次投服。

说明：也可用硫酸镁代替硫酸钠。

【处方2】防治胃肠炎。

①2%环丙沙星注射液每千克体重0.1mL。

用法：肌内注射，每天2次。

②面粉50g。

用法：制成浆剂，内服。

【处方3】制止渗出。

5%氯化钙注射液20mL，40%乌洛托品注射液10mL。

用法：一次静脉注射（猪）。

【处方4】降低毒性，提高机体抵抗力。

①硫酸亚铁，猪1~2g，牛7~15g。

用法：口服。

说明：硫酸亚铁可与棉酚结合形成无毒物质。

②10%葡萄糖溶液500~1 000mL，10%葡萄糖酸钙溶液200~300mL，复方氯化钠注射液500~1 000mL，10%安钠咖注射液10~20mL，维生素C 1~3g。

用法：静脉注射（马、牛）。

【预防】

1. 限量 饲喂棉子饼时，牛不超过1~1.5kg/d，猪不超过0.5kg/d，孕畜、幼畜不用。

2. 减毒处理 可将生棉子饼加热（炒、蒸、煮），使棉酚变性失去毒性，也可用0.1%硫酸亚铁浸泡24h，用清水冲洗干净后再喂。

3. 喂全价饲料 当日粮营养全面时，动物对棉酚的耐受力增大，要注意蛋白质、矿物质和维生素的补充，棉子饼最好与豆饼、鱼粉等其他蛋白饲料配合应用，以防中毒。

菜子饼粕中毒

菜子饼粕中毒是动物长期或大量摄入菜子饼粕引起的中毒病，临床上以急性胃肠炎、肺气肿、肺水肿和肾炎为特征。常见于猪和禽类，其次为牛和羊。

【病因】

1. 采食未经过去毒处理的菜子饼过量或时间过长 猪一次采食150~200g未经过去毒

处理的菜子饼即有可能中毒。鸡日粮中菜子饼超过 5%，猪日粮中菜子饼超过 10%～20%，即出现中毒症状。

2. 采食过量的鲜油菜或芥菜　其中的有毒成分主要有芥子苷、芥子酸、硫葡萄糖苷及其代谢产物异硫氰酸酯（ITC）、硫氰酸酯、噁唑烷硫酮（OZT）、腈等。

【发病机理】异硫氰酸酯对消化道黏膜具有很强的刺激性，与芥子酸、芥子碱等成分共同作用，引起胃肠道炎症。异硫氰酸酯与噁唑烷硫酮在胃肠道被吸收入血后，可使微血管扩张，严重时导致血容量下降，心率减缓，同时损害肝脏和肾脏。异硫氰酸酯还能干扰甲状腺对碘的摄取，导致甲状腺肿，影响动物的生长发育。

【症状】菜子饼与油菜中毒的综合征一般表现为以下五种类型。

1. 消化型　精神委顿，食欲减退或废绝，反刍停止，瘤胃蠕动减弱或停止，便秘。
2. 泌尿型　以血红蛋白尿、泡沫尿和贫血等溶血性贫血为特征。
3. 呼吸型　以肺水肿和肺气肿等呼吸困难为特征。
4. 神经型　以失明（"油菜目盲"）、狂躁不安等神经症状为特征。
5. 抗甲状腺素型　幼龄动物还表现生长缓慢，甲状腺肿大。孕畜妊娠期延长，新生仔畜死亡率升高。

另外，病畜由于感光过敏而表现背部、面部和体侧皮肤红斑、渗出及类湿疹样损害，家畜因皮肤发痒而不安、摩擦，导致进一步的感染和损伤。

【诊断】

1. 病史调查　病畜有采食菜子饼或油菜的病史。
2. 症状诊断　有消化障碍、便秘、血红蛋白尿、贫血、呼吸困难、失明等症状。
3. 剖检诊断　胃肠黏膜斑状充血、出血性炎症，内容物有菜子饼残渣。心内、外膜出血，血液稀薄、暗褐色，凝固不良。肺气肿并伴有淤血和水肿。肝脏实质变性、斑状坏死，胆囊扩张，胆汁黏稠。肾脏点状出血，色变黑。
4. 实验室诊断　菜子饼中异硫氰酸酯含量的测定为确诊提供依据。

【治疗】

1. 治疗原则　促进毒物排出，增强机体的抵抗力。
2. 治疗方法　立即停喂可疑饲料，应用催吐、洗胃、下泻等方法排毒。及早补液、强心、利尿、补充造血物质。

【处方1】促进胃内毒物排出，减少毒物吸收。

①0.05%高锰酸钾溶液适量。

用法：洗胃。

②蛋清、牛奶或豆浆适量。

用法：一次内服。

【处方2】促进肠道内毒物排出。

硫酸钠，马、牛 100～200g，猪、羊 35～50g；小苏打，马、牛 20～30g，猪、羊 5～8g；鱼石脂，马、牛 10～20g，猪、羊 1～2g。

用法：加水将硫酸钠配成8%浓度，1次灌服。

【处方3】强心、兴奋呼吸中枢。

20%樟脑油，马、牛 5～10mL，猪、羊 3～6mL。

用法：一次皮下注射。

【处方4】辅助解毒。

甘草60g，绿豆60g。

用法：水煎去渣，一次灌服（猪）。

【预防】

1. 限制饲喂量　菜子饼中硫葡萄糖苷及其分解产物的含量，随油菜的品种和加工方法的不同有很大变化，我国的"双高"油菜饼粕中硫葡萄糖苷含量高达12%～18%。在饲料中菜子饼的安全限量为：蛋鸡、种鸡5%，生长鸡、肉鸡10%～15%，母猪、仔猪5%，生长肥育猪10%～15%。

2. 与其他饲料搭配使用　菜子饼与棉子饼、豆饼、葵花子饼、亚麻饼、蓖麻饼等适当配合使用，能有效地控制饲料中的毒物含量并有利于营养互补。菜子饼中赖氨酸的含量和有效性低，在单独或配合使用时，应添加适量的合成赖氨酸（0.2%～0.3%），或添加适量的鱼粉、血粉等动物性蛋白质。

3. 减毒处理　常用的去毒方法有以下几种。

（1）坑埋法：将菜子饼用水拌湿后埋入土坑中30～60d，可除去大部分毒物。

（2）水浸法：硫葡萄糖苷具水溶性，用水浸泡数小时，换水1～2次，也可用温水浸泡数小时后过滤。本法对水溶性营养物质的损失较多。

（3）热处理法：用干热、湿热、高压等方法热处理菜子饼粕，可使硫葡萄糖苷酶失去活性。但高温处理时，蛋白质变性程度很大，降低了饼粕的使用价值。

（4）化学处理法：用碱、酸、硫酸亚铁等处理。碱处理时可破坏硫葡萄糖苷和绝大部分芥子碱。通常采用$NaOH$、$Ca(OH)_2$和Na_2CO_3三种，其中以Na_2CO_3的去毒效果最好。氨处理法需同时加热，使氨与硫葡萄糖苷反应，生成无毒的硫脲。硫酸亚铁中的铁离子可与硫葡萄糖苷及其降解产物分别形成螯合物，从而使硫葡萄糖苷失去活性。

4. 培育"双低"油菜品种　这是菜子饼粕去毒和提高其营养价值的根本途径。

技能训练

棉子饼粕中毒检验

【材料设备】

动物：棉子饼中毒病例，或用试验动物（猪或兔）做人工病例复制。

器材：磨碎机、显微镜、玻璃容器。

试剂：硫酸、乙醚等。

【方法】

（1）将棉子饼磨碎，取其细粉末少许，加硫酸数滴若有棉酚存在即变为红色（应在显微镜下观察）。若将该粉末在97℃下蒸煮1～1.5h后，则反应呈阴性。

（2）将棉子饼按上法蒸煮后，再用乙醚浸泡，然后回收乙醚、浓缩，用上法检查，可出现同样的结果。

项目3 以循环障碍为主的疾病

任务描述 学习本类疾病的相关知识,参加相关临床病例的诊疗,分析临床案例。

案例分析 分析以下案例,确定诊断要点,提出初步诊断,并进行分析论证,制定出治疗方案。

案例1 某养牛户有一成年耕牛,出现进行性消瘦,近期症状加重,两后肢集于腹下站立,精神不好,呼吸快。

临床检查:该牛消瘦,网胃区敏感,前胃弛缓,精神沉郁,体温升高到40~41℃,呼吸浅表、快速,结膜发绀,颌下及胸前水肿,两侧静脉怒张,心音弱,有心包拍水音。

案例2 主诉:某种猪场有部分母猪出现精神沉郁,口角有水疱,蹄甲溃疡甚至脱落,经治疗处理后逐渐好转。而仔猪舍突然出现急性死亡病例。

临床检查:病仔猪死亡前精神高度沉郁,全身虚弱,运步跟跄,呼吸高度困难,眼结膜高度发绀,听诊第一心音强盛,第二心音微弱。

案例3 主诉:幼犬,突然出现呕吐,排出酱油色粪便,有腥臭味,精神高度沉郁,不食。

临床检查:呕吐严重,初期听诊第一心音强盛,可视黏膜发绀。接诊后,迅速处理,止吐、输液、使用抗生素等,第二天下午病犬高度沉郁,心音微弱,出现奔马律,于夜间死亡。

案例4 某病马,精神尚可,但不耐使役,易出汗。

临床检查:病马精神一般,腹下剑状软骨部皮下有肿胀,呈捏粉样,无热痛反应。听诊心音弱,叩诊浊音区扩大。

案例5 主诉:肉鸡场突然出现死亡鸡,有些精神不振的鸡腹部膨大,呈水袋状,触压有波动感,腹部皮肤变薄发亮。

剖检:解剖死鸡肝脏充血肿大,严重者皱缩、变厚、变硬,表面凹凸不平。

相关知识 以循环障碍为主的疾病主要有:心包炎、心肌炎、心力衰竭、外周循环衰竭、肉鸡腹水综合征等。

心 包 炎

心包炎是指心包的炎症,包括心包壁层和脏层的炎症。临床上以心区疼痛、心包摩擦音或拍水音、心浊音区扩大为特征。本病各种动物均可发生,多发于牛、猪,以牛创伤性心包炎发生最多,猪常为感染性心包炎。

【病因】

1. 创伤性心包炎 是心包受到机械性损伤而引起。牛的创伤性心包炎主要是由从网胃来的细长金属异物刺伤引起的,是创伤性网胃炎的一种主要并发症。马属动物的创伤性心包炎多由火器弹片直接穿透心区胸壁,刺伤心包或胸骨和肋骨骨折,由骨断端损伤心包而引起。此外，牛犄角顶撞胸壁创伤等亦可致发本病。

2. 非创伤性心包炎　多由某些传染病、败血症、毒血症等继发引起。例如，马的心包炎伴发于马传染性胸膜肺炎、马腺疫、上呼吸道感染等经过中；羊的心包炎发生于巴氏杆菌病、衣原体病和支原体病的经过中；猪的心包炎主要见于猪丹毒、猪肺疫、猪瘟、支原体性肺炎、链球菌感染、仔猪病毒性心包炎等经过中；犬的心包炎见于结核病、肿瘤等疾病。一些内科疾病、维生素缺乏症、矿物质代谢性疾病都可诱发心包炎。

【发病机理】创伤性心包炎是由于异物刺入心包而引起，胃内的病原微生物也随着异物侵入心包，非创伤性心包炎是邻居器官或组织的严重病变蔓延所致，异物和细菌的刺激作用和感染使心包局部发生充血、出血、肿胀、渗出等炎症反应。渗出液初期为浆液性、纤维素性，继而形成化脓性、腐败性。纤维素性渗出物附着于心包表面，使其变得粗糙不平，心脏收缩与舒张时，心包壁层和心外膜相互摩擦产生心包摩擦音。随着渗出液的增加，摩擦音减弱或消失。渗出液中混有细菌大量繁殖产生的气体，从而产生心包拍水音，心音减弱。

由于渗出物大量积聚，使心包扩张，内压增高，心脏的舒张受到限制，腔静脉血回流受阻，浅表静脉怒张，肺静脉血回流受阻，造成肺淤血，影响肺内气体交换，血液中氧含量降低，二氧化碳含量升高，从而反射性地引起心动过速，发生充血性心力衰竭。炎症过程中的病理产物和细菌毒素吸收后，致发毒血症，引起体温升高。

【症状】

1. 创伤性心包炎　该病多发生在创伤性网胃炎之后。出现心包炎症前通常有创伤性网胃炎的症状。

创伤性网胃炎症状：前胃弛缓，网胃区压痛，运步谨慎，站立或卧下时发生磨牙、呻吟等。

心包炎症状：精神沉郁，呆立不动，头下垂，眼半闭，前肢叉开，两后肢集于腹下。

病初体温升高，多数呈稽留热，少数呈弛张热，后期降至常温，但脉率仍然增加，脉性初期充实，后期微弱不易感触。呼吸浅快、急促，有时困难，呈腹式呼吸。心音病初由于有纤维性渗出故出现摩擦音，随着浆液渗出及气泡的产生，出现心包拍水音。叩诊浊音区增大。可视黏膜发绀，有时呈现黄染。

当病程超过1～2周，血液循环明显障碍，颈静脉搏动明显，患畜下颌间隙和垂皮等处先后发生水肿（图3-1）。病畜常因心脏衰竭或脓毒败血症而死亡，极个别的突然死于心脏破裂。

心包穿刺液暗黄色、混浊，有时为血性、脓性，患腐败性心包炎时，穿刺液呈暗褐色，有腐败臭味。

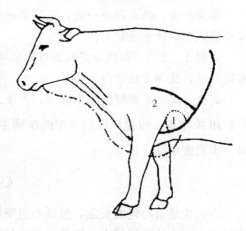

图3-1　创伤性心包炎患牛
1. 正常心脏浊音区　2. 心包炎时浊音区
（虚线表示水肿出现的部位）

血液检查，病初嗜中性粒细胞增多，有的高达 2.5×10^9 个/L，淋巴细胞和嗜酸性粒细胞减少，红细胞低于正常。

X线检查，病初肺纹理正常，心膈角尖锐而清晰，心膈间隙模糊不清，有时可见刺入异物的致密阴影；中期肺纹理增粗，心界不清，心膈角模糊不清，间隙消失；晚期纹理增粗模糊，心界消失，心包扩大，心膈角变钝或消失。

2. 非创伤性心包炎　临床症状多轻微，一般表现原发病症状。

【诊断】 临床上根据心包摩擦音与拍水音的示病症状，可建立诊断。如未发现上述症状时，可根据心区压痛反应，心区浊音扩大，颈脉怒张，垂皮水肿等症状，以及特殊检查做出诊断。

【治疗】 继发性心包炎主要对原发病进行及时合理的治疗；创伤性心包炎要视动物的经济价值，一般应尽早淘汰，对珍贵动物可采用心包穿刺法或手术疗法。手术进行越早越好，并配合应用抗生素。

【处方1】 抗菌消炎。

青霉素100万～200万IU，链霉素100万～200万IU，胃蛋白酶10万～20万IU。

用法：以10～20号的20cm长针头，在左侧4～6肋间与肩胛关节水平线相交点做心包穿刺术，放出脓汁，并注入混合药液。

【处方2】 防腐消炎。

0.1%雷佛奴尔溶液1 000mL，青霉素100万～200万IU，0.25%普鲁卡因溶液100mL。

用法：心包穿刺放出心包液后用0.1%雷佛奴尔溶液冲洗，而后注入青霉素、0.25%普鲁卡因混合溶液。

【处方3】 抗菌消炎，改善心肌功能。

①青霉素400万～800万IU，链霉素200万～400万IU，注射用水40mL。

用法：一次肌内注射，每天2次，连用7d。

②10%葡萄糖溶液1 500mL，10%安钠咖30mL。

用法：一次静脉注射。

说明：也可用毛花强心丙注射液3mg，一次肌内注射，每天1～2次。

心 肌 炎

心肌炎是伴发心肌兴奋性增强和心肌收缩机能减弱为特征的心肌局灶性或弥漫性心脏肌肉炎症。本病很少单独发生，多继发或并发于其他各种传染性疾病，脓毒败血症或中毒性疾病过程中。

按病程，心肌炎可分为急性和慢性两种；按病变范围又可分为局灶性和弥漫性心脏肌肉炎症；按病因又可分为原发性和继发性两种；按炎症的性质又可分为化脓性和非化脓性两种，临床上以急性非化脓性心肌炎为常见。

【病因】 急性心肌炎通常继发或并发于某些传染病、寄生虫病、脓毒败血症，由病原微生物感染所致。如马的急性心肌炎多见于炭疽、传染性胸膜肺炎、败血症和脓毒败血症等病的经过中。牛的急性心肌炎并发于传染性胸膜肺炎、布鲁氏菌病、结核病等病的经过中。猪的急性心肌炎常见于猪的脑心肌炎、伪狂犬病、猪口蹄疫和猪肺疫等经过中。犬的心肌炎主要见于犬细小病毒、犬瘟热病毒、传染性肝炎病毒等感染。

也可发生于某些中毒性疾病，如植物性的夹竹桃中毒和汞、砷、磷、锑、铜中毒等的经过中。

局灶性化脓性心肌炎多继发于菌血症、败血症以及网胃异物刺伤心肌。

另外，风湿病的经过中，往往并发心肌炎；某些药物，如磺胺类药物及青霉素的变态反应，也可诱发本病。

【发病机理】心肌炎的发生，多数是病原体直接侵害心肌的结果，或者是病原体的毒素和其他毒物对心肌的毒性作用。心肌受到侵害，首先影响到心脏传导系统，心脏个别部分的提前收缩，称为心室性期前收缩，同时也可使心房、心室或两个心室的收缩不相一致，临床上出现心律不齐。由于心肌部分损害，心脏活动机能减弱，不能维持正常的收缩机能，心输出量减少，动脉压下降，出现血流缓慢，末梢神经障碍，静脉淤血，水肿和呼吸困难等血液循环障碍现象。心肌炎性变化时，心肌纤维发生变性，大多数不能参与收缩，使其减弱而表现为小脉；在下次收缩时，表现为反拗期，大多数心肌纤维摆脱反拗期，这时收缩力又可变强，故产生大脉，即临床上出现交替脉。在运动和疼痛时，心肌的兴奋性增高，脉搏骤然加速或出现阵发性心动过速，血压升高。

【症状】由急性传染病引起的心肌炎，大多数表现发热，精神沉郁，食欲减退和废绝。有的呈现黏膜发绀，呼吸高度困难，体表静脉怒张，颌下、垂皮和四肢下端水肿等心脏代偿能力丧失后的症状。重症患畜，精神高度沉郁，全身虚弱无力，战栗，运步踉跄，甚至出现神志不清，昏迷，眩晕，因心力衰竭而突然死亡。

听诊时，病初第一心音增强并伴有混浊或分裂；第二心音显著减弱，多伴有房室孔相对闭锁不全而引起的缩期性杂音。重症患畜，出现奔马律，或有频繁的期前收缩，濒死期心音减弱。脉搏，初期紧张、充实，随病程发展，脉性变化显著，心跳与脉搏非常不相称，心跳强盛而脉搏甚微。当病变严重时，出现明显的节律不齐，交替脉。

猪暴发性超急性心肌炎病毒感染的临床特征为突然死亡，或经短期兴奋和虚脱后死亡。急性型的主要症状是发热、食欲不振和进行性麻痹，可发展至整个猪群。

【诊断】根据是否同时伴有急性感染或中毒病病史、临床症状进行诊断。

1. 症状诊断　心率增速与体温升高不相适应，心动过速，心律异常，心脏增大，心力衰竭等。

2. 心功能试验　首先测定患畜安静状态下的脉搏次数，而后令其步行5min，再测其脉搏数。患畜突然停止运动后，甚至2~3min以后，其脉搏仍会增加，经过较长时间才能恢复原来的脉搏次数。

【治疗】

1. 治疗原则　减少心脏负担，增加心脏营养，提高心脏收缩机能和防治其原发病。

2. 治疗措施　病畜应进行充分休息，给予良好的护理，给予多次饮水，饲喂易消化、营养和维生素丰富的饲料，且避免过度的兴奋和运动。同时应注意原发病的治疗，可应用磺胺类药物，抗生素、血清和疫苗等特异性疗法。

【处方1】加强心脏营养，改善心肌功能（适用于中毒性心肌炎）。

①20%安钠咖注射液 10~20mL。

用法：马、牛皮下注射，每6h重复1次。

②ATP 15~20mg，辅酶A 35~50IU，细胞色素c 15~30mg，10%葡萄糖500mL。

用法：大家畜一次静脉滴注。

【处方2】消除心肌炎症、促进心肌代谢（适用于犬感染性心肌炎）。

①先锋霉素每千克体重50mg，注射用水适量。

用法：肌内注射，每天 2 次。

②三磷酸腺苷每千克体重 2~3mg，辅酶 A 每千克体重 10IU，肌苷每千克体重 10mg，维生素 C 每千克体重 50mg，10％葡萄糖注射液 300mL。

用法：混合静脉滴注。

【处方3】消除心肌炎症、促进心肌代谢（适用于马、牛感染性心肌炎）。

①维生素 C 2~4g，20％安钠咖 10~20mL，25％葡萄糖 500~1 000mL。

用法：马、牛一次静脉注射，每天 1 次。

②青霉素 240 万~320 万 IU，链霉素 200 万~400 万 IU，注射用水 30mL。

用法：每 8h 注射 1 次。

心 力 衰 竭

心力衰竭又称心脏衰弱，是因心肌收缩力减弱或衰竭，引起外周静脉过度充盈，使心脏排血量减少，动脉压降低，静脉回流受阻等引起的一种全身血液循环障碍综合征。临床上以呼吸困难，皮下水肿、发绀，甚至心搏骤停和突然死亡为特征。各种动物都可发生，但马和犬多发。

【病因】急性原发性心力衰竭，主要是由于压力负荷过重或容量负荷过重而导致的心肌负荷过重，从而引发心力衰竭。压力负荷过重主要发生于使役不当或过重的役畜，尤其是饱食逸居的家畜突然进行重剧劳役，如长期舍饲的育肥牛在坡陡、崎岖道路上载重或挽车等，猪长途驱赶等；容量负荷过重而引起的心力衰竭往往是在治疗过程中，静脉输液量超过心脏的最大负荷量，尤其是向静脉过快地注射对心肌有较强刺激性药液，如钙制剂或砷制剂等。此外，还有部分发生于麻醉意外，雷击、电击等。

急性继发性心力衰竭，多继发于急性传染病（马传染性贫血、马传染性胸膜肺炎、口蹄疫、猪瘟等）、寄生虫病、某些内科疾病以及各种中毒性疾病的经过中。这多由病原菌或毒素直接侵害心肌所致。

慢性心力衰竭（充血性心力衰竭），除由于长期重剧使役外，本病常继发或并发于多种亚急性和慢性感染，心脏本身的疾病，中毒病，甲状腺机能亢进，幼畜白肌病，慢性肺泡气肿，慢性肾炎等。

【发病机理】急性心力衰竭时，由于心排血量明显减少，主动脉和颈动脉压降低，而右心房和腔静脉压增高，反射性地引起交感神经兴奋，发生代偿性心动过速，从而使心肌能量代谢增加，耗氧量增加，心室舒张期缩短，冠状血管的血流量减少，氧供给不足。当心率超过一定限度时，心室充盈不充足，排血量降低。此外交感神经兴奋使外周血管收缩，心室压力负荷加重，使血流量减少，导致肾上腺皮质分泌的醛固酮和下丘脑—神经垂体分泌的抗利尿素增多，加强肾小管对钠离子和水的重吸收，引起钠离子和水在组织内潴留，心室的容量负荷加剧，影响心排血量，最终导致代偿失调，发生急性心脏衰竭。

慢性心力衰竭多半是在心脏血管疾病病变不断加重的基础上逐渐发展而来的。发病时，既增加心跳频率，又使心脏长期负荷过重，心室肌张力过度，刺激心肌代谢，增加蛋白质合成，心肌纤维变粗，发生代偿性肥大，心肌收缩力增强，心排血量增多，以此维持机体代谢的需要。肥厚的心肌静息时张力较高，收缩时张力增加速度减慢，致使氧耗量增加，肥大心脏的贮备力和工作效率明显降低。当劳役、运动或其他原因引起心动过速时，肥厚的心肌处于严重缺氧的状态，心肌收缩力减弱，收缩时不能将心室排空，遂发生心脏扩张，导致心脏衰竭。

【症状】

1. **急性心力衰竭**　初期，病畜精神沉郁，食欲不振，使役动物易于疲劳、出汗；呼吸加快，肺泡呼吸音增强，可视黏膜轻度发绀，体表静脉怒张；心搏动亢进，第一心音增强，脉搏细数，有时出现心内杂音和节律不齐。

随着病情进一步发展，症状加重，呼吸困难，黏膜高度发绀，且发生肺水肿；胸部听诊有广泛的湿啰音；两侧鼻孔流出多量无色细小泡沫状鼻液。心搏动震动全身，第一心音高朗，第二心音微弱，伴发阵发性心动过速，脉细不感于手。体温降低后，步态不稳，易摔倒，常在症状出现后数秒钟到数分钟内死亡。

2. **慢性心力衰竭（充血性心力衰竭）**　其病情发展缓慢，病程长达数周、数月或数年。精神沉郁，食欲减退，不愿走动，不耐使役，易于疲劳、出汗。黏膜发绀，体表静脉怒张。垂皮、腹下和四肢下端水肿，触诊有捏粉样感觉。心音减弱，脉数增加但微弱，出现机能性杂音和心律不齐；心区叩诊心浊音区增大。

【诊断】心力衰竭，主要根据发病原因，静脉怒张，脉搏增数，呼吸困难，垂皮和腹下水肿以及心率加快，第一心音增强，第二心音减弱等症状可做出诊断。

【治疗】

1. **治疗原则**　加强护理，减轻心脏负担，缓解呼吸困难，增强心肌收缩力和排血量，对症疗法等。

2. **治疗措施**　对于急性心力衰竭，往往来不及救治，病程较长的可参照慢性心力衰竭使用强心苷药物。对于慢性心力衰竭，首先应将患畜置于安静厩舍休息，给予柔软易消化的饲料，以减少机体对心脏排血量的要求，减轻心脏负担。对于呼吸困难、静脉淤血严重的病畜，酌情放血，放血后缓慢静脉注射 25% 葡萄糖溶液，增强心脏机能，改善心肌营养。为减轻心室容量负荷，应限制钠盐摄入，给予利尿剂，常用氢氯噻嗪。为缓解呼吸困难，可兴奋心肌和呼吸中枢等。

【处方1】加强心脏营养、改善心肌功能。

①20% 安钠咖 10～20mL。

用法：马、牛一次肌内注射。

②25% 葡萄糖 1 000mL，ATP 300～500mg，辅酶 A 1 500mg，维生素 C 5g。

用法：马、牛静脉放血后，缓慢静脉注射。

说明：本方适用于呼吸困难，静脉淤血严重的心力衰竭患畜。

【处方2】兴奋心肌、改善心肌功能（适用于严重的急性心力衰竭）。

0.1% 肾上腺素注射液 4mL，25% 葡萄糖注射液 1 000mL。

用法：马、牛一次静脉注射。

【处方3】强心利尿（适用于犬急性心力衰竭）。

①洋地黄毒苷每千克体重 0.006～0.012mg。

用法：犬一次静脉注射。首次应注射全效量的 1/2，以后每隔 2h 注射全效量的 1/10，达到全效量（其指征是心脏情况改善，心率减慢接近正常，尿量增加）后，每天给 1 次维持量。维持时间随病情而定，一般需 1～2 周或更长时间。

②速尿每千克体重 5mg。

用法：犬一次口服，每天 1～2 次，连用 3d。

说明：为了减轻心脏负荷，对出现心性浮肿，水、钠潴留的病犬，要适当限制饮水和给盐量。

【处方4】增强心肌收缩力、改善心肌营养（适用于马、牛急性心力衰竭）。

①25%葡萄糖 1 000mL，胰岛素 100IU，10%氯化钾注射液 30mL。

用法：马、牛静脉注射，每天 1 次，连用 3～5d。

②10%樟脑磺酸钠注射液 10～20mL。

用法：马、牛一次肌内注射，每天 1～2 次，连用 3～5d。

【处方5】加强心肌功能、改善心肌营养。

①ATP 300～500mg，辅酶 A 1 500mg，细胞色素 C 300mg，维生素 B_6 1g，25%葡萄糖 500mL。

用法：牛、马静脉注射，每天 1 次，连用 3～5d。

说明：本方具有加强心肌能量代谢，改善心肌营养的作用。

②毒毛旋花子苷 K 1.5～3.75mg，25%葡萄糖 500mL。

用法：马、牛一次静脉注射，2～4h 后小剂量重复静脉注射一次。

说明：用于慢性心力衰竭。

【处方6】营养散。

当归 16g，黄芪 32g，党参 25g，茯苓 20g，白术 25g，甘草 16g，白芍 19g，陈皮 16g，五味子 25g，远志 16g，红花 16g。

用法：共为末，开水冲服，每天 1 剂，7 剂为一疗程。

【处方7】参附汤。

党参 60g，熟附子 32g，生姜 60g，大枣 60g。

用法：水煎 2 次，牛、马候温灌服，每天 1 剂，7 剂为一疗程。

外周循环衰竭

外周循环衰竭又称循环虚脱，是血管舒缩功能紊乱或血容量不足引起心排血量减少、组织灌注不良的一种全身性病理综合征。由血管舒缩功能引起的外周循环衰竭，称为血管性衰竭。由血容量不足引起的，称为血液性衰竭。临床上以心动过速、血压下降、体温降低、末梢部厥冷、浅表静脉塌陷、肌肉无力等为特征。

【病因】各种原因引起血容量突然减少。如大手术失血过多，肝、脾等内脏破裂，胃肠道疾病较严重时引起的呕吐和腹泻等导致严重脱水，大面积烧伤使血浆大量丧失，中毒过程中引起脱水，各类型的心脏病等。严重中毒和感染，先是因交感素分泌增多，使内脏与皮肤等部分的毛细血管和小动脉收缩，血液灌注量不足，引起缺血、缺氧，产生组胺与 5-羟色胺，继而毛细血管扩张或麻痹，形成淤血、渗透性增强、血浆外渗，导致微循环障碍，发生虚脱。注射血清和其他生物制剂，使用青霉素、磺胺类药物产生的过敏反应，血斑病和其他过敏性疾病的过程中，产生大量血清素、组织胺、缓激肽等物质，引起周围血管扩张和毛细血管床扩大，血容量相对减少。

【发病机理】循环虚脱，因其病因复杂，其机理也较为复杂。

初期（代偿期）：血容量急剧下降，有效循环血量减少，静脉回心血量和心排出量均不足，引起血压下降。交感—肾上腺素系统兴奋，大量分泌儿茶酚胺，心率加快，内脏与皮肤的毛细血管痉挛收缩，血压升高，血液重新分配，保证脑和心脏得到相对充足的供应，维持生命活动。此外，肾灌注不足引起肾素分泌增加，通过肾素—血管紧张素—醛固酮系统，引起钠和水潴留，血容量增加，在一定程度上起代偿作用。

中期（失代偿期）：由于毛细血管网缺血，组织细胞发生缺血性缺氧，局部组织发生酸中毒，血管对儿茶酚胺的敏感性降低，使儿茶酚胺的释放量增加，以维持血管收缩。由于组织缺氧，释放出大量组织胺、5-羟色胺，加上缓激肽和细菌毒素的直接作用，使小动脉和微动脉紧张度降低，前毛细血管松弛，促使大部分或全部毛细血管扩张，有效循环血量更加不足，血压急剧下降，组织细胞的缺血、缺氧状态更加严重，促进外周循环衰竭的发展。

后期：随着病情的发展和恶化，组织酸中毒加剧，外周局部血液 pH 降低，酸性血液在细菌、青霉素等的作用下，发生弥漫性血管内凝血，形成血栓，造成微循环衰竭。

【症状】
1. 初期 精神轻度兴奋，烦躁不安，大出汗，耳尖、鼻端和四肢下端发凉，黏膜苍白，口干舌红，心率加快，脉搏快弱，气促喘粗，四肢与下腹部轻度发绀，少尿或无尿。

2. 中期 随着病情的发展，病畜精神沉郁，反应迟钝，甚至昏睡，血压下降，脉搏微弱，心音混浊，呼吸急促，节律不齐，站立不稳，步态踉跄，体温下降，肌肉震颤，黏膜发绀，眼球下陷，全身冷汗，反射机能减退或消失，呈现昏迷状态。

3. 后期 血液停滞，血浆外渗，血液浓缩，血压急剧下降，微循环衰竭，第一心音增强，第二心音微弱，甚至消失。脉搏短缺，呼吸浅表急促，后期出现陈-施二氏呼吸或间断性呼吸，呈现窒息状态。因血容量减少所引起的循环虚脱，结膜高度苍白，呈急性失血性贫血的现象；因剧烈呕吐和腹泻引起的，皮肤弹性降低，眼球凹陷，血液浓缩，发生脱水症状；因严重感染引起的，有广泛性水肿，出血和原发性疾病的相应症状；因过敏引起的，往往突然发生强直性痉挛或阵发性痉挛，排尿排粪失禁，呼吸微弱等变态反应的临床表现。

【诊断】根据失血、失水、严重感染、过敏反应或剧痛的手术和创伤等病史，再结合黏膜发绀或苍白，四肢厥冷，血压下降，尿量减少，心动过速，烦躁不安，反应迟钝，昏迷或痉挛等临床表现可以做出诊断。

【鉴别诊断】
1. 外周循环衰竭 是由于静脉回心血量不足，使浅表大静脉充盈不良而塌陷，颈静脉压和中心静脉压低于正常值。

2. 心力衰竭 因心肌收缩功能减退，心脏排空困难，使静脉血回流受阻而发生静脉系统淤血，浅表大静脉过度充盈而怒张，颈静脉压和中心静脉压明显高于正常值。

【治疗】
1. 治疗原则 补充血容量，纠正酸中毒，调整血管舒缩机能，保护重要脏器的功能，及时采用抗凝血治疗。

2. 治疗措施 首先应将患畜置于安静厩舍休息，给予柔软易消化的饲料，用乳酸钠林格氏液作为平衡电解质溶液，同时给予10%低分子右旋糖酐溶液维持血容量，防治血管内凝血。使用α-肾上腺素能受体阻滞剂，调整血管舒缩机能。对处于昏迷状态且伴发脑水肿的病畜，为降低颅内压、改善脑循环可用25%葡萄糖溶液静脉注射；当出现陈-施二氏呼吸时，可用25%尼可刹米注射液皮下注射，以兴奋呼吸中枢，缓解呼吸困难。当肾功能衰竭时，给予氢氯噻嗪内服。为了减少微血栓的形成，减少凝血因子和血小板的消耗，可用肝素等。

【处方1】补充血容量、纠正酸中毒。

①乳酸钠林格氏液1 000mL，10%低分子右旋糖酐溶液1 500～3 000mL。

用法：牛、马一次性静脉滴注。

②用5%碳酸氢钠注射液1 000～1 500mL。

用法：牛、马一次性静脉滴注。

③氯丙嗪每千克体重0.5～1.0 mg。

用法：一次性肌内注射。

【处方2】补充血容量、纠正酸中毒、兴奋呼吸中枢。

①5%葡萄糖生理盐水500～1 500mL，5%碳酸氢钠注射液100～200mL。

用法：猪、羊一次性静脉滴注。

②氯丙嗪每千克体重0.5～1.0 mg。

用法：一次性肌内注射。

③25%尼可刹米注射液1.0～4.0mL。

用法：猪、羊皮下注射。

说明：临床上补充血容量，纠正酸中毒，调整血管舒缩机能，兴奋呼吸中枢，保护脏器功能。

【处方3】补充血容量、纠正酸中毒、兴奋呼吸中枢、利尿。

①乳酸钠林格氏液250mL，10%低分子右旋糖酐溶液100～300mL。

用法：犬一次性静脉滴注。

②用5%碳酸氢钠注射液100～150mL。

用法：犬一次性静脉滴注。

③硫酸阿托品每千克体重0.1～0.15mg。

用法：犬皮下注射。

④氢氯噻嗪25～50mg。

用法：内服。

说明：当犬肾功能衰竭时使用。

【处方4】四逆汤。

制附子50g，干姜100g，炙甘草25g。

用法：正气亏损、心阳暴脱，自汗肢冷，心悸喘促，脉微欲绝，病情危重，则应大补心阳，回阳固脱，宜用四逆汤。必要时加党参，水煎去渣，内服。

肉鸡腹水综合征

肉鸡腹水综合征是以明显的腹水、右心扩张、肺充血、水肿以及肝脏的病变为特征的一种非传染性疾病。曾因该病的发生与高海拔饲养环境有关，故又称为"高海拔病"。

20世纪60年代初美国就有本病的报道，随后陆续发生于南美、墨西哥、南非等高海拔地区，其中某些肉鸡群因本病造成的死亡率高达30%。近年来在一些低海拔或海平面的国家如英国、澳大利亚、德国、加拿大、日本等相继出现。该病在这些地区常年发生，发病日龄亦越来越小，最早见于出壳后 3 日龄的肉鸡，2～3 周龄的肉鸡对腹水综合征的敏感性高于大龄鸡，4～5 周龄多发。

本病虽主要侵害肉鸡，但肉鸭、烤用鸡、火鸡、蛋鸡及观赏鸟类也有发生本病的报道，实验研究其死亡率高达 42.4%，在寒冷季节，死亡率明显增加。因此，本病是影响肉鸡饲养业发展的一个严重问题。

【病因】引起肉鸡腹水综合征的病因较复杂，纵观众多影响因素，可概括如下。

1. 遗传因素　凡快大型的肉鸡品系，如 AA 鸡、艾维茵等易发。
2. 营养因素　高能高蛋白饲料，使肉鸡生长过快，心肺功能发育不同步。
3. 缺氧　高海拔地区；育雏期通风不良缺氧；育雏前期温度过低，使雏鸡耗氧增多。
4. 其他　饮水中钠含量过高（东部沿海地区），某些疾病及过多的应激也促使其发生。某些营养缺乏，尤其硒与维生素 E 的缺乏及饲料中含有酸败脂肪也是促使本病发生的原因。

【发病机理】常见的腹水症是由于血氧不足导致肺动脉高血压和右心室扩大而引起肺脏、肝脏病变及循环系统的衰竭，使大量液体积留在腹腔内。血液在肺脏进行氧合和二氧化碳的气体交换，充氧后的血液从肺脏流入左心房，然后再流向全身。快速生长的肉鸡需要较多的氧合血液以保证其正常的代谢。由于反馈作用，心脏便会泵出较多量的血液进入肺脏，肺脏的体积和可容纳的血液量显然满足不了机体对氧合血液的需要量，结果就造成肺动脉血压增高。患腹水症的肉鸡肺脏软骨样和骨样小结节病灶明显增多。这样使肺脏的呼吸面积减少，影响肺脏氧和二氧化碳的交换，导致机体慢性缺氧。肺动脉压增高及慢性缺氧迫使右心室以较大的搏动将血液送入肺脏。由于心肌超负荷运转导致右心室扩张和衰竭，已衰竭的右心室机能减弱，引起腹腔器官充血、水肿，血浆对血管的压力增大，肝脏、肠道等很薄的被膜、浆膜难以阻止血浆从肝脏、肠道等渗入腹腔，而形成腹水。

【症状】本病可表现为突然死亡，但通常病鸡小于正常鸡，而且羽毛蓬乱和倦怠，病鸡不愿活动，呼吸困难和发绀。肉眼可见的最明显的临床症状是病鸡腹部膨大，呈水袋状，触压有波动感，腹部皮肤变薄发亮。严重者皮肤淤血发红，有的病鸡站立困难，以腹部着地呈企鹅状，行动迟缓，呈鸭步样。腹腔穿刺流出透明清亮的淡黄色液体。

【病理变化】本病的特征性变化是腹腔中积有大量清亮而透明的液体，呈淡黄色，部分病鸡的腹腔中常有淡黄色的纤维蛋白凝块。肝脏充血肿大，严重者皱缩，肝脏变厚、变硬，表面凹凸不平。肝被膜上常覆盖一层灰白色或淡黄色纤维素性渗出物。肺脏淤血水肿，副支气管充血。心脏体积增大，心包有积液，右心室扩张、柔软，心肌变薄，肌纤维苍白。肠管变细，肠黏膜呈弥漫性淤血。肾脏肿大、充血，呈紫红色。

组织学变化表现为，心肌纤维轻度紊乱和水肿，心肌纤维间疏松结缔组织轻度增生，局灶性出血和异嗜性粒细胞浸润。肝被膜增厚，被膜内淋巴管及肝小叶间的窦状隙扩张，肝细静脉萎缩，肝内常见淋巴细胞和异嗜性粒细胞灶。肺脏充血、出血和水肿，次级支气管周围的平滑肌肥大，毛细支气管萎缩。肺脏中软骨性和骨性结节数量增加。肾脏的肾小球淤血，基底膜增厚和散在淋巴细胞灶。

【防制】肉鸡腹水综合征不是单一因子所致，而是多种因子共同作用的结果。所以，对腹水症的防制应采取综合性措施。

1. 改善环境条件　改进和加强通风，严格控制鸡舍温度，防止过冷。

2. 改善饲养条件　早期限饲，降低饲粮营养水平，用粉料代替颗粒料，补充维生素C，按需要配以食盐量。

3. 孵化补氧　孵化缺氧是导致腹水症的重要因素，所以在孵化的后期，向孵化器内补充氧气能产生有益的作用。

4. 药物预防　在饲料中添加1‰禽用含硒微量元素添加剂和维生素E（50g/kg），可预防本病的发生。

5. 减少应激反应　肉鸡生长需要一个较安静、空气新鲜的生活环境，减少或避免不良因素对鸡群的刺激是预防肉鸡腹水症的基础措施。如更换垫料、带鸡消毒、高热寒冷、噪声惊吓、异味刺激等，都会使鸡产生不同程度的应激反应，从而影响免疫力或降低食欲。因此，选择在夜间低光照下进行带鸡消毒、更换垫料等，是减轻应激反应的有效方法。在每千克饲料中添加50mg的多种维生素和复方维生素E等，以缓解或预防应激反应，增强机体抵抗力，降低腹水症的发生。

【处方1】肾肿腹水消散（补肾健脾，利水燥湿）。

猪苓10g，泽泻10g，苍术30g，桂枝20g，陈皮30g，姜皮20g，木通20g，滑石30g，茯苓20g。

制法：粉碎成细粉，过筛，混匀，即得。

用法：混饲。鸡，每100kg饲料加本品200～400g。

说明：用于鸡腹水症、肾炎、肾型传染性支气管炎及各种原因引起的肾肿、尿酸盐沉淀。

【处方2】腹水净散（益气健脾，利水渗湿）。

白术10g，茯苓10g，猪苓10g，大腹皮10g，木瓜10g，木香10g，砂仁10g，牵牛子10g，党参10g。

制法：粉碎成细粉，过筛，混匀，即得。

用法：混饲。鸡，每100kg饲料，预防加本品500g，治疗加本品1 000g。连用5～7d。

【处方3】双氢克尿噻，4～5mg/只。

用法：口服，每天2次，连用3d。

说明：加强排尿。

项目 4　以贫血、黄疸为主的疾病

任务描述　学习本类疾病的相关知识，参加相关临床病例的诊疗，分析临床案例。

案例分析　分析以下案例，确定诊断要点，提出初步诊断，并进行分析论证，制定出治疗方案。

案例 1　主诉：23 日龄仔猪，采食量减少，腹泻与便秘交替，机体衰弱，轰赶奔跑之后出现气喘，生长迟缓。

临床检查：猪舍采用水泥地面，仔猪精神沉郁，被毛粗乱，腹壁蜷缩，可视黏膜、耳尖和鼻端表现苍白，心跳加快。

案例 2　某牧场 8 月龄放牧绵羊，陆续出现厌食，消瘦。

临床检查：病羊精神沉郁，食欲减退甚至废绝，消瘦、可视黏膜苍白。测定病羊血清钴含量为 0.25μmol/L。当地土壤钴含量为 0.15mg/kg。

案例 3　主诉：猪场 2～4 月龄的仔猪，近日出现零星死亡，其他猪表现渐进性食欲障碍，口渴，粪便干硬呈球状，表面附有黏液和血液。

临床检查：可视黏膜苍白、黄染。精神沉郁，后肢无力，有时呈间歇性抽搐，过度兴奋，角弓反张。剖检见皮下水肿，腹腔积液，肝脏肿大，出血、硬化、变性。病史调查得知，近一月来，阴雨连绵，所用饲料轻度板结，但未有明显的霉变。

案例 4　主诉：猫咪前天吃一只死老鼠，过了两天精神极度沉郁，体温升高，食欲减退，虚弱，鼻出血，呕血，血尿，血便和黑粪。

临床检查：病猫出现呼吸困难，并出现跛行，还可见关节腔内出血、皮下及黏膜下出血。

案例 5　主诉：蛋鸡场鸡只出现异常，表现为厌食和拒食，鸡表现为冠苍白，羽毛松乱，渴欲增加，产蛋鸡产蛋下降，有的产薄壳蛋、软壳蛋，蛋壳粗糙，色泽变淡，开始出现死亡。之前有喂磺胺药的经历。

临床检查：解剖死亡的鸡只，发现皮下、肌肉广泛出血，尤其是腿、胸肌更为明显，有出血斑点；血凝不良，骨髓颜色变淡或变黄。

相关知识　以贫血、黄疸为主的疾病主要有：贫血、血小板减少症、自身免疫溶血性贫血、肝炎（参见项目 1.3）、黄曲霉毒素中毒、铁缺乏症、钴缺乏症、维生素 K 缺乏症、铜缺乏症（参见项目 6）、双香豆素中毒、安妥中毒（参见项目 2.2）、磺胺中毒等。

贫　血

贫血是指单位容积外周血液中的血红蛋白量、红细胞数和（或）红细胞压积低于正常值最低值以及全血容量减少并由此而引起的综合症状的总称。贫血的主要表现是皮肤和可视黏膜苍白，心率加快，心搏动增强，肌肉无力及各器官由于组织缺氧而产生的各种症状。

贫血不是一个独立的疾病而是一种临床综合征。贫血的分类方法很多，按引起贫血的原因将贫血分为：出血性贫血、溶血性贫血、营养性贫血、再生障碍性贫血（简称再障）四种。

【病因】

1. **急性出血性贫血** 由于外伤或外科手术等使血管壁受到损伤尤其是动脉管损伤之后机体血液丧失过多。如鼻腔、喉及肺受到损伤而出血，牛的皱胃溃疡出血和猪的胃出血，母畜分娩时损伤产道引起的分娩性出血，公畜去势止血不良所引起的血管断端出血等。

内脏器官受到损伤引起的内出血更为严重，如动物多因摔伤或腹壁损伤（蹴踢伤、角突伤等）而发病，尤其是肝、脾和腹腔大血管破裂，常引起大量内出血而很快死亡。

2. **慢性出血性贫血** 发生慢性出血性贫血的前提是失血后同时饲料中造血原料不足，或者胃肠机能降低，影响其对造血原料的消化吸收，进而导致机体内肝脏、骨髓得不到足够的造血原料，引起慢性出血性贫血。

胃肠道糜烂、溃疡，各器官的炎症性出血，出血性素质等引起长期反复的失血；体腔与组织的出血性肿瘤；肾与膀胱结石或赘生物引起的血尿。寄生虫病，特别是反刍动物的血矛线虫病、肝片吸虫病和血吸虫病，犊牛、兔、禽的球虫病，钩虫、吸血昆虫（蜱、虱、蚤）的重度侵袭。中毒病如牛霉烂草木樨中毒、蕨中毒、敌鼠钠中毒等，也可引起慢性出血性贫血。

3. **溶血性贫血** 原因很多，大致可分为两大类，即遗传性因素和获得性因素。遗传性因素引起的溶血不可忽视，获得性因素是临床上导致溶血的常见原因。

遗传性因素主要是某些基因缺陷而导致红细胞膜异常、红细胞酶缺乏引起能量代谢障碍及血红蛋白异常。

获得性因素主要有：生物性因素如钩端螺旋体病、溶血性梭菌病、溶血性链球菌病和葡萄球菌病等细菌病，梨形虫病、锥虫病、附红细胞体病等血液寄生虫病；免疫性因素如新生仔畜溶血病、不相合血型的输血等；物理因素如犊牛水中毒、烧伤等；化学因素如酚噻嗪类、美蓝、铜、萘、皂素、煤焦油衍生物等化学毒中毒；生物毒中毒如蛇毒等动物毒中毒；野洋葱、黑麦草以及甘蓝等十字花科植物中毒；营养因素如低磷酸盐血症等。

4. **营养性贫血** 主要原因是造血物质如铁、铜、钴、维生素 B_6、维生素 B_{12}、叶酸、烟酸及蛋白质缺乏；或慢性反复失血，铁的丢失过多；或幼畜生长发育快，铁等造血物质需要量增加而致病。

仔猪营养性贫血尤其是缺铁性贫血在临床上尤为多见，在一定地区具有群发性。放牧饲养的母猪和仔猪，可从青草和土壤中得到一定量的铁。如果圈养，猪舍建筑的地面用水泥、木板或石板，使仔猪出生后就不能与土壤接触，从而丧失了对铁的摄取来源，而引起本病。

仔猪出生后 8~10d，由肝脏造血变为骨髓造血，使血液中血红蛋白含量降低，这一阶段可引起生理性贫血。同时仔猪生长速度较快，由于出生后体内贮存的铁逐渐消耗，当得不到足量的外源性铁时，影响血红蛋白的生成，发生病理性贫血。

5. **再生障碍性贫血** 因骨髓细胞受放射线损伤造成的，如辐射病；化学毒如三氯乙烯豆粕中毒；植物毒如蕨类中毒；真菌毒素如穗状葡萄球菌毒病、梨孢镰刀菌毒病。

由感染因素造成的，有亚急性型和慢性型马传染性贫血、猫白血病等病毒病、猫传染性泛白细胞减少症（猫瘟热）、犬埃立克体病、牛羊毛圆线虫病等。

由红细胞生成素减少造成的，有慢性肾脏疾病和内分泌腺疾病，包括垂体功能低下、肾上腺功能低下、雄性性腺功能低下以及雌性激素过多。

此外，某些药物及化学物质如解热镇痛药、抗微生物药、苯等也可引起再生障碍性贫血。

【症状】贫血的共同症状，主要表现为体质虚弱，容易疲劳，多汗，心跳、呼吸加快，可视黏膜、皮肤苍白，血红蛋白量、红细胞数减少，红细胞压积降低，红细胞形态异常等。

1. **急性出血性贫血** 根据机体状态，出血量的多少及出血时间的长短，临床表现不尽相同。

轻症时，病畜表现衰弱无力，常呆立，四肢叉开，步态不稳。

重症时，常发生休克，体温降低，脉搏细弱、心音微弱，呼吸加快，食欲废绝。由于脑贫血，有时发生呕吐，视力减弱，肌肉痉挛。

血液学变化：血液稀薄，红细胞数及血红蛋白量降低，血沉加快。

2. **慢性出血性贫血** 症状发展缓慢，初期症状不明显，但患畜呈渐进性消瘦及衰弱。严重时，可视黏膜苍白，机体衰弱无力，精神不振，嗜眠。血压降低，脉搏快而弱，轻微运动后脉搏显著加快，呼吸快而浅表。心脏听诊时，心音低沉而弱，心浊音区扩大。由于脑贫血和氧化不全的代谢产物中毒，则出现各种症状，如晕厥、视力障碍、嗳气、呕吐和膈肌痉挛性收缩。慢性贫血严重时，胸腹部、下颌间隙及四肢末端水肿。体腔积液，胃肠吸收和分泌机能降低，经常腹泻。由于营养扰乱和不断地腹泻，终因体力衰竭而死亡。

血液学变化：长期慢性出血性贫血时，血液中幼稚型红细胞，网织红细胞增多，血红蛋白减少，血沉加快。

3. **溶血性贫血** 根据发展过程的缓急及病情严重程度，可分为急性和慢性两种。

急性溶血，骤然起病，患畜寒战、高热、狂躁，并发呕吐、腹痛、腹泻等胃肠道症状；由于溶血迅速，血红蛋白大幅下降，可视黏膜和皮肤苍白、黄染，严重时出现血红蛋白尿。

慢性溶血，起病缓慢，表现为贫血、黄疸及肝脾肿大三大特征。

在病因中所述各种原因所引起的溶血性贫血，都具有原发病的固有症状，可参考各有关疾病。

血液学变化：血清呈金黄色，外周血液网织红细胞增多，出现嗜多染性红细胞，成红细胞，嗜碱性颗粒红细胞。血小板降低。

溶血性毒物引起的溶血性贫血，在血液中出现大量的胆固醇，类脂质和脂肪，这些症状说明肝脏机能受到破坏。

4. **营养性贫血** 主要叙述仔猪的营养性贫血的症状。

仔猪出生后8～9d时出现贫血症状，皮肤及可视黏膜苍白，心搏动增快。仔猪活力显著下降，吮乳能力下降。仔猪发生营养不良，机体衰弱，精神不振，被毛粗乱，影响生长发育。仔猪极度消瘦，消化系统机能发生障碍，出现周期性下痢及便秘，腹壁蜷缩，其体型呈两头尖的橄榄状。

另一类型仔猪不消瘦，外观上很肥胖，生长发育较快，经3～4周后，在奔跑中突然死亡。

5. **再生障碍性贫血** 可视黏膜及无色素皮肤苍白和周期性出血，机体衰弱，易于疲劳，气喘，心动过速。皮肤、鼻、消化道、阴道及内脏器官的出血。局部感染常反复发生，亦有周身感染和败血症。由于粒细胞及单核细胞减少，机体防御机能下降，体温升高，皮肤发生局部坏死。

血液学变化：红细胞数、血红蛋白量降低，再生型红细胞几乎完全消失。红细胞大小不均，白细胞数降低，血小板减少，血沉加快。

【诊断】贫血作为一个综合征，在临床上易于发现。但贫血只不过是许多疾病的临床表现，诊断时要力求确定贫血的性质，查明贫血的原因。

诊断贫血必须详细调查病史和生活史，确切了解起病情况，全面检查临床症状表现，重点化验血液和骨髓细胞象。

【治疗】

1. 治疗原则　除去致病因素，补给造血物质，增进骨髓机能，维持循环血量，防止休克危象。类型不同的贫血，治疗原则应有所侧重，治疗措施也不尽相同。

急性出血性贫血，针对出血原因立即进行止血，维持循环血量，解除休克状态，补充造血物质等。慢性出血性贫血，可进行止血，加强饲养管理，补充造血物质等。溶血性贫血，消除原发病，给予易消化的营养丰富的饲料，输血并补充造血物质。营养性贫血的治疗是补充所缺造血物质，并促进其吸收和利用。再生障碍性贫血，除去病因，治疗原发病，促进骨髓造血机能。

2. 治疗措施

(1) 仔猪缺铁性贫血处方。

【处方1】2.5%右旋糖酐铁注射液 2~3mL。

用法：一次深部肌内注射。

说明：本品刺激性较强，应做深部肌内注射。注射量超过血浆结合限度时，可发生毒性反应。也可用葡聚糖铁钴注射液、含糖氧化铁铁注射液等。

【处方2】硫酸亚铁 5g，酵母粉（食母生）10g。

用法：混匀后，分成10包，每天1包，拌料内服。

【处方3】

①0.25%硫酸亚铁水溶液适量。

用法：饮服。

②维生素 B_{12} 注射液 2~4mL。

用法：一次肌内注射，每天1次，连用 3~5d。

【处方4】硫酸亚铁 2.5g，硫酸铜 1g，氯化钴 2.5g。

用法：加水 1 000mL，纱布过滤，每只猪每次用半匙，拌料或混在水中喂给。

【处方5】党参 10g，白术 10g，茯苓 10g，神曲 10g，熟地 10g，厚朴 10g，山楂 10g。

用法：煎汤一次内服。

(2) 牛、羊贫血处方。

【处方1】用于急性出血性贫血的治疗。

①5%安络血注射液，牛 5~20mL，羊 2~4mL。

用法：一次肌内注射，每天 2~3 次。

说明：也可用 1%仙鹤草素，4%维生素 K_3 注射液。外部出血应及时压迫或结扎止血。

②右旋糖酐 40 葡萄糖注射液，牛 500~1 000mL，羊 250~500mL；25%葡萄糖注射液，牛 500mL，羊 50mL。

用法：一次静脉注射。

③硫酸亚铁，牛2~10g，羊0.5~3g。

用法：临用前配成0.2%~1%溶液，一次口服。

说明：也可用维生素B_{12}注射液肌内注射。

【处方2】用于溶血性贫血的治疗。

地塞米松磷酸钠注射液，牛5~20mg，羊4~12mg。

用法：一日量，肌内注射或静脉注射。

说明：也可用醋酸氢化泼尼松注射液肌内注射。对免疫性溶血性贫血有效，可配合止血、促进造血药物。

【处方3】用于再生障碍性贫血的治疗。

丙酸睾酮注射液，牛、羊每千克体重0.25~0.5mg；维生素B_{12}注射液，牛每千克体重1~2mg，羊每千克体重0.3~0.4mg。

用法：分别一次肌内注射。

说明：也可用氯化钴（牛0.5g，羊0.1g）口服取代维生素B_{12}。

【处方4】用于严重的各型贫血的输血治疗。

同源动物健康全血牛2 000mL，羊200mL。

用法：一次静脉注射。

说明：严重的各型贫血都可输血治疗，但尽可能仅用1次，最多2次。代血浆类不受此限制。

【处方5】用于再生障碍性贫血的治疗。

黄芪60g，党参60g，白术30g，当归30g，阿胶30g，熟地30g，甘草15g。

用法：共为末，开水冲调，候温一次灌服。

钴 缺 乏 症

钴缺乏症是因饲料或饮水中钴含量不足引起的以食欲减退、贫血和消瘦为主要特征的一种营养代谢性疾病。该病主要发生于牛、羊等反刍动物，马很少发生。一年四季均可发生，但在早春初夏多发。

【病因】发生钴缺乏症的根本原因是土壤缺钴。当土壤中钴含量较低时，导致牧草中钴含量也降低，易发生钴缺乏症。当日粮中钴含量不足0.01mg/kg时，牛、羊采食后体况迅速下降，死亡率很高，可表现严重的急性钴缺乏症。

豆科牧草中的钴含量高于禾本科牧草，在缺钴地区的牧场上混播20%~30%的豆科牧草时可以解决缺钴问题。

【症状】反刍动物食欲减退甚至废绝，异嗜，贫血，消瘦，体重减轻，因而有"干瘦病"之称。乳和毛的产量明显降低，毛脆易折。后期繁殖功能下降，腹泻和流泪。绵羊因流泪过多而使整个面部被毛潮湿黏结，这是严重钴缺乏症的一个重要特征。放牧的牛、羊采食低钴牧草后，这些症状逐渐明显，症状出现3个月后可出现死亡。

【诊断】当反刍动物出现地区性群体性发病，慢性病程，食欲减退、逐渐消瘦和贫血等临床症状，而非反刍动物不受影响时，可用钴制剂治疗，如病情缓解，可做出初步诊断。但确切诊断需结合土壤、饲草料钴含量分析及肝脏、血清维生素B_{12}和钴水平测定，测定血清、尿液中甲基丙二酸和亚胺甲基谷氨酸含量,有助于本病的诊断。另外,本病应与寄生虫病,铜、硒和主要营养物质缺乏症等相区别。

【治疗】

1. 治疗原则　补钴是防治本病的主要方法。

2. 治疗措施　保证日粮中钴含量为 0.07～0.11mg/kg,最简单的方法是向精料中直接添加氯化钴、硫酸钴及维生素 B_{12} 等。动物日粮中钴营养适宜值为:牛 0.5～1.0mg/kg,绵羊 1.0mg/kg,妊娠、哺乳母猪 0.5～2.0mg/kg,禽 0.5～1.0mg/kg。

【处方1】硫酸钴,牛 20～30mg,羊 1～2mg。

用法:一次口服,每周 2 次。

【处方2】维生素 B_{12} 注射液 100～200μg。

用法:肌内注射。

【处方3】用于钴缺乏症的预防。

缺钴地区可向牛、羊瘤胃投服钴药丸,具有良好的预防作用。怀孕期母畜补充钴,可提高乳汁中钴和维生素 B_{12} 含量,能预防幼畜钴和维生素 B_{12} 的缺乏。

【处方4】用于钴缺乏症的预防。

在缺钴草场上喷施含钴肥料,剂量为每公顷施硫酸钴 400～600g,每年一次,是解决放牧动物钴缺乏的有效途径。

维生素 K 缺乏症

动物因饲料中维生素 K 含量不足、缺乏,或因饲料中维生素 K 拮抗物质过多或饲料中维生素 K 吸收不良等原因,易造成动物体内维生素 K 缺乏,导致机体凝血酶原合成障碍,引起凝血机能障碍性疾病。

【病因】

1. 饲料中维生素 K 不足　植物中的维生素 K 是以维生素 K_1 和维生素 K_2 的形式存在的,维生素 K_3 是化学合成的亚硫酸氢钠甲萘醌。维生素 K_1 在绿色植物中,特别是苜蓿和青草中含量最丰富,黄豆油中也含有维生素 K_1。维生素 K_2 可以通过动物消化道中微生物来合成。若长期使用维生素 K 添加量不足的配合日粮饲喂动物,而未补充青绿饲料则易产生维生素 K 缺乏症。饲料加工调制不当、贮存时间太长,维生素 K 也会被破坏导致含量下降。

2. 维生素拮抗物质　家畜长期饲喂豆科牧草草木樨,由于草木樨中含有一种无毒的香豆素,香豆素可转变为有毒的双香豆素,双香豆素是维生素 K 拮抗物质,可抑制血液中凝血酶原的浓度,导致血液凝固时间延长。

3. 动物肠道内维生素 K 生成不足　动物消化道中的微生物可以合成维生素 K_2。动物饲料中长期使用抗生素类药物,扰乱动物肠道微生物菌群的平衡,抑制肠内微生物生长,引起微生物合成维生素 K_2 减少,造成动物维生素 K 缺乏。

4. 肝胆疾病　维生素 K 是脂溶性物质,脂肪的存在有利于维生素 K 的消化吸收,但脂肪的消化吸收必须依赖于肝脏分泌的胆汁。动物长期腹泻、肝胆疾病、慢性十二指肠炎症等疾病,都会导致机体对维生素 K 吸收不够充分,引起维生素 K 的缺乏。

【发病机理】维生素 K 是机体内合成凝血酶原所必需的物质。因为凝血酶原是凝血机制中的一个重要部分,当维生素 K 缺乏时,凝血酶原合成不足,凝血时间显著延长。当对患有维生素 K 缺乏症的动物施行外科手术时，常遇到血管出血不止的现象。动物若采食霉烂的草木樨牧草发生双香豆素中毒时，血液中凝血酶原的浓度下降，干扰凝血的过程，导致血液凝固时间延长。灭鼠药华法林中毒与此相似，也是一种含有香豆素的抗凝剂的中毒。因此，当草木樨和华法林中毒时，都可采用维生素 K 来治疗。

【症状】小猪试验性产生的维生素 K 缺乏症，表现为感觉过敏、贫血、厌食、衰弱和凝血时间显著延长。对于小鸡，在饲料中缺乏维生素 K 达 2~3 周才出现症状，表现胸脯、腿和翅、腹腔等部呈现大的出血斑点。动物胆汁流动受阻时可继发维生素 K 缺乏症。

【治疗】

1. 治疗原则　补充维生素 K。
2. 治疗措施

【处方 1】补充维生素 K。

维生素 K，马、牛 100~300mg，猪、羊 30~50mg，犬、猫 10~30mg，鸡 0.5~2.0mg。

用法：肌内注射，每天 1 次，连续 2~3d。

【处方 2】对症治疗，预防出血。

10% 葡萄糖酸钙，马、牛 20~60g，猪、羊 5~15g，犬 0.5~2g。或 5% 氯化钙，马、牛 5~15g，猪、羊 1~5g，犬 0.1~1g。

用法：静脉注射，每天 1 次，连续 3~5d。

【预防】

（1）家畜少喂草木樨，注意不能饲喂霉变的草木樨。

（2）饲料中添加广谱抗菌药物，注意使用时间不宜过长，浓度不宜太大，以保持肠道正常的微生物菌落。

（3）在日粮中适当补充维生素 K。

双香豆素中毒

双香豆素，又称杀鼠灵、华法令，是一种强力抗凝血灭鼠药。

【病因】误食毒饵或被灭鼠灵毒死的死鼠而发生中毒。

【发病机理】香豆素类是维生素 K 拮抗剂，抑制凝血因子合成，使毛细血管通透性增加。中毒动物临床表现以内出血和外出血为特征。

【症状】出血是本病的最大特征，但在此症状出现前常有 2~5d 潜伏期，主要表现为精神极度沉郁，体温升高，食欲减退，贫血，虚弱。外出血表现为鼻出血，呕血，血尿，血便或黑粪。内出血发生在胸腹腔时，出现呼吸困难；发生在大脑或脊椎时，出现痉挛、轻瘫、共济失调而很快死亡；发生在关节时，出现跛行，还可见关节腔内出血、皮下及黏膜下出血，皮下出血可引起皮炎和皮肤坏死，严重时鼻孔、直肠等天然孔出血，中毒量多，可在胃出现典型出血症状及死亡。慢性中毒可表现为贫血，水肿，心力衰竭，末期可出现痉挛和麻痹。病程很长时可出现黄疸。

【诊断】

（1）有杀鼠灵接触史。

(2) 有出血倾向。
(3) 出血、凝血时间延长。

【治疗】 保持动物安静，避免创伤，应用止血药，恢复血容量。

【处方1】 维生素 K_3 注射液，犬 10～30mg，猫 2～5mg。

用法：肌内注射。

【处方2】 新鲜全血，每千克体重 10～20mL。

用法：静脉注射。

说明：半量迅速输入，剩余缓慢输入。

磺胺类药物中毒

磺胺药物具有广谱、疗效确切、性质稳定、使用简便、价格便宜、便于长期保存等优点，家禽饲养上常用来防治大肠杆菌病、葡萄球菌病等，尤其对鸡传染性鼻炎、白冠病、球虫病等有独特疗效，但应用中常因使用方法不当造成中毒。

【病因】

1. 用药量过大 一般来讲，磺胺药可按饲料量的 0.1%～0.5% 添加，或按饮水量的 0.05%～0.3% 添加，由于计算失误、称量错误等原因，导致饲料或饮水中含药量太高，引起中毒。

2. 用药时间过长 应用磺胺类药物，一个疗程 3～5d，在有混合感染的情况下，症状难以控制时，用药时间超过 7d，可致蓄积中毒。

3. 搅拌不均 如果直接将药物混于大量饲料中，很难混匀，使局部饲料中含药量过高。在生产中，应用逐级稀释法，将药物均匀混于饲料或饮水中。

4. 用法不当 把一些不溶于水的磺胺药通过饮水法投药，水槽底部沉积了大量药物，鸡饮用后可致中毒。

【发病机理】 磺胺类药的基本结构与对氨苯甲酸相似，能和对氨苯甲酸互相竞争二氢叶酸合成酶，阻碍叶酸及核酸的合成。

【症状】

1. 急性中毒 表现为兴奋不安，厌食，共济失调，肌肉震颤，呼吸加快，短时间内死亡。

2. 慢性中毒 表现为厌食和拒食，鸡表现为冠苍白，羽毛松乱，渴欲增加，产蛋鸡产蛋下降，有的产薄壳蛋、软壳蛋，蛋壳粗糙，色泽变淡，有死亡。

【病变】 典型病变是皮下、肌肉广泛出血，尤其是腿、胸肌更为明显，有出血斑点；血液稀薄如水，血凝不良，骨髓颜色变淡或变黄；胃肠道黏膜有点状出血，肝、脾肿大，出血，胸、腹腔内有淡红色积液；肾脏肿大、苍白、呈花斑状，肾脏及肠管表面有白色、砂粒样尿酸盐沉着。

【诊断】 有摄入磺胺药的病史，有皮下出血和生长不良的症状，剖检变化以广泛出血和肾脏尿酸盐沉积为特点。

【治疗】

(1) 立即停用含磺胺药的饲料及饮水，其他抗菌药、抗球虫药也要停用。

(2) 饮 1%～5% 碳酸氢钠水，3～4h 后，改饮 3% 葡萄糖水。碳酸氢钠能促进磺胺药排出，减轻对肾脏损害，葡萄糖能提高机体的解毒能力。

(3) 饲料中添加维生素，可减少出血，提高治愈率。

【处方1】适用于鸡。

1%～5%碳酸氢钠水适量，3%葡萄糖水适量。

用法：供鸡自饮。先饮1%～5%碳酸氢钠水，3～4h后，改饮3%葡萄糖水。

【处方2】适用于鸡。

维生素K 0.5g。

用法：拌入100kg饲料内，混饲。

【处方3】适用于鸡。

维生素C片25～30mg。

用法：一次口服。

【预防】

(1) 使用磺胺类药物时，计算、称量要准确，搅拌要均匀，使用时间不宜太长。尤其是雏鸡，在使用磺胺喹噁啉、磺胺二甲嘧啶时，更应注意。

(2) 使用磺胺类药物时，应提高饲料中维生素K和维生素B的含量，一般应按正常量的3～4倍添加。

(3) 磺胺药与抗菌增效剂同用，可提高疗效，减少用量，防止中毒。

(4) 鸡患有传染性囊病、痛风、肾型传染性支气管炎、维生素A缺乏等有肾损害的疾病时，不宜应用磺胺类药物。

黄曲霉毒素中毒

黄曲霉毒素是黄曲霉、寄生曲霉等真菌的代谢产物，尤其在温暖、潮湿的环境下，黄曲霉菌大量生长，产生大量毒素，广泛污染粮食、食品和饲料，对人畜健康危害极大。本病以全身出血、肝功能和消化功能障碍、神经症状为特征。各种畜禽均可发病，但由于性别、年龄及营养状况的不同，其敏感性也有差别。一般幼年动物比成年动物敏感，雄性动物比雌性动物（怀孕期除外）敏感，而高蛋白饲料也可降低动物对黄曲霉毒素的敏感性。各种畜禽的敏感顺序依次为：雏鸭＞雏鸡＞仔猪＞犊牛＞肥育猪＞成年牛＞绵羊。主要发生于南方地区。

【病因】动物采食了被黄曲霉毒素污染的饲料。黄曲霉和寄生曲霉等广泛存在于自然界中，菌株的产毒最适条件是基质水分在16%以上，相对湿度在80%以上，温度在24～30℃。主要污染玉米、花生、豆类、棉子、麦类、大米、秸秆及其副产品如酒糟、油粕、酱油渣等。

【发病机理】黄曲霉毒素首先损害胃肠道，引起消化功能紊乱。毒素吸收后，主要分布在肝脏，影响DNA、RNA的合成和降解，影响蛋白质、脂肪的合成和代谢，可引起碱性磷酸酶、转氨酶、异柠檬酸脱氢酶活性升高、肝脂肪增多、肝糖原下降以及肝细胞变性、坏死。由于肝脏的损害，凝血酶原和凝血因子合成减少，致使全身广泛性出血。由于门静脉压升高可致腹水。此外，黄曲霉毒素还具有致癌、致突变和致畸作用。

【症状】根据年龄和对毒素耐受性的不同，症状和病程也有较大差异。

1. 家禽　幼禽多呈急性经过，表现为食欲减退，体重减轻，翅下垂，脱毛、腹泻、便中带血。冠髯苍白，精神不振，步态不稳，共济失调，肌肉痉挛，角弓反张，很快死亡。成年禽多呈慢性经过，消瘦、贫血，生产能力下降，产蛋率和孵化率降低，死亡率升高，多呈零星死亡。

2. 猪　黄曲霉毒素中毒有三种类型。

（1）急性型。多见于 2~4 月龄的仔猪，往往无前驱症状，突然死亡。

（2）亚急性型。多数病猪为亚急性型，主要表现渐进性食欲障碍，口渴，粪便干硬呈球状，表面附有黏液和血液。可视黏膜苍白或黄染。精神沉郁，后肢无力，有时呈间歇性抽搐，过度兴奋，角弓反张。

（3）慢性型。多发于成年猪，食欲减退，腹围卷缩（图 4-1）异嗜，生长发育缓慢，消瘦。可视黏膜黄染，皮肤发白或发黄，并伴有痒感。

3. 牛　多见于 3~6 月龄的犊牛，病死率高，主要表现为精神沉郁，角膜混浊，磨牙，腹泻，里急后重和脱肛。成年牛多取慢性经过，表现厌食，消化功能紊乱，间歇性腹泻，有腹水。乳牛产乳减少或停止，有的流产。

图 4-1　病猪头低垂、拱背、蜷腹

【诊断】

1. 病史调查　有采食发霉饲料的病史。
2. 症状诊断　消化障碍，胃肠炎和神经症状。
3. 剖检诊断　肝脏肿大，出血、硬化、变性。
4. 实验室诊断　饲料样品中能分离出产生黄曲霉毒素的霉菌，在紫外光照射下看到蓝紫色荧光。必要时还可进行黄曲霉毒素含量测定和雏鸭毒性试验。

【治疗】

1. 治疗原则　清理胃肠、保肝解毒、强心、止血。
2. 治疗措施　本病尚无特效疗法。发现畜禽中毒时，应立即停喂霉败饲料，改喂富含碳水化合物的青绿饲料和高蛋白饲料，减少脂肪含量过多的饲料。应及时投服泻剂，加速胃肠道内毒物的排出。另外，应配合保肝、止血、强心疗法。为防止继发感染，可应用抗生素制剂，但严禁使用磺胺类药物。

【处方1】促进毒物排出。

硫酸钠，猪 25~50g，禽 2~4g，牛 200~300g，常水适量。

用法：加水配成 6%~8% 溶液，灌服。

【处方2】杀灭霉菌。

制霉菌素，禽 3 万~4 万 IU，猪 50 万~100 万 IU，马、牛 250 万~500 万 IU。

用法：混入饲料中一次内服。

【处方3】增强机体抵抗力。

10% 葡萄糖溶液，马、牛 500~1 000mL，猪 100~200mL；维生素 C，马、牛 1~3g，猪、羊 0.2~0.5g；5% 氯化钙溶液，马、牛 100~200mL，猪、羊 50~100mL。

用法：静脉注射。

说明：用于心衰病畜。

【处方4】茵陈20g，栀子20g，大黄20g。

用法：水煎去渣，待凉后加葡萄糖30～60g，维生素C 0.1～0.5g混合，一次灌服（猪）。

说明：同时更换饲料，环境消毒。

【处方5】止血。

维生素K₃，牛、马100～300mg，猪、羊30～50mg。

用法：肌内注射。

【预防】本病预防的关键是做好饲料的防霉工作，从收获到保存，勿使其遭受雨淋、堆积发热，以防止霉菌生长。严重霉变的饲料不能应用，如果只是轻微发霉，可用1‰氢氧化钠浸泡过夜，用清水冲洗干净后再食用。另外，定期检测饲料中黄曲霉毒素含量，以不超过我国规定的最高允许量为宜。

血小板减少症

血小板减少症是血小板数量减少而引起的疾病。临床特征为皮肤、黏膜出现淤血点、淤血斑及出血，轻微外伤后出血时间延长。多见于犬、猫。

【病因及发病机理】引起血小板数量减少的原因如下。

1. 生物性因素　病毒如腺病毒、疱疹病毒、冠状病毒、细小病毒等，细菌如沙门氏菌、立克次氏体、钩端螺旋体等，真菌如白色念珠菌，荚膜组织胞浆菌等，原虫如利什曼原虫、巴贝斯虫等。

2. 药物性因素　某些抗微生物药及抗炎药等。

一般认为上述病因导致的血小板减少症与免疫有关，免疫介导的血小板减少症是小动物尤其是犬临床常见的出血病，如自身免疫性溶血性贫血、全身性红斑狼疮等，在这些疾病过程中，病犬产生抗血小板抗体，可缩短血小板寿命，还可导致骨髓巨核细胞损伤。不但使血小板数量减少，而且血小板功能也降低。一些遗传性疾病，如猫Chediak-Higashi综合征、犬、猫的血管性假血友病等，也可引起血小板减少症。

【症状】皮肤和黏膜出现淤血点、淤血斑。口腔黏膜和阴道黏膜有点状出血。皮下出血多见于腹部、股内侧、四肢等，常伴有鼻、齿龈出血、便血、尿血。当受到外伤时，易出现淤血斑及出血不止。此外，由于出血部位不同，表现出受损脏器特有的症状。出血严重者伴有贫血症状。

【诊断】血小板计数明显减少，血小板的形态和着色异常。骨髓巨核细胞大多增加或正常，并伴有成熟障碍，即可做出诊断。由于血小板减少可以是多种疾病的共同表现，在诊断时应结合临床表现、骨髓象变化及抗血小板抗体的测定等加以鉴别。

【治疗】

1. 治疗原则　加强护理、制止渗出、应用免疫抑制剂治疗原发病，防止并发病，对症治疗。

2. 治疗措施　给予病畜清洁饮水和易于消化的饲料，并安置于安静、宽敞、通风良好的厩舍内。

止血、制止渗出，可用安络血、氯化钙、葡萄糖酸钙、抗坏血酸或维生素K等。输血对本病有良好效果。禁用能降低血小板功能的药物，如阿司匹林、保泰松等。选种时加以监测，以杜绝患病后代的产生。

【处方1】减少渗出。

葡萄糖酸钙注射液，马、牛20~60g，羊、猪5~15g，犬0.5~2g，猫0.5~1.5g。

用法：一次静脉注射。

说明：钙离子能增加毛细血管的致密度，降低其通透性从而能减少渗出。

注：也可用氯化钙注射液。

【处方2】5%安络血注射液，马、牛10~20mL，羊、猪、犬2~4mL。

用法：一次肌内注射每天2~3次。

说明：安络血可以增加毛细血管壁对损伤的抵抗力，增强毛细血管壁的弹力并降低其通透性减少血液渗出，还能增强断裂的毛细血管的回缩作用。主要用于毛细血管出血，如鼻出血、肺出血、胃肠出血和血尿等。

注：也可用输血疗法。

【处方3】醋酸氢化可的松注射液，马、牛0.25~0.75g，猪0.05~0.1g，犬0.025~0.1g；5%葡萄糖氯化钠注射液，马、牛1 000mL，猪250mL，犬100mL。

用法：混合后一次静脉注射，每天1次。病情好转时醋酸氢化可的松的量逐渐减少，至原剂量的1/2~1/6。

说明：醋酸氢化可的松可抑制免疫反应和炎症反应，降低机体的防御机能，不得随意使用。

自身免疫溶血性贫血

自身免疫溶血性贫血是由于某种原因产生的动物红细胞自身抗体加速红细胞破坏而引起溶血的一种免疫性疾病。主要发生于犬、猫和马。

【病因】原发性自身免疫溶血性贫血的病因尚不明确，可能是机体在遗传和环境因素刺激下产生自身抗体，破坏了红细胞。继发性常见的病因包括感染（病毒、细菌、寄生虫等）、药物（磺胺类、头孢类、青霉素、疫苗、普鲁卡因胺等）、肿瘤（淋巴瘤、白血病）、免疫性疾病（系统性红斑狼疮、甲状腺机能减退、免疫缺陷等）。

【发病机理】自身免疫溶血性贫血起源于体内产生了作用于红细胞膜的IgG、IgM抗体，抗体和补体与红细胞结合后，被吞噬细胞部分吞噬，形成球形红细胞，球形红细胞脆性很大，在脾脏中被清除。

【症状】患病动物突然贫血，物理性检查可见动物黏膜苍白和带有黏液，精神沉郁，不愿活动，心动过速，呼吸急速。血液比容降低引起收缩期心脏杂音，血管外的吞噬作用引起脾肿大和（或）肝肿大，同时有黄疸和发热症状出现。动物除表现贫血特征性病变外，还表现有皮肤损伤，尤其是尾部、耳尖、鼻尖、外周循环部位还有坏死。这是免疫介导性溶血性贫血低温下，血液凝集最常见的迹象。

实验室检查可见：血红蛋白减少，呈正细胞正色素性贫血；白细胞、血小板正常；网织红细胞增高，小球形红细胞增多，可见幼红细胞；血间接胆红素增高；冷凝集素综合征冷凝集素试验阳性；尿含铁血黄素试验阳性等。

【诊断】本病的诊断基于三个标志，即球形红细胞、真性自体凝集和库姆斯试验阳性，只要存在三者之一就可确诊。约2/3的AIHA患犬都有大量的球形红细胞。少量的球形红细胞也可见于低磷血症、锌中毒和微血管病。库姆斯试验是用特异性抗球蛋白测定附着在红细胞膜上的抗体或补体。

本病应与系统性红斑狼疮、血液寄生虫病、中毒病、传染病（如钩端螺旋体病）、体内细胞机制缺陷、肿瘤、弥漫性血管内凝血（DIC）及脾功能亢进等疾病相区别。

【治疗】

1. 治疗原则　以加强护理、消除原发病，防治急性贫血等。

2. 治疗措施　最有效的方法是尽早给予合适剂量和适当疗程的糖皮质激素，如地塞米松、泼尼松；及时应用环磷酰胺、硫唑嘌呤等降低免疫性，而且用药量及时间要充足，以免复发；一般不宜输血，以免因输血而加重溶血；必要时，输氧、强心、补液；对于犬、猫，应用大剂量糖皮质激素治疗后 2 周，溶血和贫血无改善；或每天需较大剂量强的松（>15mg）以维持血液学的改善；或不能耐受强的松、免疫抑制剂治疗，或有禁忌证者，应考虑脾切除治疗。血管内溶血及直接凝血时，预后不良，且有较高的致死率。

【处方1】免疫抑制。

地塞米松磷酸钠注射液，马 2.5～5mg，犬、猫 0.125～1mg；5％葡萄糖注射液，马 200mL，犬、猫 50mL。

用法：混合后，一次静脉注射，每天 1 次，连用 7d 后，如病情缓解后，降低剂量再使用一段时间。

说明：也可选用泼尼松口服。

【处方2】免疫抑制。

环磷酰胺，犬每千克体重 2mg。

用法：内服，每天 1 次，每周连用 4d 或隔日 1 次，连用 3～4 周。

项目 5　以排尿异常为主的疾病

项目 5.1　表现疼痛频尿的疾病

任务描述　学习本类疾病的相关知识,参加相关临床病例的诊疗,分析临床案例。

案例分析　分析以下案例,确定诊断要点,提出初步诊断,并进行分析论证,制定出治疗方案。

案例 1　主诉:奶牛,食欲减退,排尿次数增多,排尿时尾巴翘起,阴户区不断抽动,痛苦不安。

临床检查:体温 40℃,脉搏 67 次/min,呼吸数为 20 次/min。精神沉郁,直肠检查,膀胱空虚,触压膀胱,患畜抗拒不安。尿液检查,尿中含有大量的红细胞、白细胞的膀胱上皮细胞。

案例 2　某户养一宠物犬,近一段时间出现尿频,排尿时呻吟,腹壁紧缩。

临床检查:外部触诊膀胱内有硬物,患犬有疼痛表现,人工导尿膀胱空虚。

相关知识　表现疼痛频尿的疾病主要有:膀胱炎、尿道炎、尿结石等。

膀　胱　炎

膀胱炎是膀胱黏膜及其黏膜下层的炎症。临床上以疼痛性频尿和尿中出现较多的膀胱上皮细胞、炎性细胞、血液和磷酸铵镁结晶为特征。按膀胱炎的性质,可分为卡他性、纤维蛋白性、化脓性、出血性四种。但临床上以卡他性膀胱炎较为常见。本病各种家畜均可发生,以牛、犬较为多见。

【病因】膀胱炎的发生与细菌感染、机械性刺激或损伤、毒物影响或某种矿物质元素缺乏及邻近器官炎症的蔓延有关。

1. 细菌感染　除某些传染病的特异性细菌继发感染之外,主要是化脓杆菌和大肠杆菌,其次是葡萄球菌、链球菌、绿脓杆菌、变形杆菌等,经过血液循环或尿路感染而致病。有人认为,膀胱炎是牛肾盂肾炎最常见的先兆,因此,肾棒状杆菌也是膀胱炎的病原菌。

2. 机械性刺激或损伤　导尿管过于粗硬,插入粗暴,膀胱镜使用不当以致损伤膀胱黏膜。膀胱结石、膀胱内赘生物、尿潴留时的分解产物以及带刺激性药物,如松节油、酒精、斑蝥等的强烈刺激。

3. 毒物影响或某种矿物质元素缺乏　缺碘可引起动物的膀胱炎;牛蕨中毒时因毛细血管的通透性升高,也发生出血性膀胱炎。马采食苏丹草后也可发生膀胱炎。还有人认为,霉菌毒素也是猪膀胱炎的病因。

4. 邻近器官炎症的蔓延　肾炎、输尿管炎、尿道炎,尤其是母畜的阴道炎、子宫内膜炎等极易蔓延至膀胱而引起本病。

【发病机理】经血液或尿路侵入膀胱的病原微生物直接作用于膀胱黏膜,或经尿液到达膀胱的有毒物质以及尿潴留时产生的氨和其他有害产物对膀胱黏膜产生强烈的刺激，都可引起膀胱黏膜的炎症，严重者膀胱黏膜组织坏死。

膀胱黏膜炎症发生后，其炎性产物、脱落的膀胱上皮细胞和坏死组织等混入尿中，引起尿液成分改变，即尿中出现脓液、血液、膀胱上皮细胞和坏死组织碎片。这种质变的尿液成分又成为病原微生物繁殖的良好条件，可加剧炎症的发展。

发炎的膀胱黏膜受到炎性产物刺激后，其兴奋性、紧张性升高，膀胱频频收缩，故患畜出现疼痛性频尿，甚至出现尿淋漓。若膀胱黏膜受到过强刺激，引起膀胱括约肌肿胀及反射性痉挛，从而导致排尿困难或尿闭。当炎性产物被吸收后则呈现全身症状。

【症状】急性膀胱炎，患畜频频排尿，或屡做排尿姿势，但无尿液排出，患畜尾巴翘起，阴户区不断抽动，有时出现持续性尿淋漓、痛苦不安等症状。直肠检查，患畜抗拒，表现疼痛不安，触诊膀胱，手感空虚。若膀胱括约肌受炎性产物刺激，长时间痉挛性收缩，可引起尿闭，严重者可导致膀胱破裂。

尿液检查，终末尿为血尿。尿液混浊，尿中混有黏液、脓汁、坏死组织碎片和血凝块，并有强烈的氨臭味。尿沉渣镜检，可见到多量膀胱上皮细胞、白细胞、红细胞、脓细胞和磷酸铵镁结晶等。

慢性膀胱炎，由于病程长，患畜营养不良、消瘦，被毛粗乱，无光泽，其排尿姿势和尿液成分与急性者略同。若伴有尿路梗塞，则出现排尿困难，但排尿疼痛不明显。

【诊断】急性膀胱炎可根据疼痛性频尿、排尿姿势变化以及尿液检查有大量的膀胱上皮细胞和磷酸铵镁结晶，进行综合判断。在临床上，膀胱炎与肾盂肾炎、尿道炎有相似之处，但只要仔细检查分析和全面化验是可以区分的。肾盂肾炎，表现为肾区疼痛，肾脏肿大，尿液中有大量肾盂细胞。尿道炎，镜检尿液无膀胱上皮细胞。

【治疗】

1. *治疗原则* 加强护理，抑菌消炎，防腐消毒及对症治疗。

2. *治疗措施* 抑菌消炎是本病的主要疗法，可选用抗生素或磺胺类药物。尿路消毒，可选用呋喃类药物或乌洛托品等。利尿药物既能清洗尿路，又可加速尿路中不良物质的排出，对膀胱炎有显著疗效。

【处方1】

①青霉素100万～200万IU，生理盐水100mL。

用法：用0.1%高锰酸钾或1%～3%硼酸，或0.1%雷佛奴尔溶液，或0.01%新洁尔灭溶液，或1%亚甲蓝膀胱反复冲洗后，在膀胱内注入青霉素生理盐水。每天1～2次，3～5d为一疗程。

②40%乌洛托品，马、牛50～80mL。

用法：静脉注射。也可口服呋喃坦啶3g。

③氢氯噻嗪1g，氯化钾5g，大黄末50g。

用法：混合后一次内服。

【处方2】滑石散。

滑石60g，林通30g，猪苓24g，泽泻30g，茵陈30g，酒知母24g，酒黄柏24g，甘草15g，灯芯草30g，竹叶30g。

用法：水煎去渣，候温灌服（马、牛）。

尿 道 炎

尿道炎是指尿道黏膜的炎症，其特征是频频排尿，局部肿胀。各种家畜均可发生，多见于牛、犬和猫，有的地区多见于公牛。

【病因】主要是尿道的细菌感染，如导尿时手指及导尿管消毒不严，或操作粗暴，造成尿道感染及损伤。或尿结石的机械性刺激及刺激性药物与化学刺激，损伤尿道黏膜，继发细菌感染。此外，公畜的包皮炎，母畜的子宫内膜炎症的蔓延，也可导致尿道炎。

【症状】患畜频频排尿，尿呈断续状流出，并表现疼痛不安，公畜阴茎勃起，母畜阴唇不断开张，黏液性或脓性分泌物不时自阴道口流出。做导尿管探诊时，手感紧张，甚至导尿管难以插入。患畜表现疼痛不安，并抗拒或躲避检查。尿液混浊，混有黏液、血液或脓液，甚至混有坏死和脱落的尿道黏膜。

尿道炎通常预后良好，如果发生尿路阻塞，尿潴留或膀胱破裂，则预后不良。

【诊断】根据患畜频频排尿，排尿时疼痛不安，尿道肿胀、敏感，以及导尿管探诊和外部触诊即可确诊。尿道炎的排尿姿势很像膀胱炎，但采集尿液检查，尿液中无膀胱上皮细胞。

【治疗】

1. 治疗原则 消除病因，控制感染及对症治疗。
2. 治疗措施 基本与膀胱炎的治疗相同（参照膀胱炎处方）。当尿潴留而膀胱高度充盈时，可施行手术治疗或膀胱穿刺。

【处方】夏枯草90~180g。

用法：煎水、候温内服，早晚各一剂，连用5~7d（猪）。

说明：本方用于猪的尿道炎。

尿 结 石

尿结石又称尿石病，是指尿路中盐类结晶凝结成大小不一、数量不等的凝结物，刺激尿路黏膜而引起的出血性炎症和尿路阻塞性疾病。临床上以腹痛、排尿障碍和血尿为特征。本病各种动物都可发生，主要发生于公畜。

【病因】尿结石的成因普遍认为是伴有泌尿器官病理状态下的全身性矿物质代谢紊乱的结果，并与下列因素有关。

1. 高钙、低磷和富硅、富磷的饲料 长期饲喂高钙低磷的饲料和饮水可促进尿石形成。调查研究表明，尿石的形成也与饲料、品种关系密切。例如产棉地区，棉饼是牛羊的主要饲料，而长期饲喂棉饼的牛羊，极易形成磷酸盐尿结石。有些地区，习惯用甜菜根、萝卜、马铃薯为主要饲料喂猪，结果易产生硅酸盐尿石症。小麦和玉米产区的家畜患尿石症，其原因是麸皮和玉米等饲料中富含磷。

2. 饮水缺乏 饮水不足，机体出现不同程度的脱水，使尿中盐类浓度增高，促使尿石的形成。如天气炎热、农忙季节或过度使役，易造成饮水不足促进尿石的形成。

3. 维生素A缺乏 维生素A缺乏可导致尿路上皮组织角化，促进尿石形成。但实验性牛羊维生素A缺乏病，未发生尿石症。

4. 感染因素 肾和尿路感染发炎时，炎性产物、脱落的上皮细胞及细菌积聚，可成为尿石形成的核心物质。

5. 其他因素　甲状旁腺机能亢进，长期周期性尿液潴留，大量应用磺胺类药物等均可促进尿石的形成。近十多年来，相继报道了鸡的肾结石和尿路结石的病例，其病因主要是饲养环境卫生条件差，维生素缺乏和高钙饲料引起。

【发病机理】有关资料显示，尿结石不但受饲料品种的影响，而且尿结石的化学成分因家畜种类不同，也不一致。犬和猫的尿石是钙、镁和磷酸铵及尿酸铵；猪的尿石是磷酸铵镁、钙和碳酸镁或草酸镁；马的结石是碳酸钙、磷酸镁和碳酸镁；而牛羊的结石多属碳酸钙、磷酸铵镁。

一般认为尿石形成的条件是，有结石核心物质的存在，尿中保护性胶体环境的破坏，尿中盐类结晶不断析出并沉积。尿石的核心物质，多为黏液、凝血块、脱落的上皮细胞、坏死组织碎片、红细胞、微生物、纤维蛋白和砂石颗粒等，均可作为尿石的核心物质，促使尿结石的形成。尿中保护性胶体物质减少，晶体盐类与胶体物质之间的比例发生变化，某些盐类化合物过度饱和，以致从溶解状态中析出，附着于尿结石核心物质上逐渐形成结石。尿液中的理化性质发生改变，可成为尿结石形成的诱因。如尿液的 pH 改变，可影响一些盐类的溶解度。尿液潴留或浓稠，因其中尿素分解产生氨，致使尿变为碱性，形成碳酸钙、磷酸铵和磷酸铵镁等沉淀。酸性尿容易促使尿酸盐尿石的形成。尿中的柠檬酸盐的含量下降，易发生钙盐的沉淀，形成尿石。

目前一般认为，尿石形成于肾脏，随尿转移至膀胱，并在膀胱增大体积，常在输尿管和尿道形成阻塞。

尿石形成后，于阻塞部位刺激尿路黏膜，引起黏膜损伤、炎症、出血，并使局部的敏感性增高，由于刺激，尿路平滑肌出现痉挛性收缩，因而患畜产生腹痛、频尿和尿痛现象。当结石阻塞尿路时，则出现尿闭，腹痛更加明显，甚至可发生尿毒症和膀胱破裂。

【症状】由于尿结石发生的部位及损害的程度不同，所呈现的临床症状也不一样。

1. 肾结石　肾结石位于肾盂，呈现肾盂肾炎症状和血尿，特别是剧烈运动后，血尿加重。肾区疼痛，患畜极度不安，步态紧张。直肠触诊肾脏时，疼痛加剧。如肾结石移至两侧输尿管引起阻塞时，排尿点滴或停止。

2. 膀胱结石　结石位于膀胱腔时，有时不呈现明显症状，大多数患畜表现频尿或血尿。直肠触诊膀胱，膀胱敏感性增高，可能触到结石，压迫表现疼痛。公牛、公羊有时可见细小结石随尿排出附于尿道口周围的被毛上，形成砂粒结晶。

尿结石位于膀胱颈部时，患畜呈现明显的疼痛和排尿障碍，常呈现排尿姿势，但尿量较少或无尿排出。排尿时患畜呻吟，腹壁抽搐。

3. 尿道结石　公牛多发生于乙状弯曲或会阴部，公马多阻塞于尿道的骨盆中部。当尿道不完全阻塞时，患畜排尿痛苦且排尿时间延长，尿液呈滴状或线状流出，有时有血尿或小结石（砂石）。当尿道完全阻塞时，则出现尿闭或肾性腹痛现象，患畜频频举尾，屡做排尿动作但无尿排出。尿路探诊可触及尿石所在部位，尿道外部触诊，患畜有疼痛感。直肠内触诊时，膀胱内尿液充满，体积增大。若长期尿闭，可引起尿毒症或发生膀胱破裂。

膀胱破裂时，肾性腹痛现象突然消失，患畜转为安静。由于尿液大量流入腹腔，下腹部腹围迅速增大，此时施行腹腔穿刺，则有大量含有尿液的渗出液流出，液体一般呈棕黄色并有尿的气味。直肠触诊，膀胱空虚，缩小如拳头大。

【诊断】根据由于尿结石的刺激所产生的肾性腹痛、血尿及频尿现象，尿结石阻塞尿路时所出现的排尿不畅甚至尿闭。直肠内触诊及尿道探诊检查在本病的诊断上具有重要作用。犬、猫等小动物可借助X线影像检查进行综合诊断。

【治疗】本病的治疗原则是消除结石，控制感染，对症治疗。

对尿结石患畜应给予流体饲料和大量饮水，必要时可投予利尿剂，以期形成大量稀释尿，减少或防止尿中晶体物的析出。控制感染一般选用抗生素或尿路消毒药物等。

【处方1】

①双氢克尿塞1g，乌洛托品20g，氯化钾5g，龙胆末30g。

用法：马、牛一次内服。

②0.1%高锰酸钾或1%~3%硼酸，或0.1%雷佛奴尔溶液，或0.01%新洁尔灭溶液。

用法：导尿管消毒，涂擦润滑剂，缓慢插入尿道或膀胱，注入消毒液体，反复冲洗。

说明：本方用于尿结石较小的患畜。

【处方2】清热利尿、排石通淋。

金钱草120g，木通45g，瞿麦60g，扁蓄60g，海金沙60g，车前子60g，滑石90g，栀子45g。

用法：水煎去渣，候温灌服。

说明：中医称尿路结石为"砂石淋"。根据清热利湿，通淋排石，病久者肾虚并兼顾扶正的原则治疗。

注：在本病治疗中为控制感染可应用抗生素等抗菌药物；为松弛尿道肌肉可使用2.5%氯丙嗪溶液，牛、马10~20mL，猪、羊2~4mL，猫、犬1~2mL，肌内注射；尿石阻塞在膀胱或尿道的病例，可施行手术切开，将尿石取出。据报道，对草酸盐尿结石的患畜，应用硫酸阿托品或硫酸镁内服。对有磷酸盐尿结石的患畜，应用稀盐酸进行冲洗治疗获得良好的治疗效果。

技能训练

导尿与膀胱冲洗术

【应用】主要用于尿道炎及膀胱炎的治疗。目的为了排除炎性渗出物，促进炎症的治愈。也可用于导尿或采取尿液供化验诊断。本法母畜操作容易，公畜只能用于马。

【准备】根据动物种类备用不同类型的导尿管，用前将导尿管放在0.1%高锰酸钾溶液或温水中浸泡5~10min，前端蘸液状石蜡，冲洗药液宜选择刺激或腐蚀性小的消毒、收敛剂，常用的有生理盐水、2%硼酸、0.1%~0.5%高锰酸钾、1%~2%石炭酸、0.2%~0.5%单宁酸、0.1%~0.2%雷佛奴尔等溶液，也常用抗生素及磺胺制剂的溶液（冲洗药液要与体温相等），注射器与洗涤器，术者手与外阴部及公畜阴茎、尿道口要清洗消毒。

【方法】助手将畜尾拉向一侧或吊起，术者将导尿管握于掌心，前端与食指同长，呈圆锥形伸入阴道（大动物15~20cm），先用手指触摸尿道口，轻轻刺激或扩张尿道口，伺机插入导尿管，徐徐推进，当进入膀胱后，将导尿管另一端连接洗涤器或注射器，注入冲洗药液，反复冲洗，直至排出药液呈透明状为止。

当识别尿道口有困难时，可用开膣器开张阴道，即可看到尿道口。

公马冲洗膀胱时，先于柱栏内固定好两后肢，术者蹲于马的一侧，将阴茎拉出，左手握住阴茎前部，右手持导尿管，插入尿道口徐徐推进，当到达坐骨弓附近时，有阻力，推进困难，此时助手在肛门下方可触摸到导尿管前端，轻轻按压辅助向上转弯，术者于此时继续推送导尿管，即可进入膀胱。冲洗方法与母畜相同。

【注意事项】

(1) 插入导尿管时前端宜涂润滑剂，以防损伤尿道黏膜。

(2) 防止粗暴操作，以免损伤尿道及膀胱壁。

(3) 公马冲洗膀胱时，要注意人畜安全。

项目 5.2　表现红尿的疾病

任务描述　学习本类疾病的相关知识，参加相关临床病例的诊疗，分析临床案例。

案例分析　分析以下案例，确定诊断要点，提出初步诊断，并进行分析论证，制定出治疗方案。

案例 1　某牛场的一头奶牛，食欲减退，反刍减少，弓背垂头站立，不愿走动，驱赶行走后两肢举步不高。排尿减少呈暗红色。

临床检查：体温 40.5℃，脉搏 75 次/min，呼吸数为 24 次/min。触诊肾区敏感，直肠检查，肾脏肿大，触之敏感。听诊第二心音增强。尿液检查，尿中含有大量的红细胞、白细胞和肾上皮细胞。

案例 2　主诉：病犬 5d 前偷食了一盘剩菜，第 2 天精神沉郁，食欲减退，走路蹒跚，不愿活动，喜卧。排红色尿液。

临床检查：眼结膜和口腔黏膜苍白、黄染，心率 130 次/min，呼吸 52 次/min，体温 37.6℃，全身虚弱无力。

相关知识　表现血尿的疾病主要有：肾炎、膀胱炎（参见项目 5.1）、尿道炎（参见项目 5.1）、尿结石（参见项目 5.1）、牛血红蛋白尿病、菜子饼中毒（参见项目 2.4）、洋葱、大葱中毒等。

肾　　炎

肾炎是指肾小球、肾小管或肾间质组织发生炎症的统称。临床上以肾区敏感与疼痛，尿量减少，尿液中含多量肾上皮细胞和各种管型，严重时伴有全身水肿为特征。

按其病程分为急性和慢性两种，急性肾炎是指肾实质的急性炎症病变，由于炎症主要侵害肾小球，故又称为肾小球肾炎；慢性肾炎是指肾小球发生弥漫性炎症，肾小管发生变性以及肾间质组织发生细胞浸润（慢性非硬化性肾炎）或是伴发间质结缔组织增生，致实质受压而萎缩，肾脏体积缩小变硬（慢性间质性肾炎，或肾硬化）的一种慢性肾脏疾病。各种家畜均可发生，主要以马、猪、犬多见。

【病因】　目前认为肾炎的发病原因与感染、中毒和变态反应有关。

1. 感染性因素　多继发于某些传染病的经过之中，如口蹄疫、猪瘟、传染性胸膜肺炎、犬瘟热、牛病毒性腹泻、猪丹毒、结核、链球菌病等，此外，本病也可由肾盂肾炎、膀胱炎、子宫内膜炎、尿道炎等邻近器官炎症的蔓延和致病菌通过血液循环进入肾组织而引起。

2. 中毒性因素　由于内源性毒素或外源性毒素等有毒物质经肾脏排出时产生强烈刺激而发病。内源性毒素主要是重剧性胃肠炎症，代谢障碍性疾病，大面积烧伤等疾病中所产生的毒素与组织分解产物；外源性毒素主要是摄食有毒植物，霉变的饲料，被农药和重金属（如砷、汞、铅、镉、钼等）污染的饲料及饮水或错误应用有强烈刺激性的药物（如松节油、石炭酸、水杨酸等）。

3. 诱发因素　机体受寒感冒、营养不良、过劳、创伤，均可成为肾炎的诱发因素。

据报道，某些药物可引起药源性间质性肾炎，已知的药物有：二甲氧青霉素、氨苄西林、先锋霉素、噻嗪类及磺胺类药物等。

4. 慢性肾炎的病因　基本上与急性肾炎相同，但作用时间较长，性质较为缓和，因而引起慢性病理过程。但临床所见的慢性肾炎，多是由于急性肾炎治疗不当或未彻底治愈而转为慢性肾炎的。此外，慢性肾小球肾炎常可在过度使役、受凉、感染或治疗不及时或不当的情况下，使病情加重，呈现急性肾小球肾炎的发病过程。

【发病机理】近年来研究认为大约有70%临床肾炎病例属于免疫复合物性肾炎，约5%的病例属于抗肾小球基底膜性肾炎，其余为非免疫性肾炎。

免疫复合物性肾炎：是机体在外源性（病原微生物及其毒素）或内源性抗原（如自身组织被破坏而产生的变性物质）刺激下产生相应的抗体，当抗原与抗体在循环血液中形成可溶性抗原抗体复合物后，抗原抗体复合物随血液循环到达肾小球，并沉积在肾小球血管及肾小球囊内，引起变态反应性炎症。

抗肾小球基底膜性肾炎：在感染或其他因素作用下细菌或病毒的某种成分与肾小球基底膜结合，形成自身抗原，刺激机体产生抗自身肾小球基底膜抗原的抗体，该抗体可与该抗原物质反应，引起变态反应性炎症。

非免疫性肾炎：病原微生物及其毒素，以及有毒物质或有害的代谢产物，经血液循环进入肾脏时直接刺激或阻塞、损伤肾小球或肾小管的毛细血管而导致肾炎。

肾炎初期，因变态反应引起肾小球毛细血管痉挛性收缩或致使肾毛细血管壁肿胀，使肾小球滤过率下降，尿量减少或无尿。进一步发展，水、钠在体内大量蓄积而发生不同程度的水肿。

肾炎的中后期，由于肾小球毛细血管的基底膜变性、坏死、结构疏松或出现裂隙，使血浆蛋白和红细胞漏出，形成蛋白尿和血尿。并使血液胶体渗透压降低，血液液体成分渗出，水肿更为严重。由于肾小球缺血，引起肾小管也缺血，结果肾小管上皮细胞发生变性、坏死甚至脱落。渗出、漏出物及脱落的上皮细胞在肾小管内凝集形成各种管型。

肾小球滤过机能降低，水、钠潴留，血容量增加；肾素分泌增多，血浆内血管紧张素增加，小动脉平滑肌收缩，致使血压升高，主动脉第二心音增强。由于肾脏的滤过机能障碍，使机体内代谢产物（非蛋白氮）不能及时从尿中排除而蓄积，引起尿毒症（氮质血症）。

慢性肾炎，由于炎症反复发作，肾脏结缔组织增生以及体积缩小导致临床症状时好时坏，终因肾小球滤过机能障碍，尿量改变，机体内代谢产物，滞留在血液中，引起慢性尿毒症。

【症状】

1. 急性肾炎 患畜食欲减退，精神沉郁，消化不良，体温微升。

肾区敏感、疼痛，患畜不愿走动，站立时腰背拱起，后肢叉开或集于腹下。强迫行走时腰背弯曲，僵硬，步样强拘，后肢举步不高，严重时，后肢拖曳前进。外部压迫肾区或行直肠检查时，可感知肾脏肿大，敏感性增高，表现站立不安，甚至躺下。

患畜频频排尿，但每次尿量较少，严重者无尿。尿色浓暗，相对密度增高，甚至出现血尿。尿中蛋白质含量增加。尿沉渣中可见管型、白细胞、红细胞、肾上皮细胞、脓球及病原菌等。

动脉血压升高，主动脉第二心音增强，脉搏强硬。由于血管痉挛，眼结膜呈淡白色。病程延长时，可出现血液循环障碍和全身淤血现象。

病程后期在眼睑、颌下、胸腹下、阴囊部及牛的垂皮处发生水肿。严重时，可发生喉水肿、肺水肿或体腔积液。

重症患畜血中非蛋白氮含量增高，出现尿毒症症状，表现嗜睡、昏迷、全身肌肉阵发性痉挛，并伴有腹泻及呼吸困难等症状。

2. 慢性肾炎 其症状与急性肾炎基本相同，但病情发展缓慢，病程较长，且症状不明显。病初表现易疲劳，食欲减退，消化不良或伴有胃肠炎，逐渐消瘦。血压升高，脉搏增数，硬脉，主动脉第二心音增强。后期，眼睑、颌下、胸腹下或四肢末端出现水肿，重症者出现肺水肿或体腔积水。尿量不定（正常或减少），尿相对密度增高，尿中蛋白质含量增加，尿沉渣中可见肾上皮细胞、红细胞、白细胞及管型。重症患畜由于血中非蛋白氮含量增高，最终导致慢性氮质血症性尿毒症，患畜倦怠，消瘦，贫血，抽搐及出血倾向，直至死亡。典型病例主要是水肿、血压升高和尿液异常。

3. 间质性肾炎 初期尿量增多，后期减少，尿液中可见少量蛋白红细胞、白细胞及肾上皮细胞，有时可发现透明或颗粒管型。血压升高，心脏肥大，主动脉第二心音增强，随着病情发展，出现心脏衰弱，皮下水肿（心性水肿）。

大动物直肠检查和小动物肾区触诊，可感到肾脏体积减小，呈坚硬感，但无疼痛、敏感现象。

【诊断】本病多发生于某些传染病或中毒之后；临床上表现为少尿或无尿，肾区敏感，主动脉第二心音增强，水肿；实验室检查有蛋白尿、血尿，尿沉渣中有多量肾上皮细胞和各种管型等，综合这些特征可做出诊断。

本病应与肾病鉴别。肾病，是由于细菌或毒物直接刺激肾脏而引起的肾小管上皮的变性过程，临床上有明显水肿和低蛋白血症，尿中有大量蛋白质，但无血尿及肾性高血压现象。

【治疗】

1. 治疗原则 消除病因，加强护理，消炎利尿，抑制免疫反应及对症治疗。

2. 治疗措施

(1) 改善饲养管理。将患畜置于温暖、阳光充足，且通风良好的畜舍内，充分休息，防止受寒感冒，病初可施行1~2d的饥饿或半饥饿疗法。以后给予富有营养、易消化且无刺激性的糖类饲料，减少高蛋白饲料。为缓解水肿，适当限制食盐和饮水。

(2) 消除感染。可选用抗生素及喹诺酮类药物进行治疗，但不能用对肾损害大的药物。

(3) 免疫抑制疗法。近年来，鉴于免疫反应在肾炎发病方面所起重要作用，在临床上开始应用某些免疫抑制剂治疗肾炎,收到一定的效果。可选用肾上腺皮质激素类或抑制肿瘤药物。

(4) 利尿消肿。当有明显水肿时,可酌情选用利尿剂。如氢氯噻嗪、醋酸钾、速尿等。

(5) 对症疗法。当心脏衰弱时,可应用强心剂,如安钠咖、樟脑或洋地黄制剂。当有大量血尿时,可应用止血剂,如止血敏或维生素K。当有大量蛋白尿时,可应用蛋白合成药物,如苯丙酸诺龙或丙酸睾丸素。当出现尿毒症时,可应用5%碳酸氢钠注射液或11.2%乳酸钠注射液缓解中毒症状。

【处方1】消炎、利尿、抑制免疫反应。

①青霉素,牛、马每千克体重1万~2万IU,猪、羊、犬每千克体重2万~3万IU。

用法:肌内注射或静脉注射,每天3~4次,连用1周。

说明:消除感染,也可应用或合并应用链霉素、诺氟沙星、环丙沙星。

②氢化可的松注射液,牛、马200~500mg,猪、羊20~80mg,犬5~100mg,猫1~5mg。

用法:肌内注射或静脉注射,每天1次。

说明:由于免疫反应在肾炎的发病上起重要作用,而肾上腺皮质激素具有很强的抗炎和抗过敏作用,所以,对于肾炎病例多采用激素疗法,也可选用地塞米松(每千克体重0.1~0.2mg)等肾上腺皮质激素类药物。

③氢氯噻嗪,牛、马0.5~2g,猪、羊0.05~0.2g,犬每千克体重2~4mg。

用法:加水适量内服,每天1次或2次,连用3~5d。

说明:促进排尿,减轻或消除水肿,也可选用速尿,每千克体重1~3mg,内服,每天2次,连用3~5d后停药。

【处方2】利尿消肿及尿路消毒。

25%氨茶碱注射液8mL,40%乌洛托品注射液50mL,25%葡萄糖注射液500mL。

用法:给马、牛一次静脉注射。

说明:用于中、小动物时,适当减少药量。本方可与处方1同时用于明显水肿的病例。

【处方3】加味五皮饮。

大腹皮30g,茯苓皮30g,生姜皮30g,陈皮30g,桑白皮30g,猪苓30g,泽泻30g,苍术30g,白术30g,桂枝25g,甘草15g。

用法:水煎服。

【预防】加强饲养管理,不饲喂霉败或有刺激性的饲料,防止受寒和过劳,防止各种感染和毒物中毒。

牛血红蛋白尿

牛血红蛋白尿是以血红蛋白尿为特征的一类营养代谢病。主要见于高产、经产母牛产犊后发生的一种代谢病。临床上以血红蛋白尿、贫血和低磷酸盐血症为特征。

母牛产后血红蛋白尿病,多发生于产后4d至4周的3~6胎高产母牛,肉用牛和3岁以下的奶牛极少发生。水牛血红蛋白尿病的发生不局限于产后母牛,与泌乳量高低无关,与本病具有相似的临床特征和病理学特征。两者是同一种疾病的不同表现形式。

【病因】母牛产后血红蛋白尿是因饲喂了低磷饲料,如十字花科植物的油菜、甘蓝或饲喂了含皂角苷丰富的甜菜叶、苜蓿干草,加上母牛产后泌乳,磷脂丢失增多,导致母牛产后发生低磷血症而使红细胞大量破裂、溶血,产生血红蛋白尿。十字花科植物含磷量少,若受干旱影响,含磷量会更少,其所含的皂苷成分具有溶血作用,当母牛产后饲喂这种十字花科的青饲料,导致母牛出现低磷血症,引起血红蛋白尿。也可能与缺铜有关,铜为正常红细胞代谢所必需的元素,由于产后大量泌乳,铜从体内大量丢失,当肝脏铜贮备空虚时,会发生巨细胞性低色素贫血。

水牛血红蛋白尿病,常发生在冬季开始阶段或严寒的冬季,寒冷可能是重要的诱发因素,其他特征与母牛产后血红蛋白尿完全相似,也有低磷血症的病理变化。用补磷疗法也可获得满意效果。

【症状】 血红蛋白尿是这两种病的突出病征,是病初的唯一症状。病牛尿液在最初 1~3d 逐渐由淡红、红色、暗红色,直至紫红色和棕褐色,然后随症状减轻至痊愈时,又逐渐由深变淡,直至无色为止。由于血红蛋白对肾脏和膀胱产生刺激作用,排尿次数增加,但各次排尿量相对地减少。尿的潜血实验呈阳性反应,而尿沉渣中通常没有红细胞。

临床检查病牛,体温、呼吸、食欲常无明显的变化,直至严重贫血时,食欲稍有下降,呼吸次数稍有增加,但这些变化都不明显,也极少出现胃肠道和肺的并发症。通常脉搏增数,心搏动急促而强,可发现颈静脉怒张及明显的颈静脉搏动。

伴随病程的发展,贫血程度加剧。可视黏膜及皮肤(乳房、乳头、股内侧和腋下)变淡红色或苍白色。血液稀薄,凝固性降低,血清呈樱红色,红细胞脆性不增高,红细胞数和血红蛋白值下降到正常的 50% 以下。血清无机磷水平降低至 4~15mg/L,为正常血磷的 10%~20%,但血清钙水平正常(约 100mg/L)。尿中没有红细胞。水牛血红蛋白尿的死亡率约 10%,但产后血红蛋白尿死亡率达 50%。

【诊断】 根据典型临床症状,高产乳牛产后 4 周内突然发病,出现溶血性贫血、血红蛋白尿病和低磷血症,结合长期饲喂低磷及十字花科植物的病史,应用磷制剂效果显著,不难诊断。但应注意与排红尿的其他疾病鉴别。

牛细菌性血红蛋白尿,是一种急性传染病,病原为溶血性梭菌。缺乏采食十字花科植物的病史。体温升高,并有严重的肠出血,死亡极快。抗生素治疗效果满意。

牛钩端螺旋体病和梨形虫病,两者均有热证候,多发生在夏季,前者用广谱抗生素或链霉素治疗,后者用阿卡普林治疗有良好效果。

其他伴有血红蛋白尿或血尿的疾病根据病史和临床特征可以鉴别。

【治疗】

1. 治疗原则　补磷及对症治疗。
2. 治疗措施

【处方】 补充血磷,调整钙、磷平衡。

①20% 磷酸二氢钠注射液 300~500mL,或 3% 次磷酸钙注射液 1 000mL,10% 葡萄糖注射液 500~1 000mL,10% 维生素 C 50~100mL。

用法:牛,一次静脉注射,每天 1 次,连续 2~3d。

②骨粉或磷酸氢钙 200g;鱼肝油 50~100mL。

用法:牛,一次口服,每天 1~2 次,连续 2~3d。

【预防】 在十字花科青绿饲料旺盛的季节,合理搭配粗料,不能全喂青料,适当补充精饲料。依据生产用途、目的决定补充精料喂量,每天每头牛补充精饲料2~3kg,精料配方中要添加2%磷酸氢钙、1%碳酸氢钠、0.5%氧化镁、1%食盐和少量的植酸酶。若没有补充精料,每天必须补充磷酸氢钙50~100g,预防低血磷。

洋葱、大葱中毒

洋葱、大葱都属百合科,葱属。犬、猫采食后易引起中毒,主要表现为排红色或红棕色尿液,犬发病较多,猫少见。动物洋葱中毒世界各国均有报道,我国1998年首次报道了犬大葱中毒。实验性投喂一个中等大小的熟洋葱即可引起犬中毒,中毒剂量为每千克体重15~20g。

【病因】犬、猫采食了含有洋葱或大葱的食物。这些食物包括水饺、包子、炒菜等,一次性大量采食可引起急性中毒,长期小剂量采食引起慢性中毒。

【发病机理】洋葱、大葱中含有具有辛香味挥发油 N-丙基二硫化物或硫化丙烯,此类物质不易被蒸煮、烘干等加热破坏,越老的洋葱或大葱其含量越多。N-丙基二硫化物或硫化丙烯,能降低红细胞内葡萄糖-6-磷酸脱氢酶(G-6-PD)的活性,使红细胞更易被氧化破坏。红细胞溶解后,从尿中排出血红蛋白,使尿液变红,严重溶血时,尿液呈红棕色。由于红细胞大量溶解,使血液中胆红素明显升高,患病动物呈现黄疸症状。

【症状】

1. 急性中毒 犬、猫采食洋葱或大葱后1~2d发病,表现精神沉郁,食欲减退或废绝,走路蹒跚,不愿活动,喜卧。眼结膜和口腔黏膜苍白、黄染。心搏增数、气喘、虚弱。最特征性表现为排红色尿液,尿液颜色从浅红、深红至黑红色不等。体温正常或降低,严重中毒可导致死亡。

2. 慢性中毒 症状不明显,精神欠佳,不爱活动,稍动则喘。食欲差,排淡红色尿液。眼结膜及口腔黏膜呈黄色。

3. 血液变化 血液中红细胞数、血细胞比容、血红蛋白含量减少,白细胞数增多。红细胞内或边缘上有海蒽茨氏小体。血清总蛋白、总胆红素、间接胆红素、尿素氮、天冬氨酸氨基转移酶活性均呈不同程度升高。

4. 尿液变化 尿液颜色呈红色或红棕色,相对密度增加,尿潜血、血红蛋白检验阳性。尿沉渣中红细胞少见或没有。

【诊断】

1. 病史调查 有采食洋葱或大葱的病史。

2. 症状诊断 眼结膜和口腔黏膜苍白、黄染。尿液呈红色。

3. 实验室诊断 尿液内含大量血红蛋白;血液中红细胞数、血细胞比容减少,红细胞内或边缘上有海蒽茨氏小体,血清总胆红素、间接胆红素升高。

4. 鉴别诊断 应注意与犬钩端螺旋体病、附红细胞体病等溶血性疾病的鉴别诊断。

【治疗】

1. 治疗原则 补充血容量,补充造血物质,提高机体抵抗力。

2. 治疗方法 立即停止饲喂洋葱或大葱等食物;应用维生素E、维生素C等抗氧化剂以减少血红蛋白的破坏;进行输液,补充营养;给以适量利尿剂,促进体内血红蛋白排出;溶血引起贫血严重的犬、猫,可进行输血治疗,每千克体重10~20mL。

【处方1】补血。

全血每千克体重10～20mL；地塞米松每千克体重0.5～1mg；10%葡萄糖酸钙，犬10～30mL，猫5～10mL。

用法：静脉注射。

说明：输血前应做交叉血凝试验。

【处方2】提高机体造血机能。

硫酸亚铁每千克体重50mg，0.3%氯化钴溶液3～5mL，维生素B_1每千克体重5～10mg，叶酸每千克体重0.5～1mg。

用法：口服，每天1～2次。

说明：补充造血物质。

【处方3】防止红细胞被氧化。

维生素E，犬30～100mg，猫10～30mg；维生素C，犬100～500mg，猫50～100mg。

用法：内服，每天1～2次。

【处方4】补充血容量。

葡萄糖生理盐水每千克体重40～60mL；ATP，犬100～300mg，猫50～100mg。

用法：静脉注射，每天1次。

【预防】加强对大葱、洋葱的管理，防止动物偷食，禁止用含有大葱、洋葱的食物饲喂动物。

项目6 以运动障碍为主的疾病

任务描述 学习本类疾病的相关知识，参加相关临床病例的诊疗，分析临床案例。

案例分析 分析以下案例，确定诊断要点，提出初步诊断，并进行分析论证，制定出治疗方案。

案例1 有一3月龄幼犬，来宠物医院就诊。

主诉：食欲正常，生长发育也比较快，近来发现脚掌有些变形，站立时，脚掌着地，行走时，步态稍有跛行，不愿长时间走动，未见其他异常。

临床检查：被毛卷曲无光泽，四肢发育不够好，站立时，两前肢有些呈O形，系部着地。

案例2 某农户家一母猪，仔猪断奶后，发生瘫痪。

主诉：一周前发现母猪喜卧，不愿站立，行走无力，后躯有些摇晃，逐步严重到瘫痪。

临床检查：母猪瘦弱，皮包骨，营养状况极差。体温正常，食欲尚可，采食时，两前肢还能撑起，后肢不能站起，瘫痪。

询问饲养管理情况：哺乳期间，因仔猪市场价格便宜，母猪没有饲喂全价料，精料以玉米粉为主，日喂量约1.2kg。

案例3 主诉：6月龄以下的犊牛，53头，陆续出现站立困难，行走无力。在治疗过程中死亡1头。

临床检查：大部分犊牛，精神沉郁，卧多立少，步样强拘。已死亡犊牛的剖检变化为全身肌肉苍白，严重的呈鱼肉样、脆弱、易碎、心包腔积液、心肌呈灰白色变性。

案例4 主诉：鸡场饲养的35日龄雏鸡，近期出现采食减少，站立困难。

临床检查：病鸡精神沉郁，食欲减退，跗关节明显肿大、脱皮、出血，胫骨的远端和跗骨的近端向外方弯转，最后导致腓肠肌腱脱出正常位置，病鸡的腿部变弯曲或扭曲并向外伸展，比正常腿骨较短而粗大，无法支撑体重，不能站立，而以跗关节着地。

案例5 主诉：新疆牧场2月龄放牧绵羊，陆续出现消瘦，行走困难。

临床检查：病羊营养不良，被毛粗乱，眼结膜苍白，有的异嗜而舐土，后肢叉开、弯曲呈蹲伏状，举步行走时跗关节僵硬，后肢拖拉。随着病情发展，两后肢先后出现震颤，并呈半瘫或全瘫。

案例6 主诉：牛场一直用稻草喂牛，近日发现有的牛精神沉郁，不爱活动，弓背站立，跛行。

临床检查：站立时疼痛不安，患肢间歇性提举，蹄冠肿胀、热痛。有的病例腕关节或跗关节皮肤发红、瘙痒，表面有淡黄白色透明液体流出。严重病例皮肤破溃、出血、化脓和坏死。尾巴坏死脱落。

案例7 主诉：鸡场一部分鸡表现精神萎靡、食欲不振、消瘦、贫血、鸡冠萎缩、苍白，粪便稀薄，含大量白色淀粉样物质。

临床检查：肛门松弛，粪便经常不自主地流出，污染肛门下部的羽毛，鸡群中死亡率明显上升。剖检病死鸡可见肾肿大，色苍白，肾小管变粗。少数鸡脚趾和腿部关节炎性肿胀和跛行、瘫痪。

相关知识 以运动障碍为主的疾病主要有：佝偻病、软骨病、硒和维生素 E 缺乏症、脊髓挫伤及脊髓震荡、铜缺乏症、锰缺乏症、锌缺乏症（参见项目 8）、霉稻草中毒、家禽痛风等。

佝 偻 病

佝偻病是幼龄动物维生素 D 缺乏或钙、磷代谢障碍所引起的一种代谢性疾病。临床特征为消化紊乱、异嗜、跛行、骨骼变形等。常见于犊牛、羔羊、仔猪、幼禽、幼驹和幼犬等。

【病因】

(1) 钙、磷不足，或比例失调。仔猪多因磷过多、钙及维生素 D 不足而发生本病。据研究，母乳中含有丰富的钙质，哺乳期的幼畜通过吸食母乳即可满足生长发育时对钙的需求。仔猪正常生长发育所需的钙、磷比例是 1~2:1，如比例低于 1:1 或超过 2:1，则可影响钙的吸收与利用而发生佝偻病。另外，早期断乳仔猪，饲料中钙的绝对含量达 0.8% 即可满足生长需求，一般不得超过 0.9%，否则会影响其正常的生长发育。如过早断乳，或断乳后未及时适当补充钙、磷及维生素 D，即可引起本病。生长较快的犊牛如磷缺乏，或紫外线照射不足，也可引起本病。

(2) 维生素 D 摄入量不足。维生素 D 对钙的吸收、利用特别是在成骨细胞钙化过程中起着很重要的作用，在饲料中钙磷比例失调的情况下极易引起佝偻病。舍饲幼畜饲料中未补充维生素 D，或日光照射不足，即可导致维生素 D 不足，引起本病。另外，动物消化机能紊乱，影响机体对维生素 D 的吸收，如长期消化不良、慢性肝脏、胆囊疾病，或长期腹泻等，都会影响到维生素 D 的吸收与利用。

(3) 母畜长期采食未经太阳晒过的干草，同时母畜自身阳光照射不足。导致乳中维生素 D 含量严重不足，造成哺乳期的幼畜发生维生素 D 缺乏症。

(4) 维生素 A、维生素 C 缺乏。维生素 A 参与骨骼有机母质中黏多糖的合成，特别是胚胎、幼畜骨骼生长发育所必需；维生素 C 是羟化酶的辅助因子，能促进有机母质的合成。因此，缺乏维生素 A、维生素 C 会使动物发生骨骼畸形。

(5) 微量元素如铁、铜、锌、锰、硒等缺乏，会促使佝偻病的发生。

【发病机理】佝偻病是以骨基质钙化不足为基础而发生的，而促进骨骼钙化作用的主要因子则是维生素 D。当饲料中钙、磷比例平衡时，机体对维生素 D 的需求量是很小的；而当钙、磷比例不平衡时，哺乳幼畜和青年动物对维生素 D 的缺乏则极为敏感。

当维生素 D 被小肠吸收后进入肝脏，通过 25-羟化酶催化，转变为 25-羟钙化醇，再通过甲状旁腺激素的调节，在肾脏通过 1-羟化酶转化为 1,25-二羟钙化醇，后者既促进小肠对钙、磷的吸收，也促进破骨细胞对钙、磷的沉积。当血钙正常或升高时，1,25-二羟钙化醇的合成就受到抑制；反之，血钙降低时，它的合成加强。因此，当动物钙、磷比例不平衡时，其对维生素 D 的缺乏极为敏感，即在维生素 D 不足或缺乏时，钙、磷比例的不平衡，极易引起生长骨的骨基质钙化不全，从而表现骨骺肥大和长骨弯曲变形，产生内弧（O 形）

或外弧（X形）姿势等的一系列临床症状。

动物饲草中的麦角固醇和动物被皮中的维生素D_3原，在缺乏阳光照射时，则不能分别转化为维生素D_2和有活性的维生素D_3，母畜乳汁中的维生素D严重不足，可导致哺乳动物发生佝偻病。

【症状】各种动物佝偻病的临床症状基本相似，主要表现为精神沉郁，食欲降低，消化不良、拱圈、异嗜，生长发育缓慢，喜卧，被毛粗糙、无光泽，换毛时间推迟；出牙时间延长，牙齿形状、排列不规则，齿面钙化不完全，容易磨损；关节肿胀易变形，站立时四肢频频交换负重，运步时步态强拘，有时跛行。骨骼变形是本病的重要症状，关节肿大，骨端增粗；肋骨扁平，胸廓狭窄，脊柱弯曲，肋骨与肋软骨结合部呈串珠状肿胀；头骨肿大；四肢弯曲，呈内弧O形或外弧X形姿势。最终可导致消瘦、贫血，但体温、脉搏及呼吸一般无明显变化。

仔猪前肢屈曲呈跪地姿势，腿发抖，不能迈步，重则可见硬腭肿胀而致口腔不能闭合。

犊牛表现为低头、拱背，站立时姿势异常，前肢腕关节屈曲向前外方凸出，呈O形，后肢跗关节内收，呈"八"字形叉开。

雏鸡多见喙变软、弯曲、变形，因长期不能运动而导致腿肌、胸肌萎缩。

犬生长发育缓慢，运步时脚软呈现点头姿势，前肢出现O形腿（图6-1）和"踏掌"，站立时四肢内缩。

图6-1 小狗前肢O形腿

【诊断】

1. 症状诊断 幼龄发病，食欲减退，消化不良，生长发育不良，骨骼变形，异嗜，牙齿生长不良；动物喜卧，不愿行走。仔猪以蹄尖着地，点头运步，后以腕部着地行走。犊牛站立时拱背，后肢跗关节内收，呈"八"字形叉开。雏鸡常卧地采食，驱赶时勉强行走几步后，又很快卧地。

2. 实验室诊断 血清碱性磷酸酶的活性升高，血清钙、磷水平降低。

3. 特殊诊断 X线检查，骨密度降低，长骨末端呈羊毛状或蚀斑状，骨端扁、凹，骨骺变宽且不规则。

【治疗】

1. 治疗原则 补充维生素D，补充钙和磷，消除维生素D缺乏症。

2. 治疗措施

【处方】补充维生素D、补充钙和磷。

①鱼肝油，马、牛20~60mL，猪、羊10~30mL，犬5~10mL，禽1~2mL；或浓鱼肝油，犊、驹2~4mL，羔羊、仔猪0.5~1.0mL；或维生素AD注射液，马、牛5~10mL，驹、犊、羊、猪2~5mL，仔猪、羔羊0.5~1mL；或维生素D_2胶性钙注射液，马、牛2.5万~10万IU，猪、羊0.5万~2万IU，犬0.25万~0.5万IU。

用法：一次内服。每天1次，连续5~7d。

②脱脂鱼粉，驹、犊20~100g/d，仔猪、羔羊10~30g/d；或日粮中补充1%~2%的骨粉或磷酸氢钙。

用法：混饲，连续7~14d。

【预防】调整日粮中钙、磷比例，一般应控制在1.2~2:1，骨粉、鱼粉及磷酸氢钙是较好的补钙、磷的添加剂，因其比例在正常范围内，不必调整。石粉、蛋壳粉、贝壳粉只含钙，不含磷，不能单一使用，否则，导致钙、磷比例不平衡。饲料中添加植酸酶可提高饲料中磷的吸收利用，可替代饲料中部分的磷酸氢钙。

加强对妊娠后期、哺乳期母畜的饲养、幼畜的培育，它们对维生素D、钙、磷的需要量相对较高，注意补充。仔畜要经常运动，畜舍光线要充足。及时治疗胃肠道疾病。

骨 软 病

骨软病是成年动物因钙、磷代谢障碍而引起的骨营养不良性疾病，临床表现以消化紊乱、异嗜、跛行、骨质疏松及骨变形为特征。

【病因】

1. 饲料中钙、磷不足或比例失调　动物饲料中钙、磷不足或比例不当是引起骨软病的主要原因。饲料中正常钙、磷比例为马1.2:1.0，黄牛2.5:1.0，乳牛1.4:1.0，猪1.2:1.0，肉鸡1~1.5:1.0。长期饲喂单一含钙量高（谷草、红茅草、长期干旱的草料）或含磷量高（麸皮、米糠、豆科种子和秸秆）的饲料，造成钙、磷比例严重失调，不利于钙的吸收、利用。

2. 钙消耗过多　母畜妊娠后期由于胎儿的发育需要消耗大量钙盐，或母畜产仔过多，大量泌乳，大量的钙进入乳汁，也可造成母畜缺钙。另外，饲料中植酸过多，或蛋白质的代谢产物硫酸、磷酸及脂肪酸含量过高，与体液中钙离子结合形成不溶性钙盐，从而造成钙的损耗加大。

3. 钙的代谢紊乱　甲状旁腺机能亢进，甲状旁腺素促使间叶细胞转化为破骨细胞，导致骨盐的溶解，引起骨质疏松。

4. 维生素D摄入量不足　维生素D对钙的吸收、利用特别是在成骨细胞钙化过程中起着很重要的作用，饲料单一，栏围阴暗，饲料中未补充维生素D，导致维生素D不足，引起本病。

5. 消化机能障碍　钙主要是通过肠道吸收的，如长期患慢性肠道疾病则可影响钙的正常吸收。

【症状】早期，患畜消化紊乱，有异食癖，啃咬栏围木头，采食泥土、砖头，拱墙或吞食胎衣等。

中期，病畜出现跛行症状，迈步不灵活，肢体僵直，行走时后躯摇摆，或出现跛行；拱背，喜卧。有时患畜腿部肌肉颤抖，后肢伸展呈拉弓姿势。母猪常卧地不愿运动，特别是产后跛行加重，仔猪断奶后发生后肢瘫痪不能站立，常伴有严重的便秘。

后期，病畜出现四肢关节疼痛，外观异常，骨盆变形（图6-2），肋骨、肋软骨接合部肿胀，易断。牛还可见尾椎骨移位、变形，重者导致尾

图6-2　病羊脊柱明显弯曲

椎骨变软。病畜骨盆严重变形时还可引起难产。

本病还可并发四肢及腰椎关节扭伤，跟腱剥脱，病理性骨折，一般极少死亡。如病畜久卧不起时，则可发生大面积褥疮，最后因败血症而死亡。

【诊断】

1. 症状诊断　临床上病畜出现跛行，消化紊乱，骨变形，关节肿痛，易骨折。结合日粮调查可诊断。但要与骨折、关节炎、腐蹄病、慢性氟中毒、肌肉风湿等疾病相区别。

2. 实验室诊断　血磷浓度降低，血钙浓度正常或略高，血清碱性磷酸酶活性升高。

3. 特殊诊断　X线检查，患畜长骨皮质层变薄，骨密度降低。额骨穿刺检查，因骨质硬度降低而容易刺入。

【治疗】

1. 治疗原则　补充钙、磷，促进钙、磷的吸收与利用，恢复血中钙、磷正常水平。

2. 治疗措施

【处方1】补充钙、磷，促进钙、磷的吸收与利用。

①10%葡萄糖酸钙，马、牛20～60g，猪、羊5～15g，犬0.5～2g；或5%氯化钙，马、牛5～15g，猪、羊1～5g，犬0.1～1g。

用法：静脉注射，每天1次，连续5～7d。

②维丁胶性钙注射液，牛每次10万IU，羊、猪2万IU。

用法：肌内注射，连续5～7d。

③脱脂鱼粉，马、牛200～500g/d，猪、羊100～300g/d；或日粮中补充1%～2%的骨粉或磷酸氢钙和0.5%的碳酸钙。

用法：混饲，连续7～14d。

【处方2】补充钙、磷，促进钙、磷的吸收与利用。

①20%磷酸二氢钠注射液100～300mL，或3%次磷酸钙注射液1 000mL。

用法：牛一次静脉注射，每天1次，连续3～5d，猪的用量为牛的1/16。

②维丁胶性钙注射液10万IU。

用法：牛一次肌内注射，羊用2万IU。

③人工盐100g，骨粉200g。

用法：拌料10kg饲喂，日喂量为体重的2%～3%，连续7～14d。

【处方3】平肝潜阳、理气健脾。

煅牡蛎20份，煅骨头30份，炒食盐15份，小苏打10份，苍术7份，炒茴香3份，黄豆15份。

用法：共同研成细末，牛每天喂服90～150g，连用30～40d。

硒和维生素E缺乏症

硒和维生素E缺乏症是由于饲料和饮水中硒和维生素E供给不足或缺乏，而引起多种器官组织萎缩、变性甚至坏死为特征的疾病。本病在世界许多国家均有发生，具有明显的地区性，在我国有一条从东北经华北至西南的缺硒带，约有2/3的地区为缺硒区。本病多发季节为冬末春初。各种动物均可发生，但以幼龄动物多发。

硒和维生素E在动物机体抗氧化作用过程中有很大的协同性，二者缺乏引起动物组织的临床症状和病理变化也极为相似，且临床上单纯的硒缺乏症或维生素E缺乏症并不多见，故临床上将这两种近似的疾病合称为硒-维生素E缺乏症。

【病因】

1. **动物机体硒缺乏**　主要是由于饲料中硒含量不足或缺乏所引起。饲料中硒含量低于0.05mg/kg时，就会使动物发病。饲料中硒的含量与土壤中可利用的硒水平密切相关，当土壤硒低于0.5mg/kg时即可认为是贫硒土壤。因此土壤低硒是发病的根本原因，饲料低硒是发病的直接原因，水土食物链则是发病的基本途径。

2. **动物机体维生素E缺乏**　主要原因是饲料品质不良、加工和贮存不当等使维生素E含量不足。另外，饲料中不饱和脂肪酸含量过多，可促进维生素E的氧化，或处于生长、发育旺盛期动物，妊娠母畜对维生素E的需要量增加，都将导致机体维生素E不足而发病。

【发病机理】硒和维生素E是天然的抗氧化剂，可保护细胞免受体内代谢产生的过氧化物的破坏。研究表明，维生素E的抗氧化作用是通过抑制多价不饱和脂肪酸产生的游离根对细胞膜的脂质过氧化；硒的抗氧化作用是通过谷胱甘肽过氧化物酶和清除不饱和脂肪酸来实现的，谷胱甘肽过氧化物酶能清除体内产生的过氧化物和自由基，保护细胞膜免受损害。

在生理情况下，机体内自由基不断地生成，但又不断地被清除，其生成速度和清除速度保持相对平衡，因而不会出现自由基对机体的氧化损伤或生理破坏作用。机体硒缺乏时，自由基的产生或清除失去了平衡和稳定，这些化学性质十分活泼的自由基对机体迅速作用，破坏蛋白质、核酸、碳水化合物和花生四烯酸的代谢，在细胞内堆积，促进细胞衰老。另外，自由基使细胞脂质过氧化发生链式反应，破坏细胞膜，造成细胞结构和功能的损害。肌肉组织、肝脏、胰腺、淋巴器官和微血管是最易受损伤的主要组织器官。

硒还与维生素E在抗氧化作用方面有协同作用，硒可增强维生素E的抗氧化作用，在治疗硒-维生素E缺乏症时，补充硒和维生素E可纠正各自的缺乏症，并且硒在很大程度上可取代维生素E，而维生素E则不能取代硒。

硒元素可增强细胞的免疫机能。如动物缺硒，则体液免疫机能降低，抗体产生受阻，对一些病原体的感染易感性升高，并能使有些疫苗的保护力降低。

由此可见，硒缺乏导致动物血液及组织中谷胱甘肽过氧化物酶活力降低，维生素E抗氧化功能降低及机体免疫力降低，是导致组织、细胞遭受过氧化物损害的主要原因。病变组织、器官机能紊乱及其相互影响，促使病程进一步发展，最终导致动物死亡。

【症状及病理变化】硒和维生素E缺乏症可引起多种动物不同的症状（表6-1），主要病症如下。

表6-1　动物硒-维生素E缺乏所致或与硒-维生素E缺乏有关的主要疾病

牛	羊	猪	马	禽
肌营养不良	肌营养不良	肌营养不良	肌营养不良	渗出性素质
胎衣滞留	生殖机能紊乱	桑葚心	肌红蛋白尿症	胰腺纤维化
生殖机能紊乱	硒应答性健康不良	肝营养不良	幼驹腹泻	肌营养不良
硒应答性健康不良		渗出性素质		肌胃变性
（消瘦病）		贫血		脑软化
		黄脂病或脂肪组织炎		生殖机能紊乱

1. 肌营养不良　又称营养性肌坏死，俗称"白肌病"，是因硒和/或维生素 E 缺乏引起的多种畜禽骨骼肌和/或心肌变性、坏死为主的一种疾病。因肌肉发生变性、坏死，肌肉色泽苍白而称之。

本病常见于牛、绵羊、猪及家禽。主要危害幼龄动物，以 2~4 月龄犊牛和 2~4 周龄羔羊多发。犊牛、羔羊表现为典型的白肌病症候群。临床表现为发育受阻，步态强拘，站立困难，喜卧，臀背部肌肉僵硬；消化紊乱，伴有顽固性腹泻；心率加快，心律不齐。成年母牛产后胎衣停滞。

病理变化：骨骼肌是白肌病最常见的部位，骨骼肌色淡，四肢、臀背部肌群呈黄白色或灰白色斑块、斑点或条纹状变性、坏死，兼有出血。

2. 仔猪肝营养不良　仔猪肝营养不良又称营养性肝坏死，营养性肝病，是硒和/或维生素 E 缺乏所致的肝脏变性、坏死的一种代谢病。临床表现为消化不良、黄疸和皮下水肿。多见于 3~15 周龄的小猪，特别是断乳前后的仔猪，病死率较高。急性病例多无先兆症状而突然发病死亡。

病理变化：典型的肝脏病变为正常的肝小叶与红色出血性坏死的肝小叶及白色或淡黄色缺血性凝固性坏死的肝小叶混杂，形成彩色斑驳状外观，也称花肝。

3. 仔猪桑葚心　又称营养性微血管病，是硒和/或维生素 E 缺乏所致的心脏-血管病变的一种代谢病。临床特征为皮肤出现红色斑块和循环衰竭。本病多见于育肥猪，也见于仔猪和成年母猪。

病理变化：典型的病理变化为心脏扩大、横径变宽呈圆球状，心肌发生多发性出血而呈红紫色，心内膜和心外膜有大量出血点或弥漫性出血，外观似桑葚状。心肌间有灰白或黄白色条纹状变性和斑块状坏死区。

4. 渗出性素质　本病是硒和/或维生素 E 缺乏所致的一种以渗出性素质变化为特征的一种代谢病。多发于 3~6 周龄雏鸡，病理特征为腹部、颈部、翼下和腿部皮下水肿，积聚蓝绿色液体。临床表现为病雏鸡喜卧，站立困难，垂翅或肢体侧伸，站立不稳，步样紧拘，易跌倒，有顽固性腹泻。

病理变化：皮下、肌间组织有多量蓝绿色渗出液。渗出性素质常伴发于白肌病。

5. 其他

(1) 胰腺纤维化。本病是由于雏鸡严重缺硒所致的胰腺萎缩性疾病，又称营养性胰萎缩。胰腺色泽变淡，体积变小，触之发硬。

(2) 脑软化。本病是由于维生素 E 缺乏所致，是一种以脑软化为主的代谢病。该病主要发生于 2~8 周龄的雏鸡。临床表现为运动失调。

(3) 黄脂病（脂肪组织炎）。本病是由于饲料中不饱和脂肪酸含量过多和/或维生素 E 缺乏导致脂肪组织外观呈黄色的一种代谢病。主要见于猪、水貂、猫、狐狸等，猪又称"黄膘"。

(4) 幼驹腹泻。本病是幼驹硒缺乏症的一种病变。临床特征为消化障碍。

(5) 生殖机能紊乱。主要发生于牛、羊和禽类，也见于猪。公畜睾丸退化、萎缩，母畜受孕后胎儿发育和胎盘可出现异常，导致流产和死胎等。缺硒母牛、羊常发生流产，胎衣滞留，子宫炎。

(6) 硒反应性消瘦病。绵羊和牛缺硒时，常出现应答性健康不良，主要表现生长缓慢，消瘦，犊牛慢性腹泻等。

另外，鸡的肌胃变性、成年马的地方性肌红蛋白尿症和东北地区的马的趴窝病，均与缺硒有关。

【诊断】本病诊断应根据病史，临床症状，病理变化，饲料、组织或血液硒含量、谷胱甘肽过氧化物酶活性，血液和肝脏维生素 E 含量进行测定，测定周围的土壤、饲料硒含量，进行综合判定。土壤中硒含量低于 0.5mg/kg，饲料硒含量低于 0.05mg/kg，可使各种畜禽发生硒缺乏症。

【治疗】

1. 治疗原则　及早对发病动物补充硒和维生素 E。

2. 治疗措施　常见的补硒和维生素 E 方法有：注射补给、口服、饲料添加、投放硒丸和土壤施硒肥。

【处方1】补硒和维生素 E。

①0.1%亚硒酸钠注射液，马、牛 30~50mg，驹、犊 5~8mg，仔猪、羔羊 12mg。

用法：一次肌内注射，10~20d 重复 1 次。

说明：病情严重者，每 5d 注射 1 次，共 2~3 次。硒具有一定的毒性，注射或内服亚硒酸钠剂量过大，可发生急性中毒，确定用量时必须谨慎。

②醋酸生育酚注射液，牛、绵羊、猪每千克体重 5~20mg，驹、犊 500~1 500mg，仔猪、羔羊 100~500mg。

用法：一次肌内或皮下注射。

说明：醋酸生育酚与亚硒酸钠合用，效果更好。

【处方2】亚硒酸钠维生素 E 注射液，马、牛 30~50mL，驹、犊 5~8mL，仔猪、羔羊 1~2mL。

用法：一次肌内注射。

说明：家禽可注射加内服，即每只禽肌内或皮下注射硒 0.05mg（可将 1mL 药加 19mL 灭菌水稀释 20 倍，每只禽注射 1mL）；再取 1mL 混入 1 000mL 饮水中，供禽自由饮用。

【处方3】亚硒酸钠 0.4g，维生素 E 5g，碳酸钙 994.6g。

用法：混饲，畜禽 1 000kg 饲料加本品 500~1 000g。

说明：也可在饮水中添加 1mg/L 亚硒酸钠，同时配合肌内注射维生素 E。在缺硒地区或饲料中硒含量不足的情况下应添加硒，使硒含量达 0.1mg/kg，维生素 E 达到 100IU/kg，能有效地预防鸡渗出性素质和胰脏变性的发生。

【预防】

1. 调换饲料　低硒地区应有计划地从富硒地区运入部分饲草料，与本地饲草料调剂使用，特别是在发病季节到来之前，可望获得满意的效果。

2. 母畜怀孕期间补硒　怀孕中后期可用最低剂量注射 1~2 次，产后再补充 1 次，以提高乳汁中硒含量。

3. 饲料中添加硒　一般日粮硒含量 0.1mg/kg 即可满足动物对硒营养的需求，也可使用微量元素添加剂进行补充。

4. 投放硒丸　瘤胃内投放硒丸是防治反刍动物硒缺乏的一种既安全可靠又经济实用的方法。硒丸通常以硒酸钙、硒酸钡和元素硒作为供硒物。临床上应用的硒丸是用铁粉 9g 和元素硒 1g 压制而成的。这种硒丸每天释放 0.5~1.3mg 硒，效用可持续 12 个月。

5. 土壤改良及叶面喷洒　低硒土壤施用硒肥，饲用植物植株叶面喷洒硒，以提高植株及子实的含硒量。

铜缺乏症

铜缺乏症是由于饲料中铜不足或虽铜充足但饲料中存在干扰铜吸收、利用的因素所引起的一种营养代谢病。临床上以被毛褪色、贫血、消瘦、骨关节异常和共济失调为特征。本病常呈地方性流行，各种动物均可发生，但主要发生在牛、羊、鹿、骆驼等反刍兽。曾被称为牛的癫痫病或摔倒病、羔羊晃腰病、羊痢疾、骆驼摇摆病等。

【病因】

1. 原发性铜缺乏　长期饲喂在低铜土壤上生长的饲草。土壤通常含铜 18~22mg/kg，植物中含铜 11mg/kg。但在高度风化的沙土地，严重贫瘠的土壤，土壤铜仅 0.1~2mg/kg，植物中含铜仅 3~5mg/kg。土壤铜含量低引起饲草料铜含量太少，导致铜摄入不足，称为单纯性缺铜症。一般认为，饲料（干物质）含铜量低于 5mg/kg，可引起发病。

2. 继发性铜缺乏　土壤和饲料中含有充足的铜，但存在干扰铜吸收、利用的因素。饲料中主要干扰铜吸收利用的物质如钼酸盐和含硫化合物。饲料中蛋氨酸、胱氨酸等含硫氨基酸以及硫酸钠、硫酸铵等含硫化合物过多，经瘤胃微生物作用可转化为硫化氢，与铜形成硫化铜，干扰铜的吸收、利用。如采食在天然高钼土壤或工矿钼污染区生长的植物（或牧草），钼酸盐在瘤胃内可与硫形成硫钼酸盐，进一步与瘤胃中可溶性蛋白质和铜形成铜-钼-硫-蛋白质复合物，降低铜的利用性。

此外，铜的拮抗因子还有锌、铅、镉、银、镍、锰等。饲料中的植酸盐过高、维生素 C 摄食量过多，都能干扰铜的吸收利用。

【症状】原发性铜缺乏症和继发性铜缺乏症主要症状相似，但继发性铜缺乏症贫血少见，腹泻明显，腹泻严重程度与钼摄入量成正比。不同动物铜缺乏症的症状如下。

1. 牛　被毛缺乏光泽、粗糙，颜色由深变淡，红毛变为淡锈红色，甚至黄色、黑色毛变为棕色、灰白色，特别是黑牛的眼眶周围最明显。在高钼泥炭地草场放牧数天后，排出稀水样粪便，粪便无臭味，很快衰弱。严重缺铜地区，成年病牛可因急性心力衰竭突然哞叫、倒地死亡称牛摔倒病。犊牛生长缓慢，四肢骨和骨盆骨易于骨折，部分犊牛表现关节肿大、步态强拘、屈肌腱挛缩，致使站立时用蹄尖着地。

2. 羊　原发性铜缺乏症时，被毛绒化，卷曲消失，形成直毛或钢丝毛，毛纤维易断。不同品种的羊对缺铜的敏感性不一样，如羔羊摇背症，是先天性营养缺铜症，表现为生后即死，或不能站立，不能吮乳，快步运动时后躯摇晃。继发性铜缺乏症的特点是地方性运动失调，多发生于 1~2 月龄，少数于生后即出现，运动不稳，后躯萎缩，驱赶或行走时易跌倒，后肢软弱而坐地。持续 3~4d 后，多数患病羔羊可存活，但易骨折；少数病例可表现为腹泻。如波及前肢，则动物不能站立而卧地不起。

3. 鹿　症状与羔羊铜缺乏症类似，仅发生于年轻的未成年鹿。临床上表现为运动不稳，后躯摇晃，呈犬坐姿势。

4. 猪　病猪表现为轻瘫，运动不稳，跗关节过度屈曲，呈犬坐姿势，用铜制剂治疗，效果显著。

5. 鸡　生长缓慢，骨变形且脆，羽毛褪色，贫血，皮下出血及内出血，死亡率高。母鸡产蛋减少，蛋孵化率显著降低。

【诊断】根据临床上出现贫血、消瘦、腹泻、被毛褪色变直、关节肿大、运动机能障碍等特征性临床症状，补饲铜以后疗效显著，可做出初步诊断。确诊有待于对饲料、血液、肝脏等组织铜浓度和某些含铜酶活性的测定。如怀疑为继发性缺铜症，应测定钼和硫的含量。

诊断中应与寄生虫性腹泻相区别，如肝片吸虫病、肠道线虫病、球虫病等，主要根据粪便中虫卵、卵囊计数和对铜制剂治疗效果而确定。还应与某些病毒性、细菌性和霉菌性腹泻病相区别。羔羊摇背症常与山黧豆属牧草中毒、羔羊白肌病、维生素E缺乏所引起的脑软化症等易混淆，后者对补硒有明显的疗效。牛的摔倒病，以突然死亡为特征，生前缺乏临床症状，应注意与炭疽病、再生草热、某些急性中毒病等相区别。

【治疗】

1. 治疗原则　加强对家畜，特别是妊娠母畜和幼畜的饲养管理和及时补铜。
2. 治疗措施　治疗可内服硫酸铜，也可注射甘氨酸铜。

【处方】硫酸铜，牛4g，羊1.5g。

用法：内服，每周1次，连用3~5周。

说明：可将硫酸铜按1%比例加入食盐，混入饲料内饲喂。也可注射甘氨酸铜，注射铜可避免钼等拮抗剂在消化道对铜吸收的干扰。

锰缺乏症

锰缺乏症是动物体内锰含量不足引起的以骨骼发育异常、繁殖机能障碍及新生畜运动失调为主要特征的一种营养代谢性疾病。多呈地区性流行，各种动物均可发生。

【病因】

1. 原发性锰缺乏　饲料中锰含量不足。饲料中锰含量与土壤中锰含量密切相关，沙土和泥炭土中锰缺乏。当土壤锰含量低于3mg/kg，活性锰低于0.1mg/kg，即可视为锰缺乏。我国缺锰土壤多分布于北方地区质地较松的石灰性土壤地区。
2. 继发性锰缺乏　饲料中钙、磷、铁、钴元素含量过多及维生素缺乏时，可使锰的利用率降低，机体对锰的需要量增加，如不相应提高饲料里锰的含量，可发生锰缺乏症。

各种植物的锰含量相差很大，如小麦、燕麦、麸皮、米糠等应能满足动物生长需要。但是，玉米、大麦、大豆含锰很低，畜禽如果以其作为基础日粮可引起锰缺乏。生产中玉米-豆饼型饲料最容易发生锰缺乏。

【症状】

1. 禽锰缺乏　雏禽缺锰主要表现为骨短粗症和滑腱症。即腿骨短粗，胫、跖骨关节增大、扭转，骨弯曲变形。发展到一定程度，腓肠肌腱从侧方滑离跗关节，使患肢不能站立，运动障碍。这些症状也能由胆碱和生物素缺乏引起，但锰缺乏时，病鸡的骨质并不变软或变脆，可以区别开。产蛋鸡缺锰时，产蛋减少，蛋壳变薄易破碎，孵化率明显下降，孵出的小鸡表现畸形，如腿短，水肿，上下腭不成比例而呈鹦鹉嘴，头圆似球形，腹部膨大凸出。刚出壳的鸡有明显的神经症状，头部后仰或前伸，有的头向一侧或胸部弯曲。

2. **反刍动物锰缺乏** 母畜繁殖性能下降，发情延迟，首次受精率低；公畜精液品质不良，性欲减退，睾丸萎缩。新生畜先天性骨骼畸形，生长缓慢，被毛干燥、褪色，有的共济失调和麻痹。生长期幼畜骨发育缓慢、变形，腿短而弯曲，关节肿大、疼痛，站立困难，运动障碍。

3. **猪锰缺乏** 常发生于4~11月龄的仔猪，主要症状是骨骼生长缓慢，跗关节肿大，腿短粗而弯曲，跛行，肌肉无力。发情不规律，乳腺发育不良，泌乳减少，胎儿吸收或死胎。

【诊断】根据病史、临床症状可初步诊断。对土壤、饲料和体内锰含量的分析，同时考虑钙、磷、铁等元素的含量，以及病畜补锰后的反应都有助于确诊锰缺乏症。

【治疗】
1. 治疗原则 补锰是防治本病的主要方法。
2. 治疗措施

【处方1】1:20 000高锰酸钾溶液。

用法：雏鸡饮水用，每天2次，连用2d，停药2~3d，再饮用2d。

说明：防治雏鸡锰缺乏症。禽锰缺乏症，多把锰盐或锰的氧化物掺入矿物质补充剂中，或掺入粉碎的日粮内，使日粮锰的浓度至少为40~50mg/kg。同时添加适量的胆碱和适量的多种维生素，效果更好。

【处方2】硫酸锰，牛2~4g，羊0.5g。

用法：内服。

说明：用于锰缺乏地区的牛、羊。也可将硫酸锰制成舔砖（每千克盐砖，含锰6g），让动物自由舔食。

脊髓挫伤及脊髓震荡

脊髓挫伤是动物因脊柱骨折、脊髓受到外伤所致的损伤，临床以脊髓节段性运动及感觉障碍或以排粪、排尿障碍为特征，多见腰荐部脊髓损伤。

脊髓震荡是椎体在直接或间接暴力作用下，脊髓受到震动而引起的脊髓短期功能障碍。

【病因】机械力作用是本病的主要原因。临床上常见下列情况。

1. **外部因素** 脊髓挫伤多是由于跌倒，受打击，被车碾翻，与障碍物相碰撞以及跳跃、奔驰试图挣脱捆绑、脱臼、捻挫或骨折等损伤脊髓所引起。脊髓震荡多由于钝性物体的打击、跌倒或坠落致使脊髓发生震动和出血，脊椎未受损害。脊髓外伤后出现的神经功能的丧失，如果比较短暂，是由脊髓震荡引起；持续时间较长的，则是由挫伤或出血对脊髓产生压迫所致；永久性的功能丧失，则是由脊髓裂伤或横断伤所造成。

2. **内在因素** 动物患佝偻病、骨软症、骨质疏松症时，因骨质的韧性降低极易发生椎骨骨折，或是侵害脊髓的淋巴肉瘤等压迫性赘生物硬膜外压迫脊髓可造成脊髓一处或多处损伤。

【发病机理及症状】由于脊髓受到损伤，或因出血、压迫使脊髓的一侧或个别神经乃至脊髓横断面纤维束的传导中断，使其后部感觉、运动功能都陷入麻痹，泌尿生殖器官与直肠功能也发生障碍，受腹角支配的效应区反射机能消失，肌肉发生变性及萎缩。由于脊髓受损的部位和程度不同，所表现的临床症状也不尽相同，见表6-2。

表 6-2 脊髓完全横断的临床指征

（王春璈，阎青．养犬与犬病防治．2000）

脊髓节段	损伤尾端的指征		
	运动	感觉	自主活动
C1-4	伴有过度弛缓的四肢麻痹	感觉丧失	呼吸暂停，不排尿
C5-6	伴有发射亢进的四肢麻痹	感觉丧失，颈中部感觉过敏	呼吸暂停，膈神经下运动神经元麻痹，不排尿
C7-T1	肩胛上神经下运动神经元麻痹，臂神经丛下运动神经元所支配区伴有过度松弛的麻痹或截瘫	感觉丧失，臂神经丛感觉过敏	仅膈呼吸，不排尿
T2-I3	伴有反射亢进的截瘫，希-谢二氏症	感觉丧失，断节部感觉过敏	某些肋间的和腹部的呼吸取决于损伤的高度，不排尿
L4-S1	伴有下神经运动元的腰骶神经丛截瘫	感觉丧失，断节部感觉过敏	不排尿，S1 表现为肛门括约肌张力缺乏
S1-S3	弹后趾，尾麻痹	感觉丧失，断节部感觉过敏	不排尿，肛门括约肌松弛
Cy1-Cy	尾麻痹	断节部感觉过敏	无

注：颈椎 1～4 的完全横断将引起呼吸麻痹和死亡；C 为颈椎；T 为胸椎；S 为骶骨；Cy 为尾椎。

1. 颈部脊髓受损 在延髓和膈神经的起始部之间引起全横径损害时，四肢麻痹，呈现瘫痪。膈神经与呼吸中枢的联系中断，呼吸停止，立即死亡。如果为部分损害，则前肢反射功能消失，全身肌肉抽搐或痉挛、大小便失禁，或发生便秘、尿闭。有时可引起延髓麻痹而发生吞咽障碍，脉搏迟缓，呼吸困难，体温升高。

2. 胸部脊髓受损 全横径损害时，损害部位后方可发生运动麻痹和感觉消失，反射功能正常或亢进，后肢发生痉挛性收缩，大小便失禁或发生便秘、尿闭。

3. 腰部脊髓受损 前 1/3 受损时引起腰臀部、荐部、后肢的运动和感觉麻痹；当中 1/3 受损时，因股神经运动核被侵害，则膝反射与腱反射消失、股四头肌麻痹、后肢不能站立；当腰脊髓后 1/3 受损害时，通常荐脊髓也亦被侵害，引起坐骨神经支配区域的感觉和运动麻痹，可见大小便失禁、肛门反射消失、尿淋漓。

轻度的脊髓挫伤发展缓慢的病例起初表现为后腿摇摆，特别是在转弯时摇摆不稳，此外还有起立困难。这些症状在临床上常容易与腰部扭伤相混淆，往往因治疗不当或不予治疗而淘汰。

【诊断】根据病畜感觉机能和运动机能障碍以及排粪、排尿异常，结合病史分析，神经检查及 X 线片可做出诊断。

【治疗】

1. 治疗原则 加强护理、防止椎骨及其碎片脱位或移位，防止褥疮，消炎止痛，兴奋脊髓。

2. 治疗措施 病畜疼痛明显时可应用镇静剂和止痛药，对脊柱损伤部位，初期可冷敷。麻痹部位可施行按摩，直流电或感应电针疗法，碘离子透入疗法，或皮下注射硝酸士的宁。及时应用抗生素或磺胺类药物，以防止感染。

中兽医称脊髓挫伤为"腰伤"淤血阻络，宜活血去瘀、强筋骨、补肝肾、可用"疗伤散"加减。配合电针刺激疗效好。

【处方1】抗菌消炎。

复方新诺明，家畜首次量50～100mg。

用法：一次内服，每天2次，连用3d。

说明：防止和减轻受损脊髓发生水肿。

【处方2】消炎止痛。

萘普生（消痛灵）片，马、牛每千克体重10mg；犬首次5mg，维持量1.2～2.8mg。

用法：一次内服，每天1次。

说明：也可选用消炎痛等。

【处方3】控制炎性产物的渗出和扩散。

醋酸氢化可的松注射液（5mL：125mg）。

用法：百会穴注射，缓慢刺入1～1.5cm（犬，其他动物酌情控制深度），然后边拔针头边注射药液2～4mL，每天1次。

【处方4】兴奋脊神经。

硝酸士的宁注射液，马、牛15～30mg，猪、羊2～4mg，犬0.5～0.8mg。

用法：一次肌内注射，间隔3～4d用1次。

霉稻草中毒

霉稻草中毒是牛采食发霉稻草引起的一种中毒病。其特征是耳尖、尾端发生干性坏疽，蹄腿肿胀、溃烂，甚至蹄匣和指（趾）骨脱落，俗称"烂脚病"、"烂蹄坏尾病"或"蹄腿肿烂病"。主要发生于舍饲耕牛，首先是水牛，其次为黄牛。本病的发生有明显的地区性和季节性，我国南方各省水稻产区多发，于10月中旬开始发病，11～12月达到高峰，至次年3～4月逐渐停止。

【病因】本病是由采食大量霉变稻草所致。由于水稻收割季节阴雨连绵，脱谷后秸秆未晒干即堆放，或稻草保管不当受潮发霉，以致产毒镰刀菌大量繁殖。镰刀菌在气温较低（7～15℃）的环境下，可产生大量的丁烯酸内酯等真菌毒素，引起动物中毒。

【发病机理】丁烯酸内酯等有毒成分作用于外周血管，特别是外周小动脉，使局部血管末端发生痉挛性收缩，并损害血管内皮细胞，致使指（趾）端、耳尖和尾尖等局部组织的血管狭窄，继而形成血栓，引起局部血液循环障碍，导致淤血、水肿和坏死。因皮肤屏障机能破坏，继发细菌感染，使病情恶化，严重者球关节以下部位发生腐败或脱落。另外，温度低时，牛远端体表末梢血管收缩，血流缓慢，这更增强了毒素的作用，使病情进一步加重。

【症状】牛采食霉变稻草2～3周后开始出现症状。

1. 全身症状　病牛精神沉郁，不爱活动，弓背站立，被毛粗乱，皮肤干燥。体温、脉搏、呼吸、食欲及瘤胃蠕动基本正常。

2. 特征症状　典型病变在蹄、腿、耳和尾部。病初步态僵硬，轻度跛行。站立时疼痛不安，患肢间歇性提举，蹄冠微肿、微热，系凹部皮肤横行皲裂，有痛感。数天后，肿胀蔓延至腕关节或跗关节，患部皮肤发红、瘙痒，继之变凉，表面有淡黄白色透明液体流出。病情进一步发展，皮肤破溃、出血、化脓和坏死。疮面久不愈合，具腥臭味。病牛跛行明显，喜卧少立。最后蹄匣脱落，有的连指（趾）关节一起脱落。肿胀消退后，皮肤硬结，呈龟板状。有些病牛肢端在肿胀消退后，发生干性坏疽，跗（腕）关节以下皮肤形成明显的环形分界线，坏疽部皮肤紧箍于骨骼上。

3. 其他症状　皮肤瘙痒、脱毛，严重者背部及后躯被毛脱光，皮肤有烂斑、丘疹。鼻黏膜溃烂、出血。有的公牛阴囊皮肤干硬皱缩。妊娠母牛可发生流产、死胎、胎衣不下及阴道外翻等。

【诊断】

1. 病史调查　有采食霉稻草的病史，且多在11～12月份发病。
2. 症状诊断　蹄部、耳尖、尾梢等部位坏死。
3. 实验室诊断　在霉变稻草中分离到镰刀真菌并检测到丁烯酸内酯，用霉稻草80%酒精浸出物涂擦家兔皮肤，每次0.15mL，每天两次，连续8次，观察一周，其病理变化为表皮坏死脱落，真皮水肿，而对照组正常。
4. 鉴别诊断　本病应与坏死杆菌病、麦角中毒等进行鉴别。坏死杆菌病主要发生于犊牛，体温升高，口腔黏膜坏死，肝脏和肺脏有圆形坏死灶；病变部可分离到坏死杆菌。麦角中毒主要表现消化不良、呕吐、腹痛或便秘。

【治疗】

1. 治疗原则　无特效疗法，主要采取对症疗法。
2. 治疗措施　立即停喂霉变饲料，加喂精料并防寒保暖。发病初期，为促进血液循环，可采用热敷、红外灯照射或灌服白胡椒酒。有感染时，局部用高锰酸钾或硼酸水清洗后涂抗生素软膏，肌内或静脉注射抗生素。另外，配合静脉注射葡萄糖、维生素C、安钠咖等药物，以提高机体抵抗力。

【处方1】促进血液循环。

白胡椒20～30g，白酒200～300mL。

用法：内服。

【处方2】局部抗感染。

0.1%高锰酸钾（或3%硼酸），红霉素软膏（或磺胺软膏）。

用法：先用高锰酸钾清洗患部，后涂红霉素软膏。

【处方3】全身抗感染。

青霉素每千克体重5万IU，阿米卡星每千克体重10～20mg。

用法：分别肌内注射，每天2次。

【处方4】提高机体抵抗力。

10%葡萄糖1 000～2 000mL，5%维生素C 30～50mL，10%安钠咖10～20mL。

用法：静脉注射，每天1次。

【预防】防止稻草发霉，已发霉的稻草，不能用做饲料。必要时可用石灰水浸泡霉稻草，3d后用清水冲洗干净，晒干后再喂。入冬后耕牛应补充青饲料和精料。

家禽痛风

家禽痛风是一种与核蛋白营养有关的尿酸血症。由于尿酸在血液中大量蓄积，导致关节囊、关节软骨、内脏和其他间质组织尿酸盐的沉积，临床上表现为运动迟缓、四肢关节肿胀、厌食、衰弱及腹泻，并引起尿酸和尿酸盐的排泄增高及肛门充血。

本病在大型集约化鸡场中常有发生，特别是当肉用仔鸡饲予大量动物性蛋白质饲料时常见。本病亦可见于火鸡和水禽。

【病因】家禽痛风是在饲喂大量富含核蛋白和嘌呤碱的蛋白质饲料而同时伴有肾机能不全时发生的。这些蛋白质饲料主要包括动物内脏（胸腺、肝、肾、脑、胰）、肉屑、鱼粉、大豆粉、豌豆。此外，还有菠菜、莴笋、开花的甘蓝、蘑菇等植物或蕈类植物。

引起肾损害的因素可使尿酸排泄障碍，导致痛风。钙过多及慢性铅中毒，引起肾病变；维生素 A 缺乏，引起肾小管、输尿管上皮细胞萎缩、角化和脱落；磺胺类药中毒，引起结晶尿和肾损害，致尿酸排泄受阻，发生痛风。其他有关疾病，既可引起肾损害，也可使机体组织大量被破坏，提高核酸水解水平，从而痛风发病率增高，如沙门氏菌病、传染性支气管炎、传染性法氏囊病、火鸡蓝冠病、单核细胞增多症、盲肠-肝炎（黑头病）、艾美耳球虫病等。

【发病机理】核蛋白是动植物细胞核的主要成分，是由蛋白质与核酸组成的一种结合蛋白。核蛋白水解时产生蛋白质及核酸，而核酸又可水解为磷酸、糖及嘌呤或嘧啶的碱性化合物。组成核酸的嘌呤化合物有腺嘌呤和鸟嘌呤两种，它们在家禽肝脏内的代谢产物是黄嘌呤，由于家禽肝脏缺乏精氨酸酶，故不能形成尿素而以固体尿酸排出。此外，还可从 NH_3 合成尿酸。因此，正常家禽尿中本来就是尿酸多于尿素及肌酸多于肌酸酐的。当家禽采食高蛋白质尤其富含高核蛋白日粮时，则核酸的嘌呤化合物（腺嘌呤核苷及鸟嘌呤核苷）的代谢产物黄嘌呤增高，黄嘌呤经黄嘌呤氧化酶水解为尿酸，肝脏和血液中尿酸水平随之增高，超过血液中恒定水平（15～30mg/L）。血液持久增高引起肾脏持久过剩排泄，又可引起肾小管重吸收障碍，导致尿酸血症和痛风。肾机能不全和组织细胞严重破坏是加剧痛风发展的重要因素。

【症状】本病大多为内脏型，少数为关节型，有时两型混合发生。

1. 内脏型痛风　病鸡起初无明显症状，逐渐表现精神萎靡、食欲不振、消瘦、贫血、鸡冠萎缩、苍白，粪便稀薄，含大量白色尿酸盐，呈淀粉糊样。肛门松弛，粪便经常不自主地流出，污染肛门下部的羽毛，鸡群中死亡率明显上升。剖检可见肾肿大，色淡或苍白，肾小管因蓄积尿酸盐而变粗，使肾表面呈花斑状。输尿管明显变粗，充满白色尿酸盐或形成尿酸盐结石。在心包、肝、脾、肠系膜及胸、腹膜的表面散布一层白色石灰粉样物质。

2. 关节型痛风　脚趾和腿部关节炎性肿胀和跛行、瘫痪。关节腔内有白色石灰乳样尿酸盐，俗称"痛风石"（图 6-3）。

【诊断】鸡痛风的发病情况、临床表征易与其他疾病混淆，要根据病理剖检的特征性病理变化，结合饲喂调查及病因分析诊断鸡痛风。

【治疗】没有特效疗法。为了增强尿酸

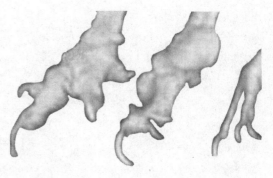

图 6-3　关节型痛风，趾关节肿大变形

的排泄及减少体内尿酸的蓄积和关节疼痛，可试用阿陀方 0.2～0.5g，每天 2 次，口服。但病重病例或长期应用有副作用。也可试用别嘌呤醇（7-碳-8-氯次黄嘌呤）10～30mg，每日 2 次，口服。此药化学结构与次黄嘌呤相似，是黄嘌呤氧化酶的竞争抑制剂，可抑制黄嘌呤的氧化，减少尿酸的形成。用药期间可导致急性痛风发作，给予秋水仙碱 50～100mg，每日 3 次，能使症状缓解。

【预防】减少核蛋白日粮，改变饲料配合比例，供给含有丰富的维生素 A 的饲料。对于肉用仔鸡，凡动物内脏、肉屑、鱼粉等富含核蛋白的饲料，应按照日龄、体重适当配合。有人发现在种鸡饲料中掺入沙丁鱼或牛粪饲喂母鸡（可能由于其中含有维生素 B_{12}），能防止本病的发生。在笼养鸡，若能增加适当运动，可降低本病的发病率。

项目7 以神经症状为主的疾病

项目7.1 表现神经症状且体温升高的疾病

任务描述 学习本类疾病的相关知识，参加相关临床病例的诊疗，分析临床案例。

案例分析 分析以下案例，确定诊断要点，提出初步诊断，并进行分析论证，制定出治疗方案。

案例1 主诉：病猪突然发病，在猪舍内转圈、空口嚼食、尖叫、不食。

临床检查：病猪体温升高至40～42℃，四肢抽搐、共济失调、肌肉震颤、两耳直竖、头往后仰，有的后躯麻痹继而倒地不起，四肢做划水状；食欲废绝，排球状粪便，鼻孔有浆性鼻汁流出；继续观察见部分病猪临死时温度下降，昏睡至死。有的病猪关节出现不同程度的肿胀。对病死猪进行剖检，主要见脑膜充血、出血，脑切面有针尖状出血点，脑脊液混浊，脑实质有化脓性脑炎病变。腹股沟淋巴结、肠系膜淋巴结肿大出血。取病死猪的脾、脑组织进行涂片，可见成链状排列（长短不一）或单个圆形或椭圆形的革兰氏阳性菌。

案例2 主诉：当日中午，太阳很毒，气温大约是30℃。中午休息时将牛系在电线杆上直到下午，发现牛昏昏沉沉、站立不稳，喜欢喝水，走路摇摆像喝醉酒一样。

临床检查：病牛共济失调，目光迟钝，眼球凸出、眼结膜紫赤、静脉怒张，心音和脉搏微弱，呼吸促而节律失调，皮肤干燥；皮肤、角膜、肛门反射减退，腱反射亢进。

案例3 主诉：一批生猪，经长途运输到达屠宰场时，大部分倒地不起，能走路的摇晃，站立不稳，喘粗气。

临床检查：检疫人员进行宰前检疫发现一部分病猪烦躁不安，站立不动，猪只浑身大汗，触摸体表感到烫手，体温升高达41℃，呼吸急促、张口喘气，一部分病猪呈昏迷状态，意识丧失，四肢划动，心音微弱，还有一部分病猪体温下降、呼吸也微弱。

相关知识 表现神经症状且体温升高的疾病主要有：脑膜脑炎、中暑等。

脑 膜 脑 炎

脑膜脑炎是软脑膜及脑实质的急性炎症，伴有严重脑机能障碍为特征的疾病。各种动物皆有发生，马、牛多发。

【病因】脑膜脑炎多数情况由内源性或外源性感染引起。

1. **外源性感染** 病毒感染引起的脑膜脑炎又称为无菌性脑膜脑炎，见于带状疱疹病毒、牛恶性卡他热病毒、肠病毒、犬瘟热病毒、犬细小病毒病毒、猫传染性腹膜炎病毒等感染；细菌感染见于链球菌、葡萄球菌、肺炎球菌、巴氏杆菌、昏睡嗜血杆菌等。

2. **临近部位炎症蔓延至颅腔** 如中耳炎、化脓性鼻炎、额窦炎、腮腺炎等；感染创、败血症经血行性转移所致；受到马蝇蛆、马圆虫的幼虫、脑包虫、猪与羊囊虫以及血液原虫病等的侵袭也可导致脑膜脑炎发生。

3. **中毒性因素** 如猪食盐中毒、马霉玉米中毒、铅中毒,以及各种原因引起的严重的自体中毒等也可引发严重的脑膜脑炎。

4. **诱因** 饲养管理不当、受寒、感冒、过劳、中暑、脑震荡、长途运输等均能促进本病的发生。

【发病机理】病原微生物或毒物沿血液或淋巴途径,或因外伤、邻近组织炎症的蔓延侵入脑膜及脑实质,首先引起软脑膜及大脑皮层血管充血、渗出,蛛网膜下腔有炎性渗出物积聚。如果炎症蔓延到深部脑组织,则可在脑实质内产生出血和水肿,当炎症蔓延至脑室时,可发生脑室积水。由于蛛网膜下腔有炎性渗出物积聚、脑水肿、脑室积水引起颅内压升高,脑内血液循环障碍,致使脑细胞缺血、缺氧和能量代谢障碍,加之细菌毒素和炎性产物的刺激,发生脑膜刺激症状和一般脑症状。局部脑组织损伤或脑神经元受侵害时,则产生局部脑症状。

【症状】

1. **一般脑症状** 动物兴奋与抑制交替出现。初期精神沉郁,茫然呆立,闭目垂头,甚至昏睡;其间或之后出现兴奋症状,知觉过敏,特别是马,容易惊恐,视觉扰乱,狂躁不安,前冲后撞,甚至攻击人畜;病牛咬牙切齿、眼神凶恶,牴角甩尾,时而哞叫;病猪转圈或突然倒地,痉挛抽搐,四肢划动,尖声嚎叫,磨牙空嚼,口吐白沫。兴奋时间长短不一;疾病中后期,病畜转为抑制状态,四肢做游泳状,继而陷于嗜眠、昏睡,反射机能减弱乃至消失。由传染因素引起的,特别是当脑膜炎感染先于其他主要器官感染时动物还可表现"头痛"现象。

动物食欲减退或废绝,采食饮水动作异常,猪有时呕吐;反刍兽呈前胃弛缓症状。兴奋期呼吸急促,脉搏加快,抑制期呼吸缓慢而深长;由传染性因素引起的,病初体温升高,病程中体温时升时降;毒物引起的,通常无明显异常体温变化。

2. **灶性脑症状** 因脑组织病变部位不同特别是脑干受到侵害时,所表现的灶性症状也不一样,主要是痉挛和麻痹两方面。如眼肌、咬肌、唇、鼻、耳肌痉挛;颈肌和舌肌等痉挛时,出现眼球震颤,瞳孔左右散大不均匀,头颈僵硬,牙关紧闭,口、眼歪斜,角弓反张或肌肉阵发性抽搐;肌肉麻痹时,吞咽障碍,舌脱垂,斜视,耳下垂,单瘫或偏瘫。

3. **实验室检查** 血沉正常或稍快;嗜中性粒细胞增多,核左移;嗜酸性粒细胞消失,淋巴细胞减少;脑脊液中蛋白质和细胞含量增多,混浊。

【诊断】根据意识障碍迅速发展,兴奋沉郁交替发生,明显的运动和感觉机能障碍,一般可做出诊断。确诊困难时,临床症状结合脑脊液穿刺检查综合分析,其脑脊液中蛋白质与嗜中性粒细胞的含量显著增多。

鉴别诊断上应与马传染性脑脊髓炎、乙型脑炎、霉玉米中毒等进行区别。

【治疗】

1. **治疗原则** 加强护理,降低颅内压,消炎解毒,调整大脑皮层机能及对症治疗。

2. **治疗措施** 将病畜放置于宽敞、通风、安静的地方,避免不良刺激;消炎解毒,可选用易进入脑脊液的磺胺嘧啶,也可选用青霉素、链霉素及喹诺酮类等药物;降低颅内压,减轻脑水肿,可酌情泻血后立即用10%～25%葡萄糖溶液补液,并应用脱水剂;良种动物必要时可考虑应用ATP和辅酶A等药物,改善脑循环;病畜狂躁不安、体温高、颅顶灼热者用镇静剂镇静安神;根据病畜精神及心机能情况,酌情使用强心剂和利尿剂;维持机体酸碱平衡；内服缓泻剂以排除积粪，防止自体中毒；其他依据症状酌情对症治疗。

中药治疗，惊狂型（中枢兴奋型）宜清热解毒，镇惊安神；呆痴型（抑制型）宜豁痰开窍、平肝息风；配合针灸效果更好。

【处方1】抑菌消炎、镇静。

①10%磺胺嘧啶钠注射液，马、牛100～150mL，猪、羊20～40mL，犬每千克体重40mg；10%葡萄糖注射液，马、牛1 000mL，猪、羊100mL，犬250mL；地塞米松磷酸钠注射液，一次量，马2.5～5mg，牛5～20mg，猪、羊4～12mg，犬0.125～1mg。

用法：静脉注射，每天1次。

说明：也可选用其他脂溶性高，血浆蛋白结合率低，易透过血脑屏障的抗生素代替磺胺嘧啶。

②盐酸氯丙嗪注射液，马、牛每千克体重0.5～1mg，猪、羊每千克体重1～2mg。

用法：一次肌内注射。

说明：用于兴奋型，还可用25%硫酸镁静脉注射。

【处方2】降低颅内压，减轻脑水肿。

20%甘露醇注射液，牛、马一次量1 000～2 000mL，猪、羊100～250mL，犬50～150mL/次。

用法：静脉注射应在30min内注射完毕，每6～12h重复注射1次。

说明：也可按同等剂量的25%山梨醇注射液，静脉滴注，用法同。

【处方3】抑菌消炎、镇静。

①头孢噻肟钠注射液，犬每千克体重20～40mg。

用法：肌内注射，每天2次。

②苯巴比妥钠，犬每千克体重1～2.5mg。

用法：口服，每天2次。

日射病及热射病

日射病及热射病统称中暑。热射病是在高温潮湿环境下，机体新陈代谢旺盛，产热增多散热减少，致使体内积热引起严重的中枢神经机能紊乱的疾病；日射病是在高温季节，强烈日光直接照射头部过久，使颅内温度增高，引起脑膜和脑组织充血而引起的一种急性神经系统功能障碍。中暑在炎热夏季多见，病情发展急剧，甚至迅速死亡。各种动物均可发病，集约化养殖的禽、猪、奶牛多发。宠物中犬多发，猫对热抵抗力强，较少发生。

【病因】主要病因包括强烈日光下使役、驱赶、奔跑及犬的强行训练；环境温度和湿度过高，集约化养殖密度过大，通风不良，饮水不足，长途运输，动物脂肪肥厚，体质虚弱，被毛粗厚、心血管和泌尿生殖系统疾病等过程中，环境温度高于体温，机体热量散发受阻等可致本病发生。

【发病机理】从发病学角度分析，无论是热射病还是日射病，最终都会出现中枢神经系统机能紊乱，但发病机理还是有一定的差异。

日射病：是因动物头部持续受到强烈日光照射，引起头部血管扩张，脑及脑膜充血，造成血管运动中枢与呼吸中枢功能障碍和体温调节紊乱，以致发生热蓄积和体内剧烈产热。脑神经细胞炎性反应和组织蛋白分解致脑脊液增多，颅内压增高，影响中枢神经调节功能；新陈代谢异常,导致自体中毒、心力衰竭、卧地不起、痉挛、昏迷。

热射病:由于外界环境高温高湿,散热障碍以致机体过热,引起中枢神经系统紊乱,血液循环和呼吸机能障碍而发生本病。继而引起酸中毒、水盐代谢障碍和脱水,脑脊液与体液间的渗透压变化,影响中枢神经系统对内脏的调节作用,最终导致窒息和心脏麻痹。

【症状】日射病和热射病都能最终导致中枢神经系统功能严重障碍或紊乱,临床实践中两病常同时存在,因而很难精确区分。

发病突然,病情急剧。初期呼吸急促至呼吸困难,心跳加快,张口流涎,末梢静脉怒张,站立不稳,兴奋不安,恶心,呕吐,听诊肺区常有湿啰音;日射病时,体温可略有升高,也有急剧升高的,热射病体温高达41℃以上,猪有时可达43℃,濒死前,多有体温下降;结膜发绀,瞳孔散大或缩小,皮肤干燥;皮肤、角膜、肛门反射减退或消失,腱反射亢进;肾功能衰竭时,少尿或无尿;有的动物发生剧烈的痉挛或抽搐而迅速死亡;一般情况,病后期常呈昏迷状态,意识丧失、血压下降或因呼吸麻痹而死亡。病程短的2~3h,常因来不及治疗而死亡,早期采取急救措施可望痊愈,若伴发肺水肿,多预后不良。

病禽呼吸急促,张口喘气,翅膀张开,随后出现眩晕,不能站立,大量饮水,最后惊厥死亡。剖检见脑出血或颅内腔出血,肺淤血、水肿,心冠脂肪点状出血,肝肿大,土黄色,有出血点。

【诊断】根据病因和发病情况,结合临床症状即可确诊。

【治疗】

1. 治疗原则 加强护理,促进降温、镇静安神,纠正水盐代谢失调和酸碱平衡紊乱。

2. 治疗措施 通风降温:消除病因,加强护理,停止使役,将病畜移至阴凉通风处,若病畜卧地不起,可就地搭起凉棚,保持安静。冷敷头部和心区;体质好者可泻血,同时静脉注射葡萄糖生理盐水,促进降温和散热;使用脱水剂降低颅内压,减轻肺水肿;用安钠咖和尼可刹米交替注射强心和兴奋呼吸中枢;对鸡群,扩群以降低饲养密度,随时供给清凉饮水,并在饮水中加入适量的维生素C。

中医称本病在马为黑汗风,在牛为发痧。分为伤暑(证见:四肢无力,身热气喘、口色鲜红、口津干涩)和中暑(证见:高热神昏、浑身出汗、肢体抽搐、口色赤紫、脉象洪数或细数无力),治则清暑化湿与清热解暑,安神开窍。

【处方1】强心补液、兴奋呼吸。

①10%樟脑磺酸钠注射液,牛、马1~2g,猪、羊0.2~1g,犬0.05~0.1g。

用法:一次肌内注射,每天2次。

说明:也可用安钠咖注射液静脉注射,一次量,马、牛2~5g;猪、羊0.5~2g;犬0.1~0.3g。强心。

②5%葡萄糖生理盐水,马、牛1 000~2 000mL,猪、羊300~500mL,犬100~500mL。

用法:可于静脉放血后一次静脉注射,4~6h后重复1次。

说明:对于兴奋型病畜,可用25%硫酸镁静脉注射。

【处方2】镇静(用于动物中暑的兴奋型)。

2.5%氯丙嗪注射液,牛、马每千克体重0.5~1g,猪、羊1~2g,犬1~3g。

用法:一次肌内注射。

【处方3】抗休克、预防肺水肿。

地塞米松磷酸钠注射液，一日量，马2.5~5mg，牛5~20mg，猪、羊4~12mg，犬0.125~1mg。

用法：一次肌内注射。

【处方4】补液、纠正酸中毒。

①5%碳酸氢钠注射液，马、牛15~30g，猪、羊2~6g，犬0.5~1.5g。

②5%葡萄糖，马、牛1 000~3 000mL，猪、羊250~500mL，犬100~500mL。

用法：一次静脉注射。

【处方5】降低颅内压。

20%甘露醇注射液，一次量，牛、马1 000~2 000mL，猪、羊100~250mL，犬50~150mL。

用法：一次静脉注射，应在30min内注射完毕，每6~12h重复注射1次。

说明：也可用同等剂量的25%山梨醇注射液，静脉注射，用法同。

【处方6】伤暑治宜清暑化湿方用香薷散。

香薷30g，黄芩、甘草各15g，滑石90g，朱砂6g，共为末，开水冲，加白糖120g，鸡蛋清5个，同调灌服。

【处方7】中暑方用消黄散或止渴人参散加减。

①消黄散方：黄药子、白药子、连翘、知母各25g，栀子、黄芩、浙贝母、郁金、防风、黄芪各20g，甘草、蝉蜕各15g，大黄30g，朴硝90g，水煎灌服，每天1剂（中小动物药量酌减）。

②止渴人参散加减：党参、芦根、葛根各30g，生石膏60g，茯苓、黄连、知母、玄参各25g，甘草18g，无汗加香薷，神昏加石菖蒲、远志；狂躁不安加茯神、朱砂；热极生风，四肢抽搐加钩藤、菊花；水煎灌服，每天1剂（中小动物药量酌减）。

项目7.2 表现神经症状且体温变化不明显的疾病

任务描述 学习本类疾病的相关知识，参加相关临床病例的诊疗，分析临床案例。

案例分析 分析以下案例，确定诊断要点，提出初步诊断，并进行分析论证，制定出治疗方案。

案例1 某肉鸡场40日龄三黄肉鸡，体重1.2kg左右，近期时常出现病鸡。

临床检查：体温、精神状态、饮食欲、粪便检查，变化不明显。视诊眼睛流泪，分泌物多，个别病情严重的鸡表现盲目运动，不能正常采食，日渐消瘦、死亡。仔细观察腿部皮肤黄色变淡，色泽发白。

询问饲养管理情况：因饲料涨价，由颗粒饲料换为自配料，营养水平偏低。

案例2 某农户家从外地购进一批黄牛犊，初春时节，山坡幼草刚发，犊牛喜欢，整天放牧，虽能吃饱，但犊牛长期腹泻不长肉，体质消瘦，且出现部分死亡。

临床检查：体温正常，食欲减退，喜欢哞叫，磨牙，甩头，四肢肌肉颤抖、步态强拘。病情严重的个体，兴奋不安，盲目运动，四肢肌肉抽搐，倒地后几小时死亡。

询问饲养管理情况：放牧期间没有补充干草。

案例3　主诉：主人的一条腊肠犬从高处摔下，之后就常流口水，精神萎靡，走路畏畏缩缩的，喜欢靠右侧墙站立。曾到一家宠物医院经注射消炎、镇痛、止吐药品后，未见好转。

临床检查：体温、呼吸、脉搏正常，有不随意动作，头颈往右侧偏斜，继续给予消炎镇痛药，3d后出现右侧偏斜行走，在空地上会向右侧转圈，前进时头部会顶住障碍物站立不动，尚有食欲，左眼视力差。一周后症状严重，食欲减退，左眼视而不见，不能主动进食，需人为饲喂，每天不停地转圈和顶住障碍物，不久陷于昏迷，呼吸、脉搏微弱，不治而亡。死后剖检，见一侧脑组织水肿，有小部分出血。

案例4　主诉：该猪场经常利用饭店的剩饭菜喂猪，昨天喂猪后，猪群喝水明显增多，尿发黄，采食明显减少，部分猪只磨牙，兴奋不安。

临床检查：口腔黏膜潮红，流涎；呼吸45次/min，体温38.5℃。不避障碍，转圈，后期全身衰弱，肌肉震颤，间歇性癫痫样发作，角弓反张，四肢侧向划动。最后在阵发性惊厥、昏迷中死亡。剖检见脑及脑膜充血、出血、水肿，肺水肿，胃肠黏膜充血、出血，心包积液，心冠脂肪出血。

案例5　主诉：牛场一直用酒糟喂牛，近日发现牛采食减少，反刍障碍。

临床检查：兴奋不安，腹痛、腹泻。心率110次/min，呼吸40次/min；共济失调，四肢麻痹，倒地不起，最后因呼吸衰竭死亡。有的牛系部和蹄部皮肤有炎症。有的牛牙齿松动，骨质变脆，跛行和运动障碍。

案例6　主诉：由于近日阴雨连绵，玉米未及时晒干，用玉米喂驴7d后，有的驴精神高度兴奋，挣扎脱缰，视力减弱。

临床检查：病畜不识主人，盲目游走，一直前冲，直到抵于障碍物上。随后倒地，用力挣扎起立，且起且倒，至无力时仍以头撞地，四肢划动。过后精神高度沉郁，饮、食欲废绝，头低耳耷，双目无神、视力减退或失明。

案例7　主诉：成年牛，放牧回来后，牛出现了异常情况，精神沉郁，不安，反刍停止，流涎，肠音亢进，粪便稀薄。

临床检查：个别牛症状严重，表现瞳孔明显缩小，按压腹痛明显，腹泻，骨骼肌纤维震颤，全身抽搐、痉挛。

相关知识　表现神经症状且体温变化不明显的疾病主要有：脑震荡与脑挫伤、癫痫、维生素A缺乏症、青草搐搦、仔猪低血糖病、食盐中毒、酒糟中毒、霉玉米中毒、棉子饼中毒（参见项目2.4）、菜子饼中毒（参见项目2.4）、有机磷中毒、有机氟中毒、毒鼠强中毒、磺胺中毒（参见项目4）、奶牛酮病（参见项目1.2）、应激性疾病等。

脑震荡与脑挫伤

脑震荡及脑挫伤是由于机械钝力作用于脑颅，引起脑组织损伤致昏迷、反射机能减退或消失等脑功能障碍的一种急性病。一般把具有明显病理变化的称为脑挫伤，无明显病理变化的称为脑震荡。各种动物均可发病，临床以宠物犬、猫多发。

【病因】本病多有受暴力作用致颅脑受伤病史。主要由扑打、冲撞、跌倒、坠落、交通事故等引起。

【发病机理】 外部强力作用于动物颅脑部，可直接损害到受冲击部位的脑及脑膜组织，致使脑神经细胞发生形态、功能及生化过程改变而出现脑机能紊乱。硬脑膜下血肿、蛛网膜下与脑实质出血，还常引起脑组织缺血、缺氧及水肿，因而呈现嗜睡、昏迷、瞳孔对光反射消失。

【症状】 由于脑震荡轻重及脑挫伤部位和病变的不同，其临床症状也不同。一般而言，若组织受到严重损伤，动物可在短时间内死亡。

1. 脑震荡 轻者，踉跄倒地，短时间内又可从地上站起恢复到正常状态，或呈现一般脑症状。若病情严重，表现为瞬间倒地昏迷，知觉和反射功能减退或消失，瞳孔散大，呼吸变慢，有时发哮喘音，脉搏增快，脉律不齐，大小便失禁，猪、犬时有呕吐等。在病犬、猫慢慢苏醒后，反射功能也逐渐恢复，并异常兴奋，全身肌肉收缩，甚至引起抽搐和痉挛（图7-1）。

图7-1 犬脑挫伤抽搐

2. 脑挫伤 脑挫伤与严重的脑震荡相似，但意识丧失时间较长，恢复较慢。除神智昏迷，呼吸脉搏、感觉、运动及反射机能障碍外，因脑组织受到不同程度的损伤，出现水肿，甚至出血而发生脑循环障碍，由于脑组织破损形成瘢痕，因此常遗留灶性脑症状及癫痫等。具体症状见表7-1。

表7-1 脑挫伤灶性病状

受损部位	灶性病状
小脑区、前庭、迷路	运动失调，身体后仰，有时不自主摆头
大脑颞叶区、顶叶区	患侧转圈，对侧眼失明
脑干	呼吸和运动障碍，反射消失，病畜痉挛、抽搐、角弓反张，眼球震颤，瞳孔散大
大脑皮层和脑膜	意识丧失，周期性癫痫发作
硬脑膜出血及血肿	偏瘫、出血侧瞳孔散大
蛛网膜下腔出血	头痛、呕吐、意识、精神、视力障碍、偏瘫至昏迷

【诊断】 根据颅脑部有受暴力作用的病史，体温不高和程度不同的昏迷为主的中枢性休克症状，一般可做出诊断。脑震荡为一时性意识丧失，昏迷时间短，程度较轻，多不伴有局部脑症状；而程度重、昏迷时间长，多呈现局部脑症状，死后剖检，脑组织有形态变化等可诊断为脑挫伤。

【治疗】

1. 治疗原则 加强护理，控制出血和感染，降低颅内压，促进脑细胞恢复。

2. 治疗措施 首先应加强护理，防止褥疮出现。为预防因舌根部麻痹闭塞后鼻孔而引起窒息死亡，可将舌稍向外牵出，但要防止舌被咬伤。

控制出血，轻症病例或病初，可注射止血剂，同时头部冷敷。

消除水肿，降低颅内压，可用甘露醇或山梨醇，配合使用皮质激素类药物效果更好。

控制感染，可应用抗生素或磺胺类药物。

若病畜长时间处于昏迷状态，可用大脑兴奋剂。对于宠物犬，恢复脑功能用细胞色素c、三磷酸腺苷。保持呼吸通畅，必要时行气管切开等。对于一些灶性脑症状还可用镇静剂。

【处方1】止血、降低颅内压、防止脑水肿。

①5％安络血注射液，马、牛5～20mL，羊、猪、犬2～4mL。

用法：一次肌内注射，每天2次。

②20％甘露醇注射液，马、牛1 000～2 000mL，猪、羊100～250mL，犬50～150mL；10％葡萄糖注射液，马、牛1000mL，猪、羊、犬100mL。

用法：一次静脉注射，每天2次。

说明：止血药也可用维生素K_3、止血敏等。脱水药也可按同等剂量的25％山梨醇注射液，静脉注射。

【处方2】控制感染。

10％磺胺嘧啶钠注射液，每千克体重0.05～0.1mg。

用法：一次静脉注射，每天2次，连用2～3d。

说明：也可用其他能透过血脑屏障的抗生素。

【处方3】镇静。

注射用苯巴比妥钠，马、牛每千克体重10～15mg，羊、猪每千克体重0.25～1mg。犬、猫每千克体重6～12mg。

用法：一次肌内注射，每天1次，连用2～3d。

说明：也可用盐酸氯丙嗪注射液。

【处方4】恢复脑功能。

①细胞色素c 10～20mg。

用法：溶于50mL10％葡萄糖溶液中一次静脉注射。

②腺苷三磷酸注射液：一次量，10～20mg。

用法：生理盐水稀释，一次肌内注射。

说明：犬、猫常与辅酶A合用。

癫痫

癫痫是由于大脑某些神经元异常放电引起的暂时性、间歇性中枢神经系统功能失调为特征的脑机能障碍，临床上以反复发生短时意识丧失、强直性与阵发性肌肉痉挛为主要特征。

【病因】

1. **原发性癫痫又称自发性癫痫或真性癫痫** 一般认为和遗传因素有关，致使大脑皮层及皮层下中枢对外界刺激敏感性增高以致兴奋和抑制过程，相互关系紊乱而引起本病的发生。

2. **继发性癫痫又称症状性癫痫** 通常继发于脑炎及脑膜炎、脑内肿瘤、脑内寄生虫、脑震荡、脑损伤及某些疾病，如犬瘟热、心血管疾病、代谢病（低血钙、低血糖、尿毒症、毒血症等）；中毒性疾病如一氧化碳中毒，使脑供氧不足。另外，高度兴奋、恐惧和强烈刺激时均可引起癫痫的发作。

【症状】癫痫发作的间隔时间长短不一，有的一天发作几次或数次，有的间隔数天、数月，犬甚至达一年以上，在发作间隔期其表现和健康畜完全一样。癫痫发作时的主要症状是意识丧失和强直性痉挛。临床可分为大发作和小发作两种。

1. 大发作型 病畜突然倒地、惊厥，发生强直性或阵发性痉挛，全身僵硬、四肢伸展、头颈向背侧或一侧弯曲，有时四肢划动呈游泳状。随肌肉抽搐、意识和知觉丧失，牙关紧闭，口吐白沫，眼球转动，巩膜明显，瞳孔散大，鼻唇颤动，大小便失禁。发作持续时间数秒至几分钟。发作后期，惊厥现象消失，意识和感觉恢复，患畜自动站起，表现疲劳、共济失调、精神沉郁。

2. 小发作型（又称失神型） 突然发生一过性的意识障碍，呆立不动，反应迟钝或无反应，痉挛抽搐症状轻微并且短暂，大多表现在局部，如眼睑颤动、眼球旋动、口唇震颤等。

【诊断】据临床表现做出初步诊断。但确诊仍需进行全面系统的临床检查。原发性癫痫，患病动物的中枢神经系统和其他器官无明显的病理学变化。

【治疗】

1. 治疗原则 消除病因，积极治疗原发病，加强护理，对症治疗，减少癫痫发作次数。

2. 治疗措施 癫痫发作时，应尽可能使患病动物安静，避免外界刺激，防止机械性损伤。对于原发性癫痫，减少发作次数和缩短发作持续时间，可选用苯巴比妥片，或选用溴化钾、扑米酮、安定等药物。对继发性癫痫，在对症治疗的同时，应积极治疗原发病。

中药治疗：以开窍息风、宁心安神、理气化痰、定惊止痛、镇癫定惊为治则。

针灸治疗：白针疗法以水沟、天门为主穴，大椎、翳风、心俞、百会、内关等为配穴；水针疗法，用维生素B_1，或维生素B_{12}，注射于百会、大椎、心俞、身柱等穴。

【处方1】镇癫定惊（用于控制癫痫大发作）。

苯巴比妥钠，马、牛每千克体重10～15mg，羊、猪每千克体重0.25～1mg，犬、猫每千克体重6～12mg；注射用水10mL。

用法：一次肌内注射。

【处方2】镇癫定惊（控制癫痫持续状态）。

地西泮注射液，马每千克体重0.1～0.15mg，牛、羊、猪每千克体重0.5～1.2mg。

用法：一次肌内注射，每天1次，连用2～3d。

【处方3】镇癫定惊（防治大发作、小发作型癫痫）。

苯妥英钠片，牛1～2g，犬0.05～0.1g。

用法：一次内服

说明：根据病情轻重连用一定周期，停药前逐渐减量，不能突然停药。

【处方4】镇癫（防治癫痫小发作）。

乙琥胺，犬0.25～0.5mg。

用法：一次内服，每天1次。

【处方4】镇痫散。

当归6g，川芎3g，白芍6g，全蝎1g，蜈蚣6g，钩藤6g，朱砂0.5g（另包）。

用法：共研细末，开水冲服。

说明：用于犊牛。

维生素 A 缺乏症

维生素 A 缺乏症是指动物饲料中因维生素 A 或胡萝卜素不足不能满足动物的营养需要，导致动物体内维生素 A 含量不足而引起机体代谢紊乱的疾病，主要造成机体各种上皮细胞的萎缩、变性、坏死、脱落，上皮组织机能减退、机能障碍。临床上主要表现为共济失调，夜盲，角膜干燥，干眼，成年动物繁殖机能降低。幼畜、家禽多发生本病。

【病因】

1. **饲料中维生素 A 不足** 植物中维生素 A 是以维生素 A 原即胡萝卜素的形式存在，胡萝卜素在胡萝卜、黄玉米、南瓜、青干草中含量丰富，而谷类及其副产品如麸皮、米糠、粕类中则相对含量较少，胡萝卜素进入动物体内可以转变成维生素 A，胡萝卜素和维生素 A 也可人工合成。若长期使用维生素 A 添加量不足的配合日粮饲喂动物，而未补充青绿饲料，则易产生维生素 A 缺乏症。饲料加工调制不当、贮存时间太长，维生素 A 也会被破坏导致含量下降。

2. **动物生理需求量增大** 动物对维生素 A 生理需求量增大时，也会引起维生素 A 相对缺乏。妊娠、哺乳母畜，生长快速的幼畜，长期腹泻或患热性疾病的动物，对维生素 A 需求量增大，如不及时补充，则可造成维生素 A 缺乏。

3. **母体内维生素 A 不足** 维生素 A 不能通过母体的胎盘屏障，但在初乳中含量较高，吮吸初乳是初生仔畜获得维生素 A 的唯一来源。幼畜若因母畜分娩后死亡或因各种原因吃不到初乳时，则容易发生维生素 A 缺乏症。如仔猪、犊牛 3 周龄以前，母乳中维生素 A 含量不足，或使用代乳品饲喂，或断乳过早都会导致维生素 A 缺乏。

4. **肝胆疾病** 维生素 A、胡萝卜素是脂溶性物质，脂肪的存在有利于维生素 A 的消化吸收，但脂肪的消化吸收必须依赖于肝脏分泌的胆汁。如果动物长期腹泻、肝胆疾病、慢性十二指肠炎症等疾病，都会导致机体对维生素 A 吸收不够充分，进入体内的维生素 A 及其前体胡萝卜素随粪便排出体外，导致机体维生素 A 的缺乏。

【症状】

1. **夜盲症** 维生素 A 是视网膜中合成视黄醇的物质，视黄醇与视网膜感光相关。夜盲症是维生素 A 缺乏症早期症状之一（猪除外），在黎明、黄昏或月光下看不见物体，行走时常出现跌撞现象，瞳孔对光反应迟钝。

2. **干眼病** 犊牛、犬角膜角化呈云雾状，眼睑内有黏液，上下眼睑往往粘在一起，眼角常有气泡。严重者出现角膜溃疡、穿孔而失明。

3. **角膜软化** 在严重缺乏维生素 A 的情况下，小鸡眼睑水肿、流泪，眼睑下出现干酪样分泌物。成年鸡鼻孔、眼睛出现大量水样分泌物，常导致上下眼睑粘连而睁不开眼睛（图 7-2），且不久眼中出现乳

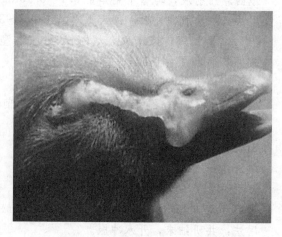

图 7-2 眼睑粘连有大量分泌物

白色干酪样渗出物，严重者则可见角膜软化，最终引起角膜穿孔而失明。

4. 黏膜炎症　维生素 A 维持机体上皮细胞的功能，当机体维生素 A 缺乏时，黏膜抵抗力下降，动物极易发生支气管炎、肺炎、胃肠炎及尿路炎等。

5. 皮肤病变　维生素 A 缺乏主要表现为类似脂溢性皮炎的症状，患畜皮肤干燥，皮屑增多增厚，形成痂块，被毛蓬乱无光泽，脱毛，甚至大面积秃毛，角生长缓慢，蹄壳干燥并有纵行皲裂，马最明显。鸡喙、腿部皮肤黄色消失。

6. 繁殖机能障碍　公畜精液品质不良，畸形多、活力差，性欲不足；母畜发情紊乱，受胎率下降，胚胎发育不全，先天性缺陷，畸形，胎儿吸收，流产、早产、死产现象比较多。仔畜体质虚弱，容易感冒、下痢，死亡率增加。新生仔猪常有唇裂、腭裂、无眼等畸形，后肢变形，皮下囊肿，心脏缺陷，膈疝，脑室积水等。

7. 神经症状　幼畜最明显，犊牛、仔猪常见。有的导致脑内压升高表现为无目的地行走，转圈，有的表现为外周神经机能障碍，骨骼肌麻痹，共济失调，有的出现惊厥及感觉过敏。

从整个发病过程来看，不同动物在发病上稍有差异。

仔猪视力减弱，脂溢性皮炎。因脑脊液压力升高，导致共济失调，后肢麻痹，惊厥。仔猪出生后呈小眼畸形、腭裂，容易继发肺炎、胃肠炎、佝偻病等。

犊牛病初呈夜盲症，后继发干眼病，甚至失明。同时并发唾液腺炎、角膜炎、脑脊液压力升高，共济失调，痉挛，或阵发性惊厥，视神经萎缩。

羔羊体质孱弱，视力障碍，支气管炎和肺炎。脑脊液压升高，共济失调，出现阵发性痉挛或后肢瘫痪，死亡率高。

病禽出现流水样或黏液性鼻液，上下眼睑被干酪样分泌物粘连，羞明流泪，严重者角膜软化，甚至穿孔、失明。特征性变化是口、咽、上腭及喉部有白色伪膜附着，易剥离。母鸡维生素 A 缺乏时所产种蛋孵化率低，孵出的雏鸡经 5~7d 开始发病，眼炎，干眼，神经症状明显，感觉过敏，头颈扭转或呈后退动作，共济失调。

【诊断】

1. 症状诊断　动物出现干眼病、夜盲症，严重时可完全丧失视力。母畜出现流产、死胎，胎儿畸形增多，初生仔畜突然出现抵抗力降低、防卫机能减弱，极易感染疾病，容易反复发生感冒、下痢，反复发生。生长发育迟滞，骨生成受阻或破坏，蛋白质合成减少，动物生长发育受影响。有时可见到动物出现神经症状，运动失调，可怀疑为维生素 A 缺乏症。

2. 剖检诊断　剖检可见视神经乳头水肿，唾液腺、喉头、气管内有伪膜生成；眼黏膜涂片检查，角化上皮细胞数量增多，角膜有溃疡或穿孔。

3. 实验室诊断　测定血浆、肝脏中维生素 A 及胡萝卜素含量，测定动物饲料中维生素 A 和胡萝卜素的含量，若含量明显减少者可诊断为本病。

4. 鉴别诊断　本病应与犊牛低镁血症、雏鸡脑灰质软化症、仔猪产气荚膜梭菌毒素 D 中毒、伪狂犬病、散发性脑脊髓炎等相区别。

【治疗】

1. 治疗原则　补充维生素 A。
2. 治疗措施

【处方1】维生素 AD 油，马、牛 20~60mL，猪、羊 10~15mL，犬 5~10mL，禽

1~2mL。

　　用法：内服，每天1次，连续7d。

　【处方2】鱼肝油，马、牛20~60mL，猪、羊10~30mL，犬5~10mL，禽1~2mL。

　　用法：内服，每天1次，连续7d。

　【处方3】维生素AD注射液，驹、犊、羊、猪2~5mL，仔猪、羔羊0.5~1mL，马、牛5~10mL。

　　用法：肌内注射，隔日1次，连续3~5次。

　【预防】动物在妊娠、泌乳、开食时，通常按维生素A需求量的1~2倍拌料进行预防和治疗。按需求量计，牛12~24μg/kg，羊9~24μg/kg，猪12~24μg/kg，鸡364~727μg/kg，鸭、珍珠鸡、火鸡需求量比鸡高20%左右。增加胡萝卜、青干草、优质牧草的喂量。

青　草　搐　搦

　　青草搐搦是反刍兽采食了幼嫩的牧草之后不久而突然发生的一种高度致死性疾病，又称青草蹒跚。临床上以兴奋不安、强直性和阵发性肌肉痉挛、搐搦、呼吸困难和急性死亡为特征。临床病理学以血镁浓度下降，常伴有血钙浓度下降为特点。

　　临床上多发于乳牛、肉用牛和绵羊，水牛亦有发生。在大群放牧牛中，发病率可能只占0.5%~2%，但死亡率则可超过70%。

　【病因】本病的发生与血镁浓度降低有直接的联系，而血镁浓度降低与牧草含量缺乏或存在干扰镁吸收的成分又直接相关。其主要病因如下。

　　1. 牧草镁含量不足　低镁牧草主要来自低镁的土壤，土壤pH太低或太高会影响植物对镁的吸收。夏季降雨之后生长的幼嫩和多汁的牧草含镁较低。大量施用钾肥或氮肥的土壤，植物含镁量低。

　　2. 镁吸收减少　有些低镁血症牛所采食的牧草中镁的含量并不低，甚至高于正常需要量，但因其利用率低，也可导致本病的发生。饲料中钾含量高，可竞争性抑制肠道对镁离子的吸收，促进镁和钙的排泄，导致低镁血症的产生。偏重施用氮肥的牧场，饲料中氮含量过高，瘤胃内产生多量的氨，与磷、镁形成不溶性磷酸铵镁，阻碍镁的吸收。饲料中硫酸盐、碳酸盐、柠檬酸盐、锰、钠、钙等含量过高以及内分泌紊乱和消化道疾病都会影响镁的吸收。饲料中过多供给长链脂肪酸会与镁产生皂化反应，也可影响镁的吸收。

　　3. 应激因素　牛羊在兴奋、泌乳、不良气候、运输、泄泻、低钙血症等应激情况下，都可能促使本病发生。

　【症状】本病发病急，最急性的病例，未看到发病症状就死亡在牧场上。急性的病例表现为吃草正常的牛突然甩头，吼叫，盲目奔跑，呈疯狂状态，倒地后四肢划动，惊厥，背、颈和四肢震颤，牙关紧闭，磨牙，头部尽量向一侧的后方伸张，直至全身阵发性痉挛，耳竖立，尾肌和后肢强直性痉挛，状如破伤风样。惊厥呈间断性发作，通常在几小时内死亡。部分病例呈亚急性，症见步态强拘，对触诊和声音过敏，频频排尿，兴奋症状不明显。但随着病程发展可转为急性，惊厥期可长达2~3d。少数病例可并发生产瘫痪和酮病。

　　水牛常呈亚急性。常卧地不起，颈部呈一定程度的"S"形扭转姿势。少数病例呈急性，表现高度兴奋和不安，发狂，向前冲或奔跑，眼充血和凶猛状，倒地后搐搦，伸舌和喘气，呼吸加深，流涎，体温正常，但心跳加快，心音增强。血镁浓度降至19mg/L以下。

【诊断】

1. 症状诊断　本病多发生于春季青绿牧草旺盛的季节，尤其是初春牧草刚发的时节。病牛采食幼嫩牧草后，突然发病，表现运动失调、感觉过敏和搐搦。泌乳动物最易发病。

2. 实验室诊断　临床测定血清镁、钙、磷水平可帮助诊断。健康牛血清镁水平17～30mg/L，当牛血清镁低至5mg/L时出现搐搦症状。血清钙水平常降至50～80mg/L，血清无机磷酸盐水平可低也可不低。

3. 鉴别诊断　本病要与牛的急性铅中毒、狂犬病、神经性酮病、麦角中毒等区别。急性铅中毒常伴有目盲和疯狂，还有接触铅的病史。狂犬病则精神紧张，上行性麻痹和感觉消失而无搐搦。神经型酮病不常伴有惊厥和搐搦，而有显著酮尿。麦角中毒时其综合征是一种典型的小脑共济失调。

【治疗】

1. 治疗原则　补充镁、钙，消除低镁血症。

2. 治疗措施

【处方】补充镁、钙。

①25%硫酸镁溶液200mL，10%葡萄糖酸钙500～1 000mL。

用法：成牛，一次静脉注射。

说明：静脉注射时宜慢，应注意检查心跳节律、强度和频率，心跳过快时即停止注射。

②碳酸氢钠150g，氧化镁60g或碳酸镁120g，温水5kg。

用法：口服。

【预防】

(1) 放牧前，给牛羊先喂少量的干草，每100kg体重1～2kg，若粪便稀，可适当增加干草量。

(2) 补充精料，合理搭配精料、粗料、青料的比例。每天投喂精料占体重的1%～3%，依据生产用途、目的决定精料喂量，精料配方中添1%碳酸氢钠、1%磷酸氢钙、0.35%氧化镁、1%食盐、1%石粉。

(3) 放牧季节，母牛每天日粮中补充氧化镁60g或碳酸镁120g，过多地吃入镁，可引起腹泻，特别是硫酸镁更易引起腹泻。

(4) 在发病的危险季节，在精饲料中绵羊每头每天补充氧化镁10g，亦可加入蜜糖中作成舔剂。

仔猪、仔犬低血糖病

初生仔猪、仔犬由于多种原因引起血糖浓度降低所致的症候群，临床上出现体质虚弱、共济失调、兴奋不安、全身肌肉呈阵发性或强直性痉挛，衰竭死亡。

【病因】

1. 仔猪、仔犬吃奶量不足　母猪妊娠期内营养供给不足，体内贮备营养不充足，产后泌乳不能满足所有仔猪、仔犬的营养需要；产仔数超过乳头数，仔猪、仔犬弱小，先天性发育不良，体质过度衰弱，感染某些传染病如伪狂犬病、抖抖病等不能正常吮吸母乳，胃肠功能紊乱，导致营养不良引起低血糖病。

母猪、母犬因患有某些产后疾病，如产后子宫内膜炎、乳房炎、无乳综合征，患有某些传染病、中毒性疾病、产后受到强烈的应激反应等，都可引起母猪、母犬泌乳量不足甚至无乳。

2. 仔猪、仔犬血糖消耗过多　初生仔猪、仔犬所需的适宜温度是33℃左右，随着日龄的增长，所需温度逐渐下降，每周下降2～3℃。初生仔猪、仔犬1～2周龄，皮下脂肪较少，保温性能较差，体温调节能力差，当外界气温过低而圈舍保温性能较差时，栏圈阴冷、潮湿、寒冷，导致仔猪、仔犬动用体内大量的肝糖原、血中葡萄糖，分解代谢产热来维持体温，从而导致血糖过量消耗，如不能及时吸食母乳补充，则很快发生低血糖病，甚至死亡。

3. 继发于某些疾病　继发于胰岛瘤引起胰岛素分泌增加，导致发生低血糖病。肝脏疾病导致肝糖原的合成障碍引起低血糖症。动物体内先天性缺乏6-磷酸葡萄糖酶，导致肝脏累积糖原引起低血糖症。

【症状】本病大多发生于仔猪、仔犬生后1～3d内，体质过度衰弱，四肢软弱无力，卧地不起，感觉迟钝或消失。有的虽能行走，但步态蹒跚，心跳、呼吸加快。病情严重时，卧地不起，发出微弱的叫声，眼球移动缓慢，四肢伸直划动，肌肉震颤、抽搐、角弓反张，体温下降，可视黏膜发绀，最后处于昏迷状态，瞳孔扩大，迅速死亡。

【诊断】

1. 症状诊断　本病主要发生于生后2～3d的仔猪、仔犬，患病仔猪、仔犬体质衰弱，行走无力，颤抖怕冷，憔悴状，体温降低，用葡萄糖治疗效果迅速且良好。

2. 剖检诊断　剖检变化一般不显著，少数仔猪、仔犬胃内缺乏凝乳块，但许多病例胃内仍有部分食物，肝脏小而硬，肾盂和输尿管内有白色沉淀物，部分病例颈、胸、腹下有不同程度的水肿。

3. 实验室诊断　患病仔猪、仔犬血糖检查，血糖值50mg/100mL以下，即可确诊。另外，多有血液尿素氮水平升高现象。

【治疗】

1. 治疗原则　补充血糖，促进糖原生成，增强抵抗力。

2. 治疗措施

【处方1】补充血糖。

①50%葡萄糖注射液10～20mL，维生素C2mL，腺苷三磷酸2mL。

用法：静脉注射，亦可混合预热到40℃后，做腹腔注射，每隔4～6h重复注射一次。

②50%葡萄糖注射液5～10mL。

用法：预热到40℃后灌服，每隔4～6h灌服1次。

说明：新生仔猪喂饮温热的葡萄糖水比白糖水要好些。

【处方2】中草药补益气血。

①当归20g，黄芪20g，党参20g，熟地20g。

用法：加水煎成200mL加入红糖混匀后内服，每次灌服50mL，每天2～3次。痉挛时，加钩藤20g；四肢无力，加牛膝20g，木瓜20g。

②鸡血藤50g，食糖25g。

用法：鸡血藤加水煎成50mL，加糖混匀，一次灌服，每天3次。

【处方3】辅助治疗，预防贫血。

葡萄糖铁钴注射液50～100mg 或维生素 B_{12} 20～30μg。

用法：肌内注射，3日龄、7日龄各1次。

【预防】加强母体妊娠后期的营养，对初生弱小的仔猪、仔犬人工辅助喂乳，且固定好奶头。做好初生仔猪、仔犬的保暖工作，加强初生仔猪、仔犬的护理与产后的保健。

食 盐 中 毒

食盐是日粮中必需的营养物质，但食入量过大，会引起中毒。临床上以胃肠炎、脑水肿及神经症状为特征。本病可发生于各种动物，其中以猪、鸡最常见，其次是牛、羊和马。据测定，食盐的中毒量为：猪、牛每千克体重1～2.2g，绵羊每千克体重3g，鸡每千克体重1～1.5g。

【病因】

1. **饲料中含盐量过多**　由于计算失误、搅拌不均，饲料中加入了过多食盐。饲喂酱渣、咸菜、菜汤、虾酱等盐分高的饲料。

2. **盐饥饿**　长期缺乏盐，出现盐饥饿时突然加盐又不加限制。

3. **缺水**　钠离子的毒性与饮水量直接相关，当水的摄入被限制时，猪饲料中0.25%的食盐即可引起钠离子中毒。如果给予充足的清洁饮水，日粮中含13%的食盐也不至于造成中毒。

4. **某些营养物质缺乏**　维生素E、含硫氨基酸的缺乏，使机体对食盐比较敏感是重要的诱发因素。

【发病机理】食盐的毒性作用主要表现在两个方面，即氯化钠对胃肠道的局部刺激作用和钠离子潴留对组织（尤其脑组织）的损害作用。

1. **刺激作用**　大量高浓度的食盐进入消化道后，刺激胃肠黏膜而发生炎症。

2. **组织渗透压改变**　食盐使胃肠液渗透压升高，吸收肠壁血液循环中的水分，引起严重的腹泻、脱水和血液循环障碍。吸收入血的食盐使血液渗透压升高，引起细胞内液外溢而导致组织脱水，动物出现明显的口渴症状。钠进入全身组织后，水钠在组织中潴留引起组织水肿，尤其是脑组织水肿，颅内压升高，导致一系列神经症状。

3. **离子平衡失调**　高钠血症可破坏血液中一价阳离子（钠、钾）与二价阳离子（钙、镁）的平衡，使神经应激性升高，出现神经反射活动过强的症状。

【症状】

1. **共同症状**

（1）口渴贪饮，动物喝水多，腹围增大，尿少而黄。

（2）神经症状，兴奋不安，冲撞，后期沉郁，视力下降，无目的徘徊、转圈、癫痫样发作。

（3）出血性胃肠炎，表现为食欲废绝，腹痛、腹泻，便中带有黏液、血液及伪膜。

2. **不同动物的症状特点**

（1）牛。烦渴，食欲废绝，流涎，呕吐，下泻，腹痛，粪便中混有黏液和血液。黏膜发绀，呼吸急促，心跳加快，肌肉痉挛，牙关紧闭。视力减弱，甚至失明，步态不稳，球关节屈曲无力，肢体麻痹，衰弱及卧地不起。体温正常或低。孕牛可能流产，子宫脱出。

（2）猪。主要表现神经系统症状，消化紊乱不明显。病猪口腔黏膜潮红，磨牙，呼吸加快，流涎，从最初的过敏或兴奋很快转为对刺激反应迟钝，视觉和听觉障碍，盲目徘徊，不避障碍，转圈，体温正常。后期全身衰弱，肌肉震颤，严重时间歇性癫痫样发作，角弓反张，或呈强迫性犬坐姿势，直至仰翻倒地不能起立，四肢侧向划动。最后在阵发性惊厥、昏迷中因呼吸衰竭而死亡（图7-3）。

图7-3 间歇性癫痫样痉挛发作、角弓反张

（3）禽。表现口渴贪饮，鸡往往蹲在水槽边，拼命喝水，使嗉囊胀大。精神沉郁，垂羽蹲立，下痢，痉挛，头颈扭曲，严重时腿和翅麻痹。小公鸡睾丸囊肿。

（4）犬。表现运动失调，失明，惊厥或死亡。

（5）马。表现口腔干燥，黏膜潮红，流涎，呼吸急促，肌肉痉挛，步态蹒跚，严重者后躯麻痹。同时有胃肠炎症状。

【诊断】

1. 病史调查　有采食较多食盐的病史。
2. 症状诊断　口渴、神经症状、胃肠炎。
3. 剖检诊断　剖检见脑及脑膜充血、出血、水肿，肺水肿，胃肠黏膜充血、出血，心包积液，心冠脂肪出血。
4. 实验室诊断　尿液氯含量大于1%，或血浆和脑脊髓液钠离子浓度大于160mmol/L，为食盐中毒的特征。

【治疗】

1. 治疗原则　停用含盐量高的饲料，供给清洁饮水，促进钠和氯的排出。
2. 治疗措施　发病早期，立即供给足量饮水，以降低胃肠中的食盐浓度。后期有水肿时要定量供水。应用溴化钾和利尿剂以利排钾和排钠。另外，需配合解痉镇静、缓解脑水肿、降低颅内压等对症治疗措施。

【处方1】促进毒物排出。

①溴化钾注射液（0.1g/mL），马、牛50～100mL，猪、羊10～20mL；25%葡萄糖，马、牛500～1 000mL，猪、羊100～200mL。

用法：静脉注射。

说明：促进氯和钠的排出。

②速尿，每千克体重3mg。

用法：内服，每天2次。

【处方2】制止渗出。

①5%葡萄糖酸钙，马、牛200～500mL，猪、羊50～100mL；25%硫酸镁注射液，马、

牛60～120mL，猪、羊20～30mL。

用法：静脉注射。

说明：止渗、镇静。

②氢氯噻嗪，马、牛每千克体重1～2mg，羊、猪每千克体重2～3mg，犬、猫每千克体重3～4mg。

用法：内服，每天2次。

【处方3】制止渗出。

5%氯化钙明胶溶液（或1%明胶），猪每千克体重0.2g。

用法：分点皮下注射。

【处方4】脱水、减轻水肿。

20%甘露醇注射液，马、牛1 000～2 000mL，猪、羊100～250mL。

用法：一次静脉注射。

说明：缓解脑水肿。也可用25%～50%高渗葡萄糖溶液，猪可行腹腔注射。

【预防】正确加喂食盐，饲料含盐量0.3%～0.5%比较适宜。保证充足的饮水，用食盐治疗便秘时，量不可过大。含盐量高的酱渣、菜汤、虾酱等不能长期应用，一次喂量不可过大。

酒 糟 中 毒

酒糟中毒是动物长期采食或一次性大量采食酒糟引起的中毒病。酒糟是酿酒后的一种副产品，常用来喂猪、牛等动物。由于大量饲喂酒糟，缺乏其他饲料的适当搭配，或饲喂了发霉变质酒糟，都会引起中毒。

【病因】突然饲喂大量酒糟或偷食保管不当的酒糟，饲喂酒糟时间过长而缺乏其他饲料，饲喂霉败变质的酒糟。酒糟中的有毒成分十分复杂，如鲜酒糟中残存的甲醇、乙醇；酒糟久置后形成的有机酸和醛类；制酒原料中存在有毒物质，如马铃薯中的龙葵素，黑斑病甘薯中的翁家酮，谷类的麦角毒素和麦角胺等。酒糟保管不当，发霉、变质产生大量的霉菌毒素等。

【发病机理】乙醇主要危害中枢神经系统，使大脑皮层兴奋性增强，表现步态蹒跚，共济失调，后期使血管运动中枢和呼吸中枢抑制，出现循环和呼吸障碍。甲醇危害视神经和视网膜，引起视神经萎缩或失明。有机酸可刺激消化道，引起消化功能紊乱及骨骼营养不良。其他有害物质依据浓度的不同，所致病变有轻有重。

【症状】

1. 急性中毒　首先表现兴奋不安，而后出现胃肠炎，食欲减退，腹痛、腹泻。心动过速，呼吸急促，共济失调，四肢麻痹，倒地不起，最后因呼吸衰竭死亡。

2. 慢性中毒　呈现消化不良，可视黏膜潮红、黄染，发生皮疹或皮炎，系部皮肤病变明显。起初呈湿疹样病变，后期肿胀、坏死。有时血尿，病牛的牙齿松动、脱落，而且骨质变脆，易骨折。不同动物的临床症状亦有不同。

牛顽固性前胃弛缓，采食减少，反刍障碍。皮炎明显，主要发生在系部和跗部皮肤。有骨软症表现，牙齿松动，骨质变脆。

猪结膜潮红，初期体温升高，高度兴奋，狂躁不安，心悸，最后倒地抽搐，体温下降，虚脱而死。

【诊断】

1. 病史调查　有采食酒糟的病史。

2. 症状诊断　兴奋不安、共济失调并伴有皮肤病变。

3. 剖检诊断　脑膜及脑实质充血出血，胃肠内容物有酒精或酸败味。肺充血、水肿。肝肾肿胀，质地变脆。

【治疗】

1. 治疗原则　促进毒物排出，保护胃肠黏膜，对症治疗。

2. 治疗措施　停喂酒糟，改用其他饲料。利用硫酸钠等泻剂促进毒物排出，减少毒物吸收。纠正酸中毒，同时结合补液强心等治疗措施。

【处方1】促进毒物排出。

8%硫酸钠，马、牛4 000~6 000mL，猪、羊1 000~2 000mL；碳酸氢钠，马、牛30~50g，猪、羊10~20g。

用法：内服。

【处方2】增强机体抵抗力。

10%安钠咖，马、牛10~20mL，猪、羊3~5mL；5%维生素C，马、牛30~50mL，猪、羊10~20mL；10%葡萄糖，马、牛1 000~2 000mL，猪、羊300~500mL。

用法：静脉注射，每天1~2次。

说明：补液强心。

【处方3】加速乙醇氧化，降低其毒性。

50%葡萄糖，马、牛500~1 000mL，猪、羊200~300mL；胰岛素，马、牛100~200IU，猪、羊50~100IU；维生素B_1每千克体重0.25~1.25mg。

用法：静脉注射。

【处方4】收敛、止痒。

2%明矾或3%石炭酸乙醇。

用法：外用。

说明：瘙痒者用石炭酸乙醇。

【预防】用酒糟喂家畜时要搭配其他饲料，不能超过日粮的20%~30%。用前应加热，使残存的酒精挥发，并杀灭病菌。酒糟要保存好，发霉、变质的不用。贮存过久的酒糟，用前先用石灰水浸泡，再用清水洗净，以除去多余的乙酸，防止中毒。

霉玉米中毒

霉玉米中毒是由饲喂发霉玉米引起的以神经症状为特征的中毒性疾病。其病理特征为脑白质软化。本病多发于马属动物，其中以驴的发病率最高。

【病因】由饲喂或偷食发霉的玉米引起的。由于玉米保管不当，遭受雨淋或在湿热环境下存放，霉菌大量生长，其中主要有串珠镰刀菌、茄病镰刀菌等。这些镰刀菌在代谢过程中产生各种毒素，导致动物中毒。

【发病机理】霉玉米中有许多致病因素，但最主要的是镰刀霉菌及其产生的毒素，如串珠镰刀菌素、赤霉素、赤霉酸和去氧镰刀菌酸等。这些毒素进入机体后，与脑组织有极强的亲和力，能引起脑白质软化，导致严重的神经症状。

【症状】本病以神经症状为主，根据神经症状的不同，可分为三个类型，即兴奋型（狂暴型）、沉郁型和混合型。

1. 兴奋型　病畜精神高度兴奋，视力减弱或失明，以头部猛撞饲槽或其他障碍物。挣扎脱缰，盲目游走，步态跟跄，或向前猛冲，或一直后退，直到抵于障碍物上。随后倒地，用力挣扎起立，且起且倒，至无力时仍以头撞地，四肢泳动。全身肌肉痉挛，大小便失禁，多在数小时至一天内死亡。

2. 沉郁型　精神高度沉郁，饮、食欲减退或废绝，头低耳耷，双目无神、视力减退或失明。低头呆立，将头支于食槽上。牵之行走时表示抗拒，或步态跟跄，不避障碍，易跌倒。唇、舌麻痹，松弛下垂，流涎，吞咽障碍，咀嚼困难。体温正常或偏低，多在4～5d死亡，轻症者逐渐康复。

3. 混合型　兴奋和沉郁交替出现。

【诊断】

1. 病史调查　有采食发霉玉米的病史，而且在同一饲养条件下发病数量多。
2. 症状诊断　有典型的临床症状，精神兴奋、沉郁或交替出现。
3. 病理诊断　病变以脑白质软化、切面有坏死灶为特征。
4. 鉴别诊断　注意与马脑脊髓炎的区别。马脑脊髓炎多发于蚊虫活跃季节，体温升高，有时黄疸，无喂饲霉玉米的病史。

【治疗】

1. 治疗原则　促进毒物排出，对症治疗。
2. 治疗方法　停喂霉玉米，改喂优质饲料。将病畜单独隔离饲养，保持安静，减轻不良刺激。用0.1%高锰酸钾或1%碳酸氢钠反复洗胃，后内服8%硫酸钠，以促进毒物排出。兴奋不安时，用10%安溴注射液静脉注射；沉郁时用尼可刹米兴奋呼吸中枢。补液强心可用10%氯化钠，40%乌洛托品，20%葡萄糖，10%安钠咖静脉注射。

【处方1】促进胃内毒物排出。

0.1%高锰酸钾或1%碳酸氢钠溶液适量。

用法：反复洗胃。

说明：破坏毒物，促进排出。

【处方2】促进肠道内毒物排出。

8%硫酸钠，马、驴、牛4 000～6 000mL，猪、羊1 000～2 000mL。

用法：内服。

说明：洗胃后应用。

【处方3】镇静安神。

10%安溴注射液，马、驴、牛100mL，猪、羊20～50mL。

用法：静脉注射。

说明：兴奋不安时应用。

【处方4】增强机体抵抗力。

10%氯化钠，马、驴、牛100～150mL，40%乌洛托品50～100mL，20%葡萄糖1 000～2 000mL，10%安钠咖10～20mL。

用法：静脉注射。

【预防】注意饲料保存，防止霉变，严禁用发霉变质的玉米饲喂动物。

有机磷中毒

有机磷农药中毒是由于动物接触、吸入或采食某种有机磷制剂所致的中毒性疾病。临床上以流涎、腹泻和肌肉痉挛等为特征。

【病因】有机磷农药种类繁多，按其毒性强弱的不同，区分为剧毒类包括对硫磷、内吸磷、甲基对硫磷（甲基1605）、甲拌磷（3911）等；强毒类包括敌敌畏（DDVP）、乐果、甲基内吸磷（甲基1059）、杀螟松等；弱毒类包括敌百虫、马拉硫磷等。

有机磷农药可经消化道、呼吸道或皮肤进入机体而中毒。通常发生于以下情况：

（1）误食撒布有机磷农药的青草或农作物、误饮撒药地区附近的地表水，误食拌过有机磷农药的谷物种子。

（2）配制或撒布药剂时，粉末或雾滴沾染附近或下风向的畜舍、草料及饮水，被家畜采食或吸入。

（3）误用配制农药的容器当做饲槽或水桶而饮喂家畜。

（4）用药不当，如滥用或过量应用敌百虫、乐果治疗皮肤病和内外寄生虫病，治疗马属动物肠阻塞时应用敌百虫过量。

（5）保管或运输中包装破损，或对农药和饲料未加严格分隔贮存，或通过运输工具和农具间接沾染饲料。

【发病机理】有机磷化合物进入机体后，能与胆碱酯酶结合，形成比较稳定的磷酰化胆碱酯酶而失去分解乙酰胆碱的能力，乙酰胆碱大量蓄积。乙酰胆碱为为中枢神经细胞突触间及胆碱能神经（包括副交感神经、运动神经和部分交感神经）的化学传导物质，正常情况下其在神经冲动时释放出来并完成传导功能后，受胆碱酯酶作用分解而不至于积累。因此，有机磷中毒后发生胆碱能神经持续兴奋，出现毒蕈碱样、烟碱样以及中枢神经系统症状。如虹膜括约肌收缩使瞳孔缩小，支气管平滑肌收缩和支气管腺体分泌增多，导致呼吸困难，甚至发生肺水肿；胃肠平滑肌兴奋，表现腹痛不安，肠音增强，不断腹泻；膀胱平滑肌收缩，造成尿失禁；汗腺和唾液腺分泌增加，引起大量出汗和流涎；骨骼兴奋，发生肌肉痉挛，最后陷于麻痹；中枢神经系统，则是先兴奋后抑制，甚至发生昏迷。

有机磷化合物与胆碱酯酶的结合，刚开始是可逆的，随着时间的延续，结合愈加牢固，最后变为不可逆反应。

【症状】由于有机磷农药的毒性、摄入量、进入途径，以及动物品种、年龄等不同，中毒症状和发展经过亦有一定差异。急性中毒多发生于口服或吸入农药10min至2h内，且病情发展迅速。经体表吸收者发病较慢，病情较轻。

病初精神兴奋，狂暴不安，前冲后退，无目的奔跑，以后高度沉郁，甚至倒地昏睡、昏迷。眼球震颤，瞳孔缩小，严重的几乎成线状。肌肉痉挛，一般从颜面部肌肉开始，很快扩展到颈部乃至全身，轻则震颤，频频踏步，重则抽搐，角弓反张，或做游泳动作。

口腔湿润或流涎，食欲减损或废绝，腹痛不安，肠音增强，不断排水样稀粪，甚至排粪失禁，有时粪内混有黏液或血液。重症后期肠音减弱乃至消失，并伴发膨胀。

病初胸前、会阴及股内侧出汗，很快全身大量出汗。体温多升高，呼吸困难，甚至张口呼吸。严重病例心跳急速，脉搏细弱，不感于手，往往伴发肺水肿，有的会因窒息而死。孕畜流产。

全血胆碱酯酶活力一般降到50%以下。

【诊断】

(1) 动物在48h内有接触有机磷农药的病史。

(2) 病畜表现胆碱能神经持续兴奋的临床症状，如痉挛、出汗、流涎、瞳孔缩小、呼吸困难、腹痛、腹泻等。

(3) 尸体剖检时，经消化道中毒者可嗅到胃肠内容物有蒜臭味。

(4) 全血胆碱酯酶活力一般均降到正常的50%以下。

(5) 紧急时可做阿托品治疗性诊断。方法是静脉注射一般治疗量的硫酸阿托品，10min后观察，如病畜发生口干、瞳孔散大、心率加快等"阿托品化"现象时，即可否定有机磷中毒。反之如出现心率由快变慢，其他毒蕈碱样症状有所减轻时，则可确认为有机磷中毒。

【治疗】

1. 治疗原则　阻止毒物吸收，促进毒物排出，尽早使用特效解毒剂，对症治疗。

2. 治疗措施

(1) 阻止毒物吸收。应立即停止使用疑为有机磷农药来源的饲料或饮水。如系因外用敌百虫等制剂过量所致的中毒，则宜充分水洗涂药部位（勿用碱性药剂）以免继续吸收，加重病情。

(2) 实施特效解毒。常用乙酰胆碱拮抗剂和胆碱酯酶复活剂，二者合用疗效更好。

乙酰胆碱拮抗剂常用的是硫酸阿托品。本品能够拮抗乙酰胆碱的毒蕈样作用，且是速效药剂，故可迅速使病情缓解。但对烟碱样症状无作用。

胆碱酯酶复活剂常用的有解磷定、氯磷定、双复磷等。胆碱酯酶复活剂对解除烟碱样作用较为明显，但对各种有机磷农药中毒的疗效并不完全相同。解磷定对内吸磷、对硫磷、甲基内吸磷等大部分有机磷农药中毒虽都有确实的解毒效果，但对敌百虫、乐果、敌敌畏、马拉硫磷等小部分制剂的作用则较差。同时，对于中毒较久的磷酰化胆碱酯酶也无效；氯磷定对乐果中毒的疗效较差，且对敌百虫、敌敌畏、对硫磷、内吸磷等中毒经48～72h的病例无效；双复磷能通过血脑屏障对中枢神经系统症状有明显的缓解作用（具有阿托品样作用）。对有机磷农药中毒引起的烟碱样症状，毒蕈碱样症状及中枢神经系统症状均有效。对急性内吸磷，对硫磷、甲拌磷、敌敌畏中毒的疗效良好，但对慢性中毒效果不佳。

(3) 对症治疗。对于危重病例，应对症采用辅助疗法，以消除肺水肿，兴奋呼吸中枢，输入高渗葡萄糖溶液等，有助于提高疗效。而在治愈后的一定时期内仍应避免再度接触有机磷农药。

【处方1】特效解毒。

①硫酸阿托品注射液，牛每千克体重0.25mg，马、羊、猪、犬每千克体重0.5～1mg。

用法：皮下或肌内注射。重度中毒以其1/3量混于葡萄糖盐水内缓慢静脉注射，另2/3量做皮下注射或肌内注射。

说明：经1～2h症状未见减轻的，可减量重复应用，直到出现所谓阿托品化状态。阿托品化状态的临床标准是口腔干燥、出汗停止、瞳孔散大、心跳加快等。阿托品化之后，应每隔 3~4h 皮下或肌内注射一般剂量阿托品，以巩固疗效，直至痊愈。

②解磷定每千克体重 20~50mg，生理盐水适量。

用法：临用前配成 2.5%~5% 溶液一次静脉注射，每隔 2~3h 一次，剂量减半，直至症状缓解。

说明：也可用氯磷定、双复磷等特效解毒剂。氯磷定和解磷定在碱性溶液中易水解为剧毒的氰化物，故二者忌与碱性药物配伍应用。

【处方2】催吐与洗胃（适用于猪、犬）。

①1% 硫酸铜溶液 50~100mL。

用法：一次灌服。

说明：用于猪、犬催吐。食入毒物 2h 内催吐效果好，如果动物呈抑制状态，禁用催吐疗法。

②1% 醋酸或食醋 100mL，或 0.2%~0.5% 高锰酸钾 1 000mL，或 1% 过氧化氢液 300mL。

用法：洗胃。

说明：醋酸或食醋用于硫特普、八甲磷、二嗪农、敌百虫中毒，其他有机磷中毒除对硫磷禁用高锰酸钾外，可用碳酸氢钠、高锰酸钾或过氧化氢液。

【处方3】缓泻与吸附。

硫酸镁（或硫酸钠），大家畜 200~400g，猪 30~50g；活性炭每千克体重 3~6mg。

用法：一次灌服。

说明：禁用油类泻剂，因其加速有机磷的溶解而被肠道吸收。

【预防】

(1) 首先是健全对农药的购销、保管和使用制度，落实专人负责，严防丢失。

(2) 开展经常性的宣传工作，普及和深化有关使用农药和预防家畜中毒的知识，以推动群众性的预防工作。

(3) 由专人统一安排施用农药和收获饲料，避免互相影响。对于使用农药驱除家畜内外寄生虫，也可由兽医人员负责，定期组织进行，以防意外的中毒事故。

有 机 氟 中 毒

有机氟化合物为广泛应用的高效农药。当动物摄取了一定量的有机氟化合物后，则会发生中毒。

【病因】动物发生中毒主要是经消化道而引起。常见于对有机氟化合物保管、收藏和使用不当，污染了饲料、饲草和饮水而被动物食入；拌有有机氟化合物的毒鼠食饵放置不当而被动物误食。

【发病机理】氟乙酰胺、氟乙酸钠等有机氟制剂在体内经水解作用生成氟乙酸，阻断柠檬酸代谢，破坏三羧酸循环，造成代谢障碍，引起心脏及中枢神经系统的损害，使物体痉挛、抽搐，严重者导致死亡。

【症状】

最急性型：生前多无任何症状而倒毙于地。

急性型：持续 9~18h，突然倒地，抽搐，角弓反张，死亡；有的卧地震颤，四肢痉挛，口吐白沫，瞳孔散大，最终因循环衰竭而死亡。

中毒较轻型：精神沉郁，食欲废绝，反刍停止，体温低于正常，心跳节律不齐，脉搏细弱而加快，呈现心室纤维性颤动。四肢无力，不愿走动，呻吟，磨牙，排粪停止，发生阵发性痉挛。病程可持续2~3d。

【诊断】主要根据病因，再结合临床症状可做出诊断。

【治疗】

1. 治疗原则　促进毒物排出，尽早使用特效解毒剂。

2. 治疗措施

（1）促进毒物排出，可用洗胃和投服盐类泻剂，可用0.5%高锰酸钾溶液或石灰水洗胃，然后可服保护胃黏膜的药物如氢氧化铝胶。泻剂以盐类泻剂较好，常用硫酸镁800~1 000g，配成10%溶液，一次灌服。

（2）使用特效解毒剂，有机氟中毒的特效解毒剂有解氟灵（50%乙酰胺）和乙二醇乙酸酯（醋精）。解氟灵用量为每千克体重0.19g，肌内注射。醋精用量为100mL，加入500mL水，一次灌服，也可肌内注射，其用量为每千克体重0.13mL。

（3）对症治疗，为镇静可用氯丙嗪、巴比妥或水合氯醛；呼吸困难时可用尼可刹米、可拉明；为防止酸中毒，可静脉注射5%碳酸氢钠液500~1 000mL；为解除痉挛，可静脉注射10%葡萄糖酸钙500~1 000mL。

毒鼠强中毒

毒鼠强因其毒性强烈、化学性质极为稳定，在环境中不易降解，是各国政府明令禁止生产使用的物品。但一些偏远地方，仍时有中毒事件的发生。毒鼠强的化学名称为四亚甲基二砜四氨，又名424、鼠没命、特效灭鼠灵等。

【病因】多因误食，或被毒鼠强沾污的食物，造成中毒。

【发病机理】毒鼠强是中枢神经系统抑制性神经介质γ-氨基丁酸（GABA）的拮抗剂。能阻断抑制性神经介质GABA对神经元的作用，兴奋中枢神经和周围神经节，而产生强直性痉挛和惊厥，属惊厥型毒剂。因其有强烈的致惊厥作用，主要作用于动物的中枢神经系统（又是中枢神经系统刺激剂），动物中毒后，很快出现癫痫样阵发性抽搐。由于毒鼠强的化学性质极为稳定，在体内分解代谢慢，易造成二次中毒。

【症状】

（1）轻度（前驱期症状）。头痛、头晕、乏力、恶心、呕吐（非喷射状）、口唇麻木、酒醉感。

（2）重度。突然晕倒，四肢强直性抽搐、小便失禁、昏迷。抽搐发作同时有昏迷、瞳孔散大、呼吸困难、口吐白沫、呼吸音粗等。

（3）其他表现。因其发病迅猛，不易观察到其他症状。一般发作或缓解期有不同程度的精神症状，心率稍加快，血压变化不大。约半数中毒者有心动过缓、肝区疼痛和肝肿大等。

【诊断】

（1）流行病学调查资料。依据鼠药接触史或食入史，尤其是在摄食后群体发病更有意义。

（2）临床表现。以阵发性抽搐、惊厥为主要临床表现，可伴有神经症状，以及心、肝等脏器功能损害。

(3) 实验室检验结论及急性毒性试验。

①样本采集和处理：采集疑为毒鼠强的原药、毒饵、呕吐物、剩余食物、胃内容物或饲料等标本。如是疑为毒鼠强的原药或其毒饵，供做动物实验可用水溶解；供做元素分析可用氯仿、丙酮、苯溶解。如是呕吐物、剩余食物、胃内容物或饲料等标本，供做动物实验可用水溶解；供作元素分析可在水浴上蒸干后，加氯仿、丙酮、苯溶解残渣，取浸提液，必要时用柱层精制。

②检验方法：气相色谱法、GC/MS选择离子检测法。

③急性毒性试验：18～20g 小鼠 6 只，每只灌样本液 0.5mL（相当于样本 0.5g），实验动物迅速出现兴奋、竖尾、跳动、偶尔鸣叫，随即出现阵发性或持续性痉挛、四肢强直、侧身而亡，为阳性。作用很快，剂量大时，3min 内甚至更短时间即可死亡。

【治疗】

1. 治疗原则　要尽早彻底清除毒物，及早采取催吐、洗胃、导泻等措施。

2. 治疗措施

(1) 首先应清除胃内毒物。可采取催吐洗胃、灌肠、导泻等。

(2) 对症处理。抗惊厥以苯巴比妥钠的疗效较安定效果好。抽搐、躁动、烦躁不安时，肌内注射苯巴比妥钠或安定，必要时重复。也可预防性肌内注射苯巴比妥钠。呕吐、腹痛时，可用 654-2。心率慢于 50 次/min 者，临时给予适量 654-2 或阿托品。

(3) 活性炭血液灌流。中毒较重者尽快进行活性炭血液灌流。

应激性疾病

应激是指机体在受到各种较强的内外环境因素刺激时所出现的非特异性全身反应。

任何刺激，只要达到一定的强度，除了引起与刺激因素直接相关的特异性变化外，还可以引起一组与刺激因素性质无直接关系的全身性非特异性反应，例如环境温度过低、过高，中毒，噪声等，除了引起原发因素的直接效应外（如寒冷引起寒战、冻伤，中毒毒物的特殊毒性作用等），还出现以交感-肾上腺髓质和下丘脑-垂体-肾上腺皮质轴兴奋为主的神经内分泌反应以及一系列机能代谢的改变，例如心跳加快、血压升高、肌肉紧张、分解代谢加快、血浆中某些蛋白的浓度升高等。不管刺激因素的性质如何，这一组反应都大致相似。这种对各种刺激的非特异性反应称为应激或应激反应，而刺激因素被称为应激原。

应激综合征是动物遭受各种不良因素或应激原的刺激时，表现出生长缓慢，生产性能和产品质量降低，免疫力下降，严重者引起死亡的一种非特异性反应。各种动物均可发生，常见于家禽、猪。

【病因】

(1) 不良的饲养管理。如厩舍通风不良及有害气体蓄积、日粮成分和饲养制度突然改变或饲料中的营养不平衡，某些营养元素缺乏、厩舍温度、湿度不适宜于动物生理需求、电离辐射、密集饲养等。

(2) 气候因素。环境温度、湿度忽高忽低。

(3) 集约化养殖中影响动物正常生理活动的因素，如动物分群、断奶、驱赶、捕捉、运输、剪毛、采血、去势、修蹄、检疫、预防接种等。

(4) 其他刺激因素还有感染、中毒、创伤、饥渴、缺氧、肌肉疲劳等也可引起非特异性反应。

【发病机理】应激反应的机理目前尚不完全清楚，一般认为其涉及神经与内分泌两大调节系统以及物质代谢的变化等方面。加拿大的生理学家 Selye 把应激反应分为下列三个阶段：

1. 警觉期 在应激原作用后很快就出现。本期的各种变化主要是由于交感神经兴奋致儿茶酚胺（包括肾上腺素、去甲肾上腺素和多巴胺）分泌增多所引起的。由于促肾上腺皮质激素 ACTH 水平的升高，肾上腺皮质激素特别是皮质醇的分泌也增多。由于肾上腺皮质激素和儿茶酚胺的大量释放，警觉期的早期常与休克相似。如果应激原的刺激十分强烈，动物可在此期死亡。如果动物能够度过这个时相，就可以进入全身动员和代偿的抗休克时相。警觉反应不完全是激素作用的表现。例如，ACTH 的释放和交感神经的兴奋等，都是大脑中一些神经中枢受到刺激的结果。

2. 抵抗期 起主要作用的激素是皮质类固醇激素，特别是皮质醇。此时，肾上腺肥大，而其他器官和组织的变化如胸腺萎缩、淋巴结的缩小、外周血嗜曙红粒细胞的减少等，可能与皮质醇的直接作用有关。

3. 衰竭期 如果抵抗期持续过久，则机体的许多适应机制将开始走向衰退。可以出现一个或一个以上器官的功能衰退，动物也可能在此期死亡。

【症状】动物受到应激原作用后，临床表现因动物品种不同有一定差异。共同症状主要有以下几种类型。

1. 猝死性应激综合征 或称为"突死综合征"。畜禽受到强烈应激原的刺激，如猪、鸡因抓捕、惊吓或挤压，并无任何临床症状而突然死亡。可能由于极度惊恐，神情紧张，交感-肾上腺系统受到剧烈刺激时活动增强，引起休克或循环虚脱，造成猝然死亡。剖检可见有原发性心脏病灶。此乃应激反应病最严重的病症。

2. 急性应激综合征 临床症状随畜禽类别和应激原不同而异。

①恶性过热综合征：通常见于运输途中的肥猪、肉牛及鸡、鸭等畜禽，主要为运输应激、热应激、拥挤应激以及电击应激等，多表现为大叶性肺炎或胸膜炎症状。病畜全身颤动，呼吸困难，潮红，呈现紫癜、体温升高、黏膜发绀、肌肉僵硬，直至死亡。

②乳牛、奶山羊、仔猪及繁殖母畜受到应激原刺激，引起应激系统的复杂反应。表现为警戒反应的休克相、神情忧郁、体温降低、血压下降、肌肉弛缓、血液浓缩、嗜酸性粒细胞减少。

③猪应激综合征：通常见于营养良好猪，急性死亡或宰后见背最长肌、腰肌、股肌、肱二头肌、肱三头肌等色泽苍白，肌肉松弛，液体渗出，表面湿润，折射性强，透明度高，似用热水烫后的淡白肉（简称 PSE 肉）。

④胃溃疡：常见于猪和牛，胃黏膜发生糜烂和溃疡。

⑤急性肠炎：最引人注意的是幼畜下痢、猪水肿病以及马属动物的盲肠炎、结肠炎等，多为大肠杆菌引起的，而与应激反应也有密切关系，因为在应激过程，机体防御机能降低，大肠杆菌即成条件致病因素，产生非特异性炎性病理过程。

⑥成年猪背肌坏死。发生于75～100kg成年猪，这类猪，实践证明具有遗传性，宰前可见单侧或双侧背肌肿胀、无痛感，宰后可见背肌坏死，pH升高。长途运输捆绑、挤压猪还有急性腿肌坏死，腿肌呈现急性浆液性炎症，外观特点与白猪肉相似。

⑦家禽在环境温度和湿度过高共同作用时产生热应激。出现翅膀下垂，张口呼吸，饮水量增加，活动减少，食欲下降和多种代谢异常，肉鸡生长缓慢，饲料报酬降低；产蛋量和蛋壳质量下降；免疫机能低下，易继发呼吸道疾病和溃疡性肠炎及其他传染性疾病。

3. *慢性应激综合征* 应激原作用强度不大，但持续作用使畜禽不断地做出适应的努力，形成不良的累积效应，致使其生产性能降低、防卫机能减弱，容易继发感染，引起各种疾病的发生；猪肉轻度变性，宰后可见肌肉干燥、质地粗硬，色泽深暗的所谓黑干硬猪肉（简称DFD肉），是猪只长时间受低强度应激原刺激引起的轻度肌肉变性。

【诊断】根据遭受应激原作用的病史，结合遗传易感性和休克样临床症状，如肌肉震颤，体温快速升高，呼吸急促，强直性痉挛等即可初步诊断。血液有关指标测定可提供辅助诊断手段。该病应与高热环境中强迫运动所致中暑或剧烈运动后引起的肌红蛋白尿症相鉴别。

【治疗】

1. *治疗原则* 消除应激原，镇静、抗应激。

2. *治疗措施* 应先消除应激原，依据应激原和应激综合征的程度，选用合适的抗应激药物。不严重者使其充分安静休息，并用凉水浇洒，多可自愈。对皮肤污秽紫绀、肌肉已僵硬的重症病畜，则必须应用镇静剂、皮质激素、抗应激药、解除酸中毒的药物及维生素、微量元素等合并进行补液。其他抗过敏药如水杨酸钠、巴比妥钠、盐酸苯海拉明以及维生素C、抗生素等也可选用。

【预防】

（1）圈舍设计及建设要合理，体现动物福利的原则。保持通风，避免阳光长时间直接照射到动物身上；冬天防寒，夏天要降温。保证足够的饮水并保持圈舍干燥卫生。

（2）合理饲养管理，定专人饲养，定时、定量加料，在日粮中添加足量的维生素和微量元素，保证饲料全价平衡。合理分群，饲养密度合理，减少噪声保持安静，减少转圈和抓捕次数，严格防疫制度，非工作人员不得进入圈舍。适当添加抗应激药物。

（3）减少应激的诱因。在购、销、运输、饲养的过程中要避免恐吓、粗暴捕捉，防风吹、雨淋、曝晒、挤压和撕咬。

（4）选育抗应激品种，利用育种的方法选育抗应激动物，淘汰应激敏感动物，可以逐步建立抗应激动物种群，从根本上解决畜禽的应激。

拓展知识

中 毒 概 论

中毒的常见病因

毒物是指在一定条件下，一定数量的某种物质进入机体后，在组织器官内发生物理或化学作用，从而破坏机体的正常生理功能，引起机体的机能性或器质性病理变化，表现出相应的临床症状，甚至导致死亡，这种物质称为毒物。毒物进入机体引起的病理过程称为中毒。

畜禽中毒的原因有自然因素和人为因素两个方面，归纳起来一般有以下几种。

1. 饲料加工和贮存不当　在饲料调配、调制、加工过程中，由于方法不当或不注意卫生，从而产生某些有毒物质，如亚硝酸盐中毒、霉败饲料中毒等。有些原料需脱毒处理才能作为饲料，如菜子饼、棉子饼等，如未能进行有效的脱毒，或饲喂量较大均可造成中毒。

2. 农药、毒鼠药及化肥的使用、保管和运输不当　由于农药、化肥管理和使用粗放或农药污染器具、饮水，造成家畜误食、误饮；家畜采食喷洒过农药而未过残毒期的农作物或牧草。此外，误食某些农药、毒鼠药中毒的动物尸体，也可造成食肉动物的中毒。

3. 自然因素　草场退化、天气干旱、水源不足等生态环境恶化，一方面造成天然草场有毒植物超常生长和蔓延；另一方面，因牧草短缺，动物因饥饿而采食有毒植物造成中毒。有的地区土壤和水源中某些元素的含量过高，导致这些元素在饲料和牧草中的含量超过动物的耐受量而发生中毒。如慢性氟中毒、地方性钼中毒等。

4. 工业污染　工厂排出的废水、废气、废渣等污染周围环境，特别是一些重金属污染物可长期残留在环境中，通过食物链进入人和动物体内产生毒害作用，如铅、镉、汞、砷等。

5. 动物毒素　畜禽被蜜蜂、毒蛇螫咬后可引起蜂毒、蛇毒等动物毒素中毒。

6. 人为投毒　罪犯出于某种报复性目的投毒。

7. 治疗用药不当　某些药物毒性较大，如果用药量过大、用药时间过长或用药方法不当，均可造成中毒，如磺胺药中毒、敌百虫中毒等。

中毒性疾病的诊断

动物中毒病的快速、准确诊断是研究畜禽中毒病的重要内容，中毒病的确诊主要依据病史、症状、病理变化、动物试验和毒物检验等进行综合诊断。

1. 病史调查　调查中毒的有关环境条件，详细询问病畜接触毒物的可能性，如灭鼠剂、杀虫剂、油漆、化肥、石油产品以及其他化学药剂等。对放牧家畜应注意牧场种类、有无垃圾堆和破旧农业机具以及牧场附近有无工厂和矿井。饲料和饮水是否含有毒植物、霉菌、藻类或其他毒物。了解发病数、死亡数、中毒过程、管理情况、饲喂程序和免疫记录等。采食最后一批饲料的持续时间，用过的药物和效果以及驱除寄生虫的情况等。饲料中毒常发生在同一畜群或同一污染区内的动物，其中采食量大、采食时间长的幼畜和母畜，或成年体壮的家畜首先发病且临床症状重。

2. 临床症状　根据中毒原因的不同，中毒的症状也千变万化，但有许多共同之处。主要表现为消化机能紊乱如呕吐、腹痛、腹泻等；神经症状如兴奋不安，前冲后撞或头低耳聋，反应迟钝，肌肉痉挛或麻痹，运动障碍；心肺功能障碍如呼吸困难，心律不齐，体温正常或偏低等。有的中毒病可表现出特有的示病症状，常常作为鉴别诊断的主要指标，如亚硝酸盐中毒时，表现可视黏膜发绀，血液颜色暗黑；氢氰酸中毒者则血液呈鲜红色，呼出气体及胃肠内容物有苦杏仁味；光敏因子中毒时，患畜的无色素皮肤在阳光的照射下发生过敏性疹块和瘙痒；有机磷农药中毒时表现大量流涎、腹泻、瞳孔缩小、肌肉颤抖等临床特征。

由于疾病发展处于动态过程中，临床检查中只能观察到某个阶段的症状，不可能看到全部发展过程的临床表现。而且，同一毒物所引起的症状，对于不同的个体有很大差别。因此，观察症状要特别仔细，收集资料要全面并进行综合分析。

3. 病理变化　尸体剖检常能为中毒的诊断提供有价值的依据。首先检查皮肤、天然孔和可视黏膜的颜色变化，出现黄疸是肝损害的常见症状，可见于小动物磷中毒；呈现樱桃红色是一氧化碳中毒的特征；亚硝酸盐中毒引起高铁血红蛋白症则显现棕褐色。

剖开腹腔时应注意特殊气味，如氰化物中毒的苦杏仁气味、有机磷中毒的大蒜气味等。胃内容物的性质对中毒的诊断有重要意义，如能发现毒物残渣，则是确诊的依据。如在胃中发现叶片或嫩枝等，可能是有毒植物中毒。发现老鼠的尸体，则为杀鼠剂中毒。胃内容物的颜色可能是特殊的，如铜盐显淡蓝绿色，铬酸盐化合物显黄色到橙黄色或绿色；苦味酸和硝酸显黄色，而腐蚀性酸（如硫酸）能使胃内容物变成黑色等，这些颜色变化，均可提示相应的毒物中毒。

另外，血凝不良，皮下以及实质器官出血，胃肠道炎症或溃疡，肝、肾的损害常为中毒病的特征。

4. 动物试验　利用可疑饲料或其提取物饲喂同种动物，能复制出相同的病例，是诊断中毒病的重要依据。

5. 毒物分析　某些毒物分析方法简便、迅速、可靠，现场就可以进行，对中毒性疾病的诊断具有现实的指导意义。但毒物分析的价值有一定的限度，在进行诊断时，只有把毒物分析、临床表现和尸体剖检等结合起来综合分析才能做出准确的诊断。

6. 治疗性诊断　畜禽中毒性疾病往往发病急剧，发展迅速，可根据临床经验和可疑毒物的特性进行试验性治疗，通过治疗效果进行诊断和验证诊断。

中毒性疾病的治疗原则

中毒性疾病的治疗原则包括阻止毒物进一步吸收、应用特效解毒剂和对症治疗。

（一）排除毒物

1. 防止有毒物质继续进入体内　立即停用可疑饲料、饮水，迅速使患病动物远离毒物污染的环境。

2. 排出体内毒物

（1）催吐。适用于中毒不超过1~2h的病例。常用的催吐剂有3%过氧化氢溶液、阿扑吗啡、吐酒石、1%硫酸铜溶液、吐根末等。

必须注意，当毒物食入已久已被吸收时，催吐治疗无效。此外，误食强酸、强碱、腐蚀性毒物时，不宜催吐，以防胃破裂。

（2）洗胃。由口食入毒物不久尚未吸收时，可采取洗胃措施。洗胃液的选择与毒物的种类有关。

①清水、生理盐水、0.5%活性炭混悬液，适用于毒物不明的中毒。

②0.1%~0.2%高锰酸钾溶液，适用于生物碱、砷化物、氰化物或无机磷中毒。

③2%碳酸氢钠溶液，适用于生物碱、某些重金属（如汞、铅等）中毒。可使多种生物碱沉淀，并能结合某些重金属形成无毒物质。但有机磷农药，特别是敌百虫在碱性条件下可转变成毒性更强的敌敌畏，故不能使用碳酸氢钠洗胃。

④0.2%~0.5%硫酸铜溶液，可用于无机磷中毒。硫酸铜与磷反应后生成不溶性的磷化铜，从而不被吸收。

(3) 缓泻。若摄入毒物不超过6h，可进行导泻，加速肠道内容物排出，以减少肠道对毒物的吸收。泻剂以刺激性小、不溶解毒物、不促进毒物吸收者为佳。一般选择盐类泻剂，因其能增加肠道渗透压，阻止毒物吸收，排毒效果较好。油类泻剂有溶解脂肪、促进吸收的作用，故很少使用，只在食盐、升汞中毒时选用。如已经发生严重腹泻或脱水，则要慎重导泻。

(4) 灌肠。促进肠道内有毒物质排除。灌肠液可选用温水或肥皂水，也可选用0.1%高锰酸钾溶液等。

(5) 利尿。毒物被吸收后多经泌尿系统排出，因此可选用利尿药或脱水药，通过增加排尿量促进溶解在尿中毒物随尿排出。此外，人为改变尿液pH，可促进某些毒物排出。

3. 清洗体表　对皮肤黏膜上的毒物，应及时用冷水洗涤（为了防止血管扩张而加速毒物吸收，不宜用热水），洗涤愈早愈彻底愈好。

对已知的毒物，最好选用具有中和或对抗作用的药物来清洗体表或黏膜上的有毒物质。如酸性毒物用碱洗，碱性毒物用酸洗。但注意选用洗涤药物时，不能使被清洗的毒物毒性增加，如敌百虫中毒时，严禁用弱碱性溶液清洗。

(二) 解毒药物

1. 常用的一般解毒药物

(1) 吸附剂。常用吸附剂有药用炭、木炭末等，剂量为每千克体重1~3g，配成2%~5%混悬液灌服，剂量可根据情况酌情加减。

(2) 保护剂。常用保护剂有蛋清、牛乳、米汤、面粉糊等。可在胃肠黏膜表面形成保护层，以减少毒物对胃肠道的刺激、降低毒物的吸收。

(3) 中和剂。常用的弱酸性解毒剂有食醋、酸奶、0.25%~0.5%稀盐酸、1.5%~3%稀醋酸等；弱碱性解毒剂有氧化镁、石灰水上清液、小苏打水、肥皂水等。在用于灌肠或洗胃时，浓度可加大几倍，以增强效果。

(4) 氧化剂。氧化剂常用于能被氧化的毒物，如生物碱、氰化物、无机磷、巴比妥类药物等。常用的氧化剂有0.1%高锰酸钾、3%过氧化氢溶液等。

(5) 沉淀剂。常用的沉淀剂有鞣酸、浓茶、蛋白水等。主要用于生物碱类以及砷、汞等重金属中毒。

2. 特效解毒药　针对某一种或某一类毒物中毒有特殊拮抗作用和解毒功能的药物称为特效解毒药。常用的有以下几种。

(1) 铅、汞、锑、锰、镍、铜、锌及一些放射元素中毒可应用乙二胺四乙酸钙二钠来治疗。因其能与多种金属结合成稳定的配合物，随尿排出体外。

(2) 砷及汞中毒应用二巯基丙醇、二巯基丁二酸钠、二巯基丙磺酸钠、青霉胺等治疗。上述物质均具有巯基，能夺取组织中与酶相结合的金属，并与其结合成不易分解的巯基盐，随尿排出体外。

(3) 氰化物中毒应用亚硝酸钠和硫代硫酸钠解毒。

(4) 有机磷中毒可用胆碱酯酶复活剂（解磷定、氯磷定及双复磷等）解毒。

(5) 亚硝酸盐中毒可用低浓度美蓝（亚甲蓝）或维生素C等解毒，可使血液中的高铁血红蛋白还原成正常血红蛋白，以恢复血红蛋白的携氧功能。

(6) 有机氟农药中毒可用乙酰胺（解氟灵）解毒。

(三) 对症治疗

对症治疗又称支持疗法，在中毒病治疗中具有非常重要的意义。当前多数中毒病无特效解毒药，多通过对症治疗，增强机体的代谢调节功能，降低毒性作用，从而获得康复。常用的对症治疗的措施包括镇静、兴奋呼吸中枢、强心、利尿、止痛、降温、补液、调节酸碱平衡等。

技能训练

食盐中毒检验

【材料设备】

动物：食盐中毒病例，或用试验动物（猪或兔）做人工病例复制。

器材：玻璃容器、量筒、棕色玻瓶、玻棒、移液管、容量瓶、烧杯、滴定管、微量吸管、25mL 滴管、新华滤纸、试纸等。

药物试剂：硝酸、硝酸银、铬酸钾、蒸馏水等。

【方法】

(一) 眼结膜囊内液氯化物的检查

原理：氯化钠中的氯离子在酸性条件下与硝酸银中的银离子结合，生成不溶性的氯化银白色沉淀。

试剂：酸性硝酸银试液（取硝酸银 1.75g，硝酸 25mL，蒸馏水 75mL 溶解后即得）。

操作：取水 2~3mL 放入洗净的试管中，再用小吸管取眼结膜囊内液少许，放入小试管中，然后加入酸性硝酸银试液 1~2 滴，如有氯化物存在就呈白色混浊，量多时混浊程度增大。

(二) 肝中氯化物含量测定

1. 原理　氯化物与硝酸银作用生成氯化银，当硝酸银稍过量即可与指示剂铬酸钾作用，生成铬酸银砖红色沉淀，以此来判定终点，从硝酸银的消耗量可换算出氯化物的含量。

2. 试剂　0.1mol/L 硝酸银溶液（称取硝酸银 17g，加水稀释至 1 000mL，然后用 0.1mol/L 氯化钠标化）、0.01mol/L 硝酸银溶液（用已标化的 0.1mol/L 硝酸银溶液稀释）、5%铬酸钾溶液。

3. 操作

(1) 取肝组织约 10g，放入一个干净的 50mL 离心管（或小玻瓶）中，用干净小剪子剪碎，然后称取 3.0g，放入 15mL 三角瓶中，加蒸馏水 80~90mL，在 30℃情况下（夏季可在室温，冬季可用水浴）浸泡 15min 以上，不时地用玻璃棒搅拌或用手摇动，然后用定性滤纸过滤，将滤液过滤到 100mL 容量瓶（或 100mL 刻度量筒）中，用水洗滤纸直至使总体积达到刻度为止。如果滤液无色透明（一般经放血迫杀的猪肝滤液无色），可直接进行下项操作。如果滤液有红色或不透明时，可将滤液转入小烧杯中，加热煮沸 1~2min，然后再用滤纸过滤到 100mL 容量瓶中，加水至刻度。

(2) 用 10mL 移液管取 10mL 上项制备的滤液，放入小烧杯中，加入 5%铬酸钾指示剂 0.5mL，以 5mL 滴定管用 0.01mol/L 硝酸银缓缓滴定，当溶液刚刚出现明显砖红色混浊时为止，再加水 50mL 左右稀释，如果经放置片刻砖红色不消失并有红色沉淀生成时，说明已达到终点。如果溶液又变黄，说明没达到终点，需要继续用硝酸银滴定，直至砖红色不消失为止，记下样品消耗硝酸银的体积（mL）。再多加1滴作为参比溶液。

(3) 分别取三份样品，每份 10mL 滤液，各加 0.5mL5％铬酸钾指示剂，作为正式样品，分别用 0.01mol/L 硝酸银溶液滴定至出现明显砖红色混浊并不消失为止（与参比溶液对照观察）。记录每份样品消耗 0.01mol/L 硝酸银的体积（mL），取其平均值，进行计算。计算公式：

$$[NaCl] = (0.000\,585 \times a \times d \times 100) / (b \times c) \times 100\%$$

式中：a——滴定时所消耗 0.01mol/L 硝酸银的体积，mL；

b——取来滴定滤过物的量，即滴定时取样量的体积，mL；

c——取来分析标本的量，即做分析时取检材的质量，g；

d——滤过物的总体积，mL。

例如，取肝 3.0g，滤过物总体积为 100mL，取样量为 10mL，滴定时所消耗的 0.01mol/L 硝酸银溶液量为 2.50mL，则氯化物的含量（以氯化钠计算）为：

$$[NaCl] = (0.000\,585 \times 2.50 \times 100 \times 100) / (10 \times 3.0) \times 100\% = 0.487\,5\%$$

猪正常时肝中氯化物含量（以氯化钠计算）为 0.17％～0.20％，当中毒时可增高至 0.4％～0.6％。

鸡正常肝中氯化钠为 0.45％，中毒时肝中氯化钠含量可高达 0.58％～1.88％。

说明：本法是属于银量法的一种，是摩尔（Mohr）最早创始的，所以通称为摩尔法，适用于微量氯化物的含量测定。在用硝酸银滴定时，待所有氯化物皆形成氯化银沉淀后，指示剂即与过量的银溶液形成红色的铬酸银沉淀。关于指示剂的用量各文献介绍不一致，一般取样 10mL，滴定液总体积 50～60mL 时，加 0.5mL 指示剂已足够，但如果滴定总体积超过 70mL，甚至达到 100mL 时，可再多加 0.5mL 指示剂。

关于滴定液的 pH 问题，用肝脏为检材，如果没有腐败，滤液接近中性，可直接滴定。摩尔法滴定要求的酸碱度为 pH6.5～10.5 均可。如果检材滤液 pH 低于 6.5 时，可加硼砂或碳酸氢钠调整滤液的 pH，高于 7.0 以上时，再进行滴定。

关于取样量和滴定时所使用的硝酸银浓度问题，如果取样量较多，此时可用 0.05mol/L 硝酸银滴定。如果取样品 3g 制成 100mL 滤液，取 20mL，进行滴定时，可用 0.02mol/L 硝酸银滴定或用 10mL 滴定管用 0.01mol/L 硝酸银滴定均可，这些条件可自行拟定。

滴定不能在热的情况下进行，所以经煮沸后的滤液应冷到室温后再进行滴定，因为随着温度升高，硝酸银的溶解度亦增加，因而对银离子的灵敏度降低，所以欲得到良好的结果，需在室温下进行。

有机磷中毒检验

(一) 检样处理

取胃内容物适量，加 10％酒石酸溶液使成弱酸性，再加苯淹没，浸泡半天，并经常搅拌，滤过，残渣中再加入苯提取一次，合并苯液于分液漏斗中，加 2％硫酸液反复洗去杂质并脱水。将苯液移入蒸发皿中，自然挥发近干，再向残渣中加入无水乙醇溶解后，供检验用。

(二) 几种有机磷农药的检验

1.1605 的检验　硝基酚反应法（灵敏度：1∶500 000）

(1) 原理。1605在碱性溶液中溶解后,生成黄色对硝基酚钠,加酸可使黄色消失,加碱可使黄色再现。

(2) 试剂。10％氢氧化钠溶液,10％盐酸。

(3) 操作。取处理所得供检液2mL于小试管中,加10％氢氧化钠溶液0.5mL,如有1605存在即显黄色,置水浴中加热,则黄色更加明显。再加10％盐酸后,黄色消退,再加10％氢氧化钠溶液后又出现黄色,如此反复三次以上均显黄色者,为阳性,否则为假阳性。

2. 内吸磷(1059)等的检验 亚硝酰铁氰化钠法。

(1) 原理。因含有 $\begin{cases} R-O \\ \\ R-O \end{cases} P \begin{matrix} O(S) \\ \\ S \end{matrix}$ 结构的1059等有机磷农药在碱性溶液中溶解生成硫化物,与亚硝酰铁氰化钠作用生成红色的配合物。

(2) 试剂。10％氢氧化钠溶液,1％亚硝酰铁氰化钠溶液。

(3) 操作。取供检液2mL自然干燥后,加蒸馏水溶于试管中,加10％氢氧化钠溶液0.5mL,使呈强碱性,在沸水浴中加热5~10min,取出放冷。再沿试管壁加入1％亚硝酰铁氰化钠溶液1~2滴,如在溶液界面上显红色或紫红色为阳性,说明样品中含有1059、3911、1420、4049、三硫磷、乐果等。

3. 敌百虫和敌敌畏的检验 间苯二酚法。

(1) 原理。敌百虫和敌敌畏在碱性条件下分解生成二氯乙醛,与间苯二酚缩合生成红色产物。

(2) 试剂。5％氢氧化钠乙醇溶液(现配),1％间苯二酚乙醇溶液(现配)。

(3) 操作。取定性滤纸3cm×3cm一块,在中心滴加5％氢氧化钠乙醇溶液1滴和1％间苯二酚乙醇溶液1滴,稍干后滴加检液数滴,在电炉或小火上微微加热片刻,如有敌百虫或敌敌畏存在时,则呈粉红色。

(4) 敌百虫与敌敌畏的鉴别。于点滴板上加一滴样品,使之挥干后,于残渣上加甲醛硫酸试剂(每毫升硫酸中加40％甲醛1滴),若显橙红色为敌敌畏,若显黄褐色为敌百虫。

(三) 有机磷农药薄层色谱检验法

1. 原理 利用吸附剂和溶剂对不同有机磷农药的吸附力和溶解力强弱不同,当用一定溶剂展开时,不同化合物在吸附剂和溶剂之间发生连续不断的吸附、解吸附、再吸附、再解吸附,从而达到分离鉴定的目的。

2. 器材和试剂

(1) 器材玻璃板(16cm×8cm或14cm×7cm)、玻璃展开槽(可用消毒盘,以玻璃板为盖代替)、制膜器(用直径0.3~0.5cm,长15cm玻璃棒,两端套以0.2~1.0mm套圈制成)、显色器(人用咽喉喷雾器或自制玻璃喷头)、紫外灯、干燥箱、药筛等。

(2) 试剂。

①吸附剂:定性检验用氧化铝(或用粒度0.075mm化学纯氧化铝)制成软板。如需定量,则可用氧化铝G或硅胶G制成硬板。

②展开剂:正乙烷:丙酮(4:1),石油醚(沸点60~90℃),丙酮(4:1),苯,丙酮

(9∶1)。

③显色剂：0.1%～0.5%氯化钯稀盐酸溶液：称取氯化钯0.1～0.5g，溶于10%盐酸100.0mL内。用于含硫有机磷农药的检验。

④标准对照液：将各种有机磷农药，用苯或甲醇配成300μg/mL的溶液。

3. 操作

(1) 制板。

①氧化铝软板：将色谱用氧化铝倾于玻板上，调好玻璃棒（软板制膜器）两套圈之间的距离，使之比玻璃板宽度约小1cm，用两手的拇指、食指抓住玻璃棒的两端，使套圈均等地压于玻璃板两侧边上（每边压住约0.5cm），然后以均匀的速度推进玻璃棒，反复数次，直至氧化铝铺成厚度一致、平坦的薄层。

②硅胶硬板：取硅胶G 30.0g，加水60～90mL，滴加少量乙醇，在乳钵中调成均匀的糊状，在4min内完成铺层（时间太长将会凝固），室温干燥后，置于干燥器内保存，临用前在105℃活化30min。有时不经活化，也能获得良好效果。

(2) 点样。薄层板制好并活化后，即可在距离板的一端2～3cm处作为起始线加样品，在同一块板上进行多点点样时，各点之间，以及距薄层两侧的距离均不应小于1.5cm。点样的直径一般不超过0.3cm。如需定量，则需用微量吸管或微量进样器准确地控制所滴量。一般每点共点样0.01mL。

用于定性时，将检样和标准对照分别都点在同一块薄层板上，以便对比。判定结果。

(3) 展开。用苯∶丙酮（9∶1），配成总量25～30mL，倾入展开槽内，将薄层板点有样品的一端起始线下部分浸入展开剂内（勿使样点浸入展开剂内），展开剂即沿薄层向前推进，推进到离薄层上缘约1cm左右（至少推进10cm以上）即取出显色。展开方式，通常用上行法，但不加黏合剂的薄层板只能用近水平的上行法，即使薄层板与展开槽底面约成20°角。

(4) 显色。可用喷雾显色法。对软板的显色是在薄层展开结束后，趁吸附剂上溶剂尚未挥发，板面仍处于湿润状态时，立即喷雾显色，当板面开始干燥时，必须立即停止喷雾；硬板的显色，在薄层展开后，取出干燥，将显色剂直接喷洒于板面上。

①检验含硫的有机磷农药时，在展开后立即用0.1%氯化钯稀盐酸溶液喷雾。如有含硫的有机磷农药存在，很快出现黄色斑点。但含有硝基苯的1605，在喷雾后，需在100℃干燥箱中加热30min左右，即现褐色斑点，含量在1μg以下者，加热时间宜更长些。

②检验含氯有机磷农药时，在展开后立即用0.5%邻联苯胺乙醇溶液喷雾，并在紫外灯或日光灯下照射数分钟。如有含氯有机磷农药敌百虫存在时，先呈现蓝色后变为黄色斑点，而有敌敌畏存在时，则呈现橘黄色斑点，二者原点均呈现蓝色。

4. 结果判定 根据各种有机磷农药在薄层色谱中斑点所显颜色及Rf值（比移值）的不同，而加以鉴别。如果检样与已知对照的斑点与Rf均一致，即可判定是同一有机磷农药。

$$Rf = \frac{样品原点中心到斑点中心距离（cm）}{样品原点中心到展开剂前沿距离（cm）}$$

常见有机磷农药薄层色谱结果参见表7-2。

表 7-2 常见有机磷农药色谱分离结果

名称	显色剂	展开剂	斑点颜色	检出限量（μg）	Rf	备注
1059	氯化钯	A	黄色	0.8	0.32	喷雾后即显色
		B		0.8	0.15	
		C		0.8	0.50	
1605	氯化钯	A	褐色	0.8~1.0	0.60	喷雾后100℃加热30min
		B		0.8~1.0	0.40	
		C		0.8~1.0	0.95	
乐果	氯化钯	A	黄色	1.0	0.03~0.05	喷雾后即显色
		B		1.0	0.03	
		C		1.0	0.1~0.15	
3911	氯化钯	A	橙黄色	0.5	0.80	喷雾后即显色
		B		0.5	0.53	
		C		0.5	1.00	
4049	氯化钯	A	黄色	2.0	0.65	喷雾后即显色
		B		2.0	0.28	
		C		2.0	0.80~0.90	
敌百虫	邻联甲苯胺	A	蓝－橘黄	0.5	0.01	喷雾后紫外灯下显色
		B	—	—	—	
		C	蓝－橘黄	0.5	0.05	
敌敌畏	邻联甲苯胺	A	橘黄	1.0	0.10	喷雾后紫外灯下显色
		B	—	—	—	
		C	橘黄	1.0	0.26	

注：1. 吸附剂：硅胶 G 硬板。
2. 展开剂：A，正乙烷：丙酮（4∶1）；B，石油醚：丙酮（4∶1）；C，苯：丙酮（9∶1）。

项目 8 以生长发育障碍为主的疾病

任务描述 学习本类疾病的相关知识，参加相关临床病例的诊疗，分析临床案例。

案例分析 分析以下案例，确定诊断要点，提出初步诊断，并进行分析论证，制定出治疗方案。

案例 1 某肉鸡场新进了一批肉鸡，为了节省饲料成本，自己配料，20 日龄后部分鸡发病。

临床检查：鸡羽毛蓬松，两翅下垂，精神沉郁，不愿走动，行走时飞节着地，病鸡脚趾向内卷曲或两侧均为内偏，严重的两趾出现完全卷曲，似拳头样，行走时似踩高跷。消瘦，贫血，体温正常。

案例 2 某种鸡场近期出现产蛋量下降，种蛋孵化率下降。

临床检查：鸡冠髯色泽偏白、侧倒，精神有点萎靡不振样，有些鸡易受惊，个别鸡有共济失调的表现。粪便稀软、泄泻，病鸡渐渐消瘦、死亡。

鸡胚剖检：畸形多，鸡胚多在孵化后期死亡。

案例 3 有一蛋鸡场，蛋鸡产蛋率逐步上升到 90%，没过多久，产蛋率骤降，鸡群中出现啄羽、啄肛、啄蛋的鸡，鸡淘汰率增大，经济损失惨重。

询问饲养管理情况：因近期豆粕猛涨，为降低饲料成本，调整配方，减少豆粕用量，增加杂粕比例。

案例 4 主诉：12 周龄仔猪，食欲降低，消瘦，增重缓慢，皮肤出现裂口。

临床检查：病猪食欲减退，腹泻，营养不良，皮肤出现红斑、丘疹，真皮形成鳞屑和皲裂，并伴有褐色的渗出和脱毛，严重者真皮结痂，主要发生在腹部、大腿和背部，伴有瘙痒。

相关知识 以生长发育障碍为主的疾病主要有：维生素 B 缺乏症、维生素 A 缺乏症（参见项目 7.2）、维生素 K 缺乏症（参见项目 4）、佝偻病（参见项目 6）、锌缺乏症、碘缺乏症、钴缺乏症（参见项目 4）、铁缺乏症、锰缺乏症（参见项目 6）、铜缺乏症（参见项目 6）、异食癖。

维生素 B 缺乏症

B 族维生素是一组多种水溶性维生素，包括硫胺素（维生素 B_1）、核黄素（维生素 B_2）、泛酸（维生素 B_3）、烟酸（维生素 PP）、吡哆醇（维生素 B_6）、钴维生素（维生素 B_{12}）等，参与机体各种代谢。B 族维生素的缺乏症是由于饲料中维生素 B 含量不足而引起的代谢性疾病，常见于幼畜和家禽。

【病因】

1. 饲料中维生素 B 缺乏　B 族维生素广泛存在于青绿饲料、酵母、米糠、麸皮以及发芽的谷物中。另外，动物肠道中微生物也能合成一定量的维生素B，一般情况下不会引起缺乏。如果长期饲喂单一饲料，没有饲喂青绿饲料，或饲料中维生素B添加量不足，就会导致维生素B缺乏。

2. 继发性因素　饲料久贮后霉变，维生素B受到破坏；天气闷热、应激反应、磺胺药的使用等会使动物体内的维生素B消耗量增大；胃肠炎、消化机能障碍等疾病会使维生素B的吸收量减少，从而继发本病。

【症状】

1. 维生素B_1缺乏症　犊牛发病年龄为30d以内，平均21d。以神经症状为主，兴奋不安、共济失调、四肢抽搐、坐地、倒地、眼球震颤甚至失明，牙关紧闭、角弓反张。有的犊牛呈现脑灰质软化症，用维生素B_1治疗效果明显。

羔羊共济失调，转圈，盲目运动，倒地抽搐，昏迷死亡。

禽病初两腿无力，消化不良，体重减轻，体温下降。羽毛蓬松，步态不稳，鸡冠发青，翅膀下垂，腿前伸，尾部着地，麻痹，头颈后仰，呈"观星"姿势（图8-1）。小公鸡睾丸发育受抑制，母鸡卵巢萎缩。

犬、猫维生素B_1缺乏时可引起对称性脑灰质软化症。主要表现为厌食，平衡失调，惊厥，勾颈，头向腹侧弯，知觉过敏，瞳孔扩大，运动神经麻痹，四肢呈进行性瘫痪，惊厥，四肢强直，昏迷、死亡。

图8-1　维生素B_1缺乏症：病鸭"观星"姿势

猪维生素B_1缺乏，主要表现为呕吐，腹泻，生长不良，后肢跛行，四肢肌肉痉挛、抽搐、瘫痪，间或出现强直，最后因麻痹死亡。

马属动物衰弱无力，心搏动过速，共济失调，咽肌麻痹，牙关紧闭，阵发性痉挛或惊厥，重则昏迷、死亡。

2. 维生素B_2缺乏症　禽精神沉郁，不愿走动，下痢，消瘦，鸡冠苍白，贫血。足趾向内蜷曲，飞节着地（图8-2），行走困难是本病的重要特征。母禽因饲料单一、缺乏维生素B_2时，表现为所产种蛋孵化率降低，或雏禽出壳时瘦小、水肿、脚爪弯曲。

猪生长缓慢，腹泻，被毛粗乱无光泽，体表出现大量脂性渗出物，鬃毛脱落。跛行，不愿走动，眼结膜损伤，眼睑肿胀呈卡他性炎症，甚至晶体混浊，白内障失明。母猪缺乏则导致不孕或流产、早产，仔猪秃毛，有的仔猪出生后不久即死亡。

图8-2　维生素B_2缺乏症：病鸡足趾向内卷曲

犊牛厌食，生长不良，流涎，流泪，腹泻，脱毛，口唇、口角、鼻孔周围的黏膜炎症等。

犬、猫皮屑增多，胸部、后躯皮肤出现红斑、水肿，后肢肌肉无力，脑、脊神经变性，痉挛，平衡失调，易惊厥。

3. 烟酸缺乏症　患病动物主要表现为食欲减退、厌食，消化不良，腹泻，消化道黏膜炎症，大肠坏死、溃疡。皮肤增厚、被毛粗糙，形成鳞屑。运动失调，反射紊乱，麻痹，癫痫。

猪主要表现为皮肤病变，先从头、颈部皮肤出现斑块状病变，逐渐蔓延至身体两侧，病变部皮肤增厚、干燥、开裂，并附黑色痂皮，局部常脱毛。食欲下降，腹泻，逐渐消瘦，平衡失调，四肢麻痹，死亡。剖检可见胃、十二指肠出血，大肠溃疡，回肠、大结肠局部坏死。

病禽羽毛生长不良，跗关节增生性炎症，骨短粗，股骨弯曲，罗圈腿。鼻腔黏膜、喙角、眼睑的皮肤黏膜发生炎症。

犬、猫口腔舌部变化明显，开始时红色，以后为蓝色素沉着，俗称黑舌病。唾液呈臭味，口腔溃疡，腹泻。精子生成减少，精子活力降低。有神经症状，虚弱、惊厥、昏迷。

4. 维生素 B_{12} 缺乏症　患病动物一般表现为食欲减退，生长缓慢或不良，可视黏膜苍白，贫血，皮肤湿疹，神经兴奋性增高，触觉过敏，共济失调，晚期继发肺炎、胃肠炎等疾病。

病猪表现为厌食、生长停滞、运动失调、皮肤粗糙。成年猪繁殖机能紊乱，容易引起流产、死胎、胎儿发育不全、畸形，产仔数减少，仔猪活力减弱，抵抗力差，容易感冒、下痢，生后不久死亡。

犊牛生长停止，行走时摇摆不稳，运动失调等。

禽缺乏时，产蛋量下降，肌胃糜烂。种鸡缺乏时则种蛋的孵化率大幅度下降，并且鸡胚胎出现畸形，多在孵化后期死亡。

犬、猫缺乏时容易引起贫血，厌食，幼龄时发生脑水肿。

5. 叶酸缺乏症　叶酸缺乏与维生素 B_{12} 缺乏时症状相似，食欲不振，消化不良，腹泻，生长缓慢，皮肤粗糙，脱毛，贫血。此外，动物易患肺炎和胃肠炎，母猪受胎率与泌乳量减少等。

【诊断】

1. 维生素 B_1 缺乏症　根据临床上出现神经症状，禽出现进行性麻痹，颈前肌肉麻痹，多发性神经炎呈观星姿势等可初步诊断。但应与雏鸡传染性脑脊髓炎相区别，该病有头颈震颤、晶状体震颤，仅发生于雏鸡，不发生成年鸡等特点。

2. 维生素 B_2 缺乏症　根据鸡出现特征性腿肌麻痹，爪卷曲，坐骨神经干肿大，曲趾麻痹，可初步诊断为本病。但应与神经型马立克病相区别；其他动物上皮变化应与维生素A缺乏症相区别。

3. 烟酸缺乏症　动物饲料中因烟酸含量绝对或相对不足而导致烟酸缺乏症，根据临床上以皮肤和黏膜代谢障碍、消化功能紊乱、被毛粗糙、皮屑增多和神经症状为特征，可初步诊断为本病。

4. 维生素 B_{12} 缺乏症　根据病史，饲料分析，维生素 B_{12} 含量降低，临床上患病动物表现为贫血，黏膜苍白，皮疹，消化不良，消瘦，尿中甲基丙二酸浓度增高而诊断，但应与泛酸、叶酸、钴缺乏症等相区别。

5. 叶酸缺乏症　根据病史、临床上出现巨红细胞性贫血、白细胞减少、特异性骨髓内出现巨母红细胞等现象，再配合临床治疗性试验而诊断。叶酸缺乏症与维生素 B_{12} 缺乏症在临床上无法区别。

【治疗】

1. 治疗原则　补充B族维生素。
2. 治疗措施

【处方1】补充维生素B_1，消除维生素B_1缺乏症。

维生素B_1注射液，马、牛100～200mg，猪、羊25～50mg，犬10～25mg，鸡5～10mg。或丙酸硫胺注射液，马、牛0.1～0.5g，猪、羊25～50mg，犬、猫、貂5～20mg。或呋喃硫胺注射液，马、牛0.1～0.2g，猪、羊10～30mg，禽0.2～2mg。

用法：肌内注射，每天1次，连续3～5d。

【处方2】补充维生素B_2，消除维生素B_2缺乏症。

①维生素B_2注射液，马、牛100～150mg，猪、羊20～30mg，犬10～20mg，猫5～10mg。

用法：皮下或肌内注射，每天1次，连续5～7d。

②核黄素，犊牛30～50mg，猪50～70mg，仔猪5～6mg，雏禽1～2mg。

用法：一次内服或混于饲料中饲喂，连用7～14d。

【处方3】补充烟酸，消除烟酸缺乏症。

烟酸粉，家畜每千克体重3～5mg。

用法：一次内服，连用7～14d。

【处方4】补充维生素B_{12}，消除维生素B_{12}缺乏症。

维生素B_{12}（氰钴胺）注射液，马、牛1～2mg，猪、羊0.3～0.4mg，犬、猫0.1mg，鸡2～4μg，仔猪20～30μg。

用法：一次肌内注射，每天或隔天1次，连用5～7次。

【处方5】补充叶酸，消除叶酸缺乏症。

①叶酸注射液，雏鸡50～100μg/只，育成鸡100～200μg/只。

用法：肌内注射，每天1次，连续5～7d。

②叶酸10～20mg/kg。

用法：混饲，饲喂7～14d。

【处方6】补充多种维生素，消除B族维生素缺乏症。

①复合维生素B注射液，马、牛10～20mL，猪、羊2～6mL，犬、猫、兔0.5～1mL。

用法：肌内注射，每天1次，连续5～7d。

②酵母片，马、牛100～200g，猪、羊10～20g，犬、猫、兔2～5g。

用法：一次内服，每天1次，连用5～7d。

【预防】 改善日粮配合，在每吨饲料中应添加维生素B_1 1～2g，维生素B_2 2～3g，维生素B_{12} 5～10mg，烟酸10～20g，叶酸0.6g。也可按复合维生素预混剂说明拌料混饲。

拓展知识　　维生素缺乏症的鉴别

维生素缺乏症的鉴别见表8-1。

项目 8 以生长发育障碍为主的疾病

表 8-1 维生素缺乏症的鉴别

(范作良.动物内科病.2006)

类型	维生素 A 缺乏症	维生素 D 缺乏症	维生素 E 缺乏症	维生素 B 缺乏症
病因	(1) 饲料中维生素 A 或胡萝卜素缺乏，动物吸收不足。(2) 饲草料中维生素 A 或胡萝卜素充足，但动物采食量降低或消化、吸收及代谢受到干扰，导致维生素 A 缺乏	(1) 饲料维生素 D 含量不足。(2) 光照不足。(3) 饲料中钙、磷比例不当，动物对维生素 D 需求量增加。(4) 蛋白质、脂肪缺乏，胃肠疾病等使维生素 D 吸收减少	(1) 饲料维生素 E 缺乏。(2) 不饱和脂肪酸过多，与维生素 E 结合，使其含量下降。(3) 硒缺乏使维生素 E 受到破坏。(4) 慢性消化道、肝功能疾病，维生素 E 吸收减少	(1) 饲料缺乏维生素 B。(2) 饲料久贮、霉变。(3) 闷热、应激、磺胺药应用等，使维生素 B 的消耗量过大。(4) 胃肠炎、消化障碍、吸收不良等，使维生素 B 吸收减少
症状	(1) 夜盲症。(2) 干眼病。(3) 神经症状。(4) 皮肤粗糙，脂溢性皮炎	(1) 幼年佝偻病：肋骨与肋软骨处肿胀，呈串珠状排列，脊柱弯曲，四肢呈 X 形或 O 形，跛行。雏禽胸骨脊柱呈 S 状曲，"橡皮喙"，胫跗骨弯曲，易折断。(2) 成年骨软症，母鸡产薄壳或软壳蛋，产蛋量、孵化率低	(1) 精神不振，共济失调，步态不稳，盲目运动。(2) 公畜睾丸萎缩、变性，繁殖力下降，母畜不孕。(3) 雏禽小脑软化，产蛋量减少，孵化率下降，运动不协调，痉挛、颈部扭曲，沿身体纵轴旋转，进而瘫痪，死亡	(1) 维生素 B_1 缺乏：犊抽搐、角弓反张，羔共济失调，禽羽毛蓬松，呈"观星姿势"。(2) 维生素 B_2 缺乏：禽趾弯曲，飞节着地，犬、猫皮屑多，后肢无力，惊厥；猪被毛粗乱，跛行，不孕，流产、早产；犊腹泻，流涎、流泪，口角炎
病变	(1) 皮肤异常角化。(2) 泪腺、唾液腺、食道、呼吸道、泌尿生殖道黏膜发生鳞状上皮化生。(3) 鸡咽、食道黏膜有黄白色小结节状病变	(1) 血清钙、磷含量降低或正常。(2) 碱性磷酸酶活性及骨钙素水平升高	(1) 小脑软化，脑膜水肿，小脑表面出血。(2) 脑回展平，并有红色或褐色混浊样的坏死区	(1) 维生素 B_1 缺乏：胃肠炎，生殖器官萎缩。(2) 维生素 B_2 缺乏：坐骨、臂神经肿大，胚胎畸形。(3) 烟酸缺乏：肠中有豆腐渣样覆盖物，肝脂变
诊断	(1) 初生仔畜突然出现神经症状。(2) 夜盲。(3) 母畜出现流产、死胎、胎儿畸形	(1) 日粮中维生素 D 含量和血清钙、磷水平下降。(2) 碱性磷酸酶活性升高。(3) X 射线检查：骨质密度降低，长骨末端呈"羊毛状"或"蛾蚀状"。(4) 动物跛行、运动障碍，骨变形、软或脆	(1) 神经症状，运动障碍。(2) 脑软化。(3) 肌肉变性。(4) 渗出性素质	(1) 维生素 B_1 缺乏：禽呈"观星"姿势。(2) 维生素 B_2 缺乏：鸡爪卷曲，坐骨神经干肿大。(3) 烟酸缺乏：毛粗，皮屑增多、神经症状。(4) 维生素 B_{12} 缺乏：黏膜苍白，尿中甲基丙二酸浓度增高
治疗	(1) 维生素 A 注射液每千克体重 440IU，皮下注射。(2) 维生素 AD 合剂 2～5mL，肌内注射	(1) 鱼肝油，马、牛 20～60mL；猪、羊 10～30mL；鸡 1～2mL，内服。(2) 维生素 D_2 胶性钙注射液，马、牛 2.5 万～10 万 IU；猪、羊 0.5 万～2 万 IU，肌内注射、皮下注射。(3) 维生素 D_3 注射液，每千克体重 0.15 万～0.3 万 IU，肌内注射	(1) 维生素 E 每千克体重 10～20IU，肌内注射或内服，每天 1 次。(2) 0.1% 亚硒酸钠每千克体重 0.05～0.1mL，皮下或肌内注射，每天 1 次	(1) 盐酸硫胺注射液，0.25～0.5mg/kg，肌内注射。(2) 维生素 B_2 注射液，0.1～0.2mg/kg，皮下或肌内注射。(3) 烟酸，口服，猪 0.6～1.0mg/kg，犬 25mg/kg。(4) 维生素 B_{12} 注射液，猪、羊 0.3～0.4mg，鸡 2～4μg，仔猪 20～30μg，肌内注射

(续)

类型	维生素 A 缺乏症	维生素 D 缺乏症	维生素 E 缺乏症	维生素 B 缺乏症
预防	(1) 日粮中添加维生素 A, 动物妊娠、泌乳、催肥时的需求量是通常需求量的 1 倍。(2) 按需求量计, 牛 12~24μg/kg; 羊 9~24μg/kg; 猪 12~24μg/kg; 鸡 364~727μg/kg	(1) 饲料中钙、磷比例保持在 1~2:1。(2) 供富含维生素 D 的饲料, 夏季增青绿饲料、冬季优质干草和矿物性补料。(3) 添加维生素 D_3, 增加户外活动和晒太阳时间	(1) 增加维生素 E, 或其含量较高的大麦芽、绿豆芽等。夏季给新鲜青绿饲料, 冬季青草粉、微量元素硒。(2) 除去日粮中品质不好的脂肪; 发霉、变质鱼粉、饼粕	(1) 饲料中添加青绿饲料、酵母、麸皮、米糠。(2) 每吨饲料中添加维生素 B_1 100~300mg, 维生素 B_2 1.5~3g, 维生素 B_{12} 2~5mg, 烟酸 10g, 叶酸 4mg

锌 缺 乏 症

锌缺乏症是饲料中锌含量绝对或相对不足而引起的,以生长缓慢、皮肤角化不全、骨骼发育异常及繁殖机能障碍为特征的营养代谢性疾病,各种动物均可发生,常见于猪、鸡、犊牛、羊。

【病因】

1. **原发性锌缺乏** 主要是饲料中锌含量不足。一般情况下,4mg/kg 的日粮锌即可满足家畜的营养需要。酵母、糠麸、油饼和动物性饲料中含锌丰富,而块根类饲料、玉米、高粱含锌较少。如用含锌少的饲料饲喂家畜而富锌饲料缺乏时,易引起锌缺乏症。饲料缺锌常与土壤缺锌有关。我国土壤锌含量变动在 10~300mg/kg,平均为 100mg/kg,总的趋势是南方的土壤锌高于北方,当土壤锌低于 10mg/kg 时,极易引起动物发病。

2. **继发性缺乏** 主要原因是饲料中存在干扰锌吸收利用的因素。已发现饲料中钙、镉、铜、铁、铬、锰、钼、磷及碘等元素过多,可干扰锌的吸收。钙能增加粪尿锌的排泄量,而减少锌的吸收。例如,饲喂高钙日粮可使猪发生继发性锌缺乏。饲料中植酸、维生素含量过高也干扰锌的吸收。动物性饲料锌的利用率高于植物性饲料。

【发病机理】锌在动物体内作为多种酶的成分参与物质代谢,有"生命的火花"之称。缺锌时含锌酶的活性降低、胱氨酸、蛋氨酸代谢紊乱,谷胱甘肽,DNA、RNA 合成减少,细胞分裂、生长受阻,动物生长停滞,增重缓慢。

锌缺乏影响公畜精子的生成、成活、发育,引起公畜睾丸萎缩,生殖能力下降。缺锌可使母畜卵巢发育停滞,子宫上皮发育障碍,影响母畜繁殖机能。

锌与维生素 A 及视色素的代谢有关。顽固的夜盲症,补充维生素 A 不能治疗,补充锌则可很快治愈。

锌作为碱性磷酸酶的成分,参与成骨过程,锌缺乏时,骨发育异常,成骨作用受阻。

锌是味觉素的构成成分,缺锌可致味觉障碍,引起食欲下降,采食减少。

缺锌使皮肤胶原合成减少,胶原交联异常,表皮角化障碍。缺锌使伤口愈合缓慢,补锌可促进肉芽生长,促进创伤愈合。

【症状】动物食欲减退,生长发育缓慢,生产性能降低,生殖机能下降,皮肤角化不全,被毛、羽毛异常,骨骼发育异常,免疫功能缺陷及胚胎畸形等。

1. **牛** 犊牛食欲减退,生长缓慢,皮肤粗糙、增厚、起皱,甚至出现裂隙。皮肤角化增生和掉毛。母牛生殖机能低下,泌乳量减少,乳房部皮肤角化不全,易发生感染。

2. 羊　绵羊羊毛变直、变细，易脱落，皮肤增厚、皲裂。羔羊生长缓慢，母羊生殖功能下降，公羊睾丸萎缩，精子生成障碍。

3. 猪　皮肤损伤，出现红斑、丘疹，真皮形成鳞屑、皲裂而过度角化，严重者真皮结痂。食欲降低，生长缓慢，腹泻、呕吐。

4. 家禽　多发生于雏鸡。雏鸡生长发育停滞，羽毛发育不良、干燥、卷曲、蓬乱、折损缺乏光泽。皮肤角化，表皮增厚，以翅、腿、趾部明显。长骨变粗变短，跗关节肿大。蛋鸡产蛋量减少，孵化率下降，胚胎畸形。

5. 犬、猫　生长发育缓慢，消瘦、被毛粗糙、脱毛。口唇、眼周围、下颌、肢端、阴囊、包皮和阴门周围皮肤角化不全，有的形成厚的痂片和鳞片，趾（指）垫增厚皲裂。另外，还表现有生殖机能降低，有的发生骨骼变形。

【诊断】根据日粮低锌高钙的生活史，生长缓慢、皮肤角化不全、繁殖功能低下、骨骼异常等临床症状及补锌有效，可建立诊断。测定血清和组织锌含量有助于确定诊断。饲料、土壤含锌量、钙锌比、植酸盐含量等相关元素分析，可提供病因学诊断的依据。

诊断本病应与螨病、维生素A缺乏症、烟酸缺乏症、泛酸缺乏症等疾病的皮肤病变相区别。

【治疗】

1. 治疗原则　迅速调整饲料中锌的含量，饲料补锌是最有效的途径。

2. 治疗措施

【处方1】适用于猪锌缺乏症。

锌含量添加至50mg/kg（饲料中添加硫酸锌或碳酸锌200mg/kg），并使钙含量维持在0.65%～0.75%的水平。

用法：连续饲喂3～5周。

说明：预防锌缺乏症要保证日粮中含有足够的锌，并适当限制钙的水平，使钙锌比维持在100∶1。生长猪日粮钙含量控制在0.5%～0.6%，同时饲料中添加锌含量达50～60mg/kg，能预防猪锌缺乏症的发生。

【处方2】适用于牛、羊锌缺乏症。

硫酸锌或氧化锌每千克体重1.0mg。

用法：口服，连用10～15d。

说明：用锌制剂的同时，配合应用维生素A效果更好。反刍动物也可投服锌和铁粉混合制成的缓释丸及自由舔食含锌食盐。地区性低锌，可在土壤中施锌肥以预防锌缺乏。

碘 缺 乏 症

碘缺乏症是由于动物摄入碘不足引起的以甲状腺机能减退、甲状腺肿大和生殖机能障碍为主要特征的慢性营养代谢性疾病，又称甲状腺肿。我国和世界上许多国家土壤缺碘地区的人畜都易患此病，可呈地方性分布，因而又称地方性甲状腺肿。也可呈散发性分布，由先天性甲状腺激素合成障碍或致甲状腺肿物质等所致，称为散发性甲状腺肿。但也可无明显原因。各种动物均可发生，但对幼龄动物和胎儿危害较重。

【病因】

1. 原发性碘缺乏　饲料和饮水中碘含量不足，特别是在生长发育、妊娠、哺乳时，不能满足机体对碘的需要。饲料和饮水中碘的含量与土壤密切相关。土壤碘含量0.2～0.5mg/kg，可视为缺碘。缺碘地区主要分布于内陆高原、山区和半山区，尤其是降水量大的沙土地带。碘缺少地区，植物中碘含量减少。不同品种的植物，碘含量也不一样。海带中碘含量达4 000～6 000mg/kg，普通牧草碘含量仅0.06～0.5mg/kg。除沿海经常用海藻作为饲料来源的地区外，许多地区如不补充碘则可造成地区性缺碘。

2. 继发性碘缺乏　饲料中含有影响碘吸收与利用的物质。如油菜等十字花科植物，木薯、亚麻子、豌豆、大豆和花生等植物里含有致甲状腺肿物质——硫葡萄糖苷、硫氰酸盐、过氯酸盐等，都可干扰甲状腺利用碘来合成甲状腺素。硫脲类药物剂量过大，常可过分抑制甲状腺激素的合成而引起甲状腺肿大。长期内服含碘药物可阻碍甲状腺内碘的有机化，可引起甲状腺肿。此外，畜群在富含石灰的土壤或过施石灰的草地放牧或饮用硬水，可由于钙过多干扰肠道对碘的吸收和利用，容易引起碘缺乏症。

此外，在牛、绵羊、山羊等有遗传性甲状腺肿的报道。

【症状】碘缺乏时，甲状腺明显肿大，生长发育缓慢，脱毛，消瘦，贫血，繁殖力下降。不同动物碘缺乏的主要临床症状如下。

1. 牛　成年牛甲状腺肿大，生殖力下降，公畜性欲减退，精液不良，母畜屡配不孕，性周期不正常。流产，产死胎，弱犊，畸形胎儿。新生胎儿水肿，厚皮。被毛粗糙且稀少。犊牛生长缓慢，衰弱无力，全身或部分脱毛，骨骼发育不全，四肢骨弯曲变形致站立困难，严重者以腕关节触地，皮肤干燥、增厚且粗糙。有时甲状腺肿大，可压迫喉部引起呼吸和吞咽困难，最终由于窒息而死亡。

2. 羊　成年羊甲状腺肿大，流产，发情率与受胎率下降。其他症状不明显。新生羔羊虚弱，脱毛，不能吮乳，呼吸困难。触诊时可见甲状腺增大，皮下轻度水肿，四肢弯曲，站立困难。山羊症状与绵羊类似，但山羊羔甲状腺肿大和脱毛更明显。

3. 马　公马碘缺乏时性欲减退。母马不发情，妊娠期延长，常见死胎。新生幼驹衰弱，不能站立，前肢挛缩。青年马甲状腺肿大。

4. 猪　预产期推迟，所产仔猪体表少毛、无毛，四肢脱毛现象最明显。体质极弱，生后1～3d死亡，颈部甚至全身皮肤水肿，发亮。幸存者生长不良，步态强拘。

5. 犬　甲状腺分泌不足，突出表现为体力下降或丧失，行动迟缓，易疲劳，警犬执行任务时，显得紧张，不能适应长远追捕任务。有的犬奔跑较慢，步态强拘，皮肤干燥、污秽，脱毛，特别是眼睛上方额骨处皮肤增厚，上眼睑低垂，面部臃肿。母犬可能表现发情周期延长或长期不发情，公犬睾丸萎缩。

6. 鸡　羽毛无光泽，公鸡睾丸缩小，精子缺失。鸡冠缩小，性欲降低。母鸡对缺碘耐受性强，长时间给予低碘饲料没有产蛋减少和孵化率下降现象。

【诊断】根据地区性发病、甲状腺肿大、生长缓慢、被毛生长不良、新生仔畜的健康状况等临床症状可建立初步诊断。

确诊常通过饮水、饲料、乳汁、尿液、血清蛋白结合碘（PBI）和血清T_3、T_4的检测及甲状腺的称重。如血液中PBI浓度明显低于24μg/L，牛乳中PBI低于8μg/L，羊乳中低于80μg/L，则意味着缺碘。此外缺碘母畜妊娠期延长，胎儿大多有脱毛现象。

测定已死亡的新生仔畜甲状腺重量具有诊断意义，羔羊新鲜甲状腺重在1.3g以下为正常，1.3～2.8g为可疑，2.8g以上则为甲状腺肿大。腺体中碘的含量在0.1%以下（干重）

者为缺碘。

诊断中还应与传染性流产、遗传性甲状腺增生和小马的无腺体增生性甲状腺肿大相区别。

【治疗】

1. 治疗原则　补碘是根本的防治措施。
2. 治疗措施

【处方1】用于碘缺乏症的治疗。

碘化钾或碘化钠，马、牛2~10g，猪、羊0.5~2g，犬0.2~1g。

用法：口服，每天1次，连用数天。

说明：防止动物补碘剂量过大，否则易引起碘中毒，尤其马对碘的耐受性小。

【处方2】用于碘缺乏症的治疗。

舍饲动物，用含碘的盐砖让动物自由舔食，或将碘化合物与硬脂酸混合后，以0.01%浓度，掺入饲料或盐砖内，让动物自由舔食。也可用海带、海草或海洋其他生物制品及副产品，直接掺入饲料中，定期饲喂。

说明：添加在饲料中的碘应搅拌均匀。

【处方3】用于碘缺乏症的预防。

母畜怀孕后期，于饮水中加入1~2滴碘酊，产后用3%碘酊涂擦乳头，让仔畜吮乳时吃进碘。另外，在腹部、四肢间每周1次涂擦碘酊（牛4mL，猪、羊2mL），也有较好的防治碘缺乏作用。

异 食 癖

异食癖是由于动物缺乏某种营养物质或神经、内分泌机能异常而引起的一种以采食正常食物以外的异物为主要表现的综合征。异食癖本身不是一种独立的疾病，而是伴发或继发于其他疾病的一种症状。临床上以舔食、啃咬异物为特征。各种畜、禽均可发生，冬季和早春舍饲的动物多见。

【病因】

1. 动物机体缺乏蛋白质或某些氨基酸　动物长期饲喂品质低劣的低蛋白饲料，日粮蛋白营养不全，特别是产后的母畜因消化机能尚未完全恢复，更易发生。如产蛋鸡饲料蛋白水平低，缺乏蛋氨酸、胱氨酸可引起啄肛癖、啄羽癖、啄羽癖。

2. 矿物质摄入不足　如铜、铁、锌、锰、硒、碘、钴、钙、磷、硫、钠等矿物质摄入不足或比例不当，特别是钠盐缺乏，容易发生本病。如产蛋鸡饲料钙不足引起啄蛋癖。

3. 动物机体缺乏某些维生素　如维生素B不足，可导致机体的代谢机能紊乱，进而导致异食癖。

4. 环境不良　饲养密度过大，动物之间过度拥挤；畜舍通风不良，畜舍内有害气体如氨气、二氧化硫、硫化氢及二氧化碳等浓度过高；光照过强，或光线不当引起畜禽的神经兴奋性升高或机能紊乱，都可能导致动物间发生争斗、相互啄咬。如鸡的啄癖、猪的咬尾咬耳癖等。

5. 动物患有慢性消化道疾病及代谢性疾病　如肝胆疾病、胃肠道疾病及胰腺疾病等，可因代谢紊乱、消化吸收不良而导致营养缺乏，最终发生采食异物的现象。

6. 其他因素 蓝狐、水貂等生性胆小，但护仔心较强的小型动物，在极其紧张的情况下也会诱发自咬毛皮或吞食幼仔的现象。

【症状】患病动物发病初期一般多表现为消化机能紊乱，如食欲不振、消化不良、便秘或腹泻等症状。后期逐渐出现异食症状，舔食、啃咬砖块、石头、泥土等，有的出现舔食粪便、尿液或污水。产后母畜吞食胎衣。

家禽表现为相互啄食羽毛、肛门，或咬斗、啄蛋等恶癖，常导致部分家禽发生脱肛或肠管脱出而发生炎症，淘汰、死亡。种用水禽特别是成年种鸭，在饲养密度过大（每平方米超过4只）的情况下，常发生交配时种公鸭阴茎被其他鸭啄咬的现象。这种情况下，病鸭死亡率不高，但因种鸭被淘汰而造成严重的经济损失。

异食癖常可继发严重的后果。异食一些异物如动物毛发、羽毛、塑料食品袋、泡沫塑料等，阻塞胃肠，引起严重消化机能障碍，甚至发生急性胃扩张、肠阻塞而致死亡。尖锐异物则可刺伤胃肠引起胃肠炎症、内出血、穿孔等。如果食入腐肉、胎衣等，则易在胃肠内腐败、发酵产生大量有害物质，引起动物呕吐、自体中毒、死亡。

另外，一些神经质动物经常骚扰、攻击同群动物引起其他动物紧张不安，最终影响整群动物的生产性能，造成很大的经济损失。

【诊断】根据临床有采食异物的现象可得出诊断。但要从饲料调查、既往病史方面进行分析，找出原发病及其病因，以利防治。

【治疗】

1. 治疗原则 查明原因，补充所缺营养，改善环境卫生，恢复正常的代谢。

2. 治疗措施

【处方1】补充多种维生素。

复合维生素预混剂。

用法：按说明拌料混饲。

【处方2】补充多种微量元素。

①微量元素预混剂。

用法：按说明拌料混饲。

②氯化钴，牛 30～40mg，马 20mg，犊、猪 10～20mg，羊 3～5mg；硫酸铜，牛 300mg，犊、猪 75～150mg，羊 10～20mg。

用法：一次内服。

【处方3】补充维生素、微量元素、氨基酸。

维生素-微量元素-氨基酸复合预混剂或电解多维或速补18等预混剂。

用法：按说明拌料混饲。

【预防】改善饲养管理，减少应激，改善日粮配方，保证全面营养供给。对患自咬症病畜或补咬伤的病畜应单栏喂养，并对伤口消炎，必要时可适当使用镇静药物。对舔食皮毛、舔食粪尿的畜禽，可适当补充食盐或人工盐，提高日粮的营养水平。拱食泥土、舔砖石的动物，可补充钙、磷和多种维生素。患啄癖的家禽，饲料中可增加优质鱼粉或豆粕的量，可补充蛋氨酸。对有异嗜且伴有明显消化机能紊乱的患畜，可增加青绿饲料，适当补充B族维生素或酵母。

项目9 表现急性死亡的疾病

任务描述 学习本类疾病的相关知识,参加相关临床病例的诊疗,分析临床案例。

案例分析 分析以下案例,确定诊断要点,提出初步诊断,并进行分析论证,制定出治疗方案。

案例1 主诉:养鸡场偶尔出现死鸡,病死鸡肥大,腹腔中有大血凝块,并部分包着肝脏,血凝块来自肝脏。

临床检查:肝脏增大、苍白色和易碎,实质中可见到血肿。腹腔内和内脏周围有大量的脂肪。

案例2 主诉:鸡场一部分鸡只出现产蛋率下降,蛋壳变薄或产软壳蛋,有些出现站立困难,常侧卧于笼内。

临床检查:病鸡腿麻痹,翅膀下垂,胸骨凹陷、弯曲,不能正常活动,逐渐消瘦而死亡。

案例3 主诉:德国狼犬,在草丛中翻滚玩耍时突然大声嚎叫,见有1条蜈蚣从狼犬曾翻滚玩耍的地方急急爬走。约30min后狼犬的1条腿就跛了,还卧地打滚,表现得很痛苦。1h后,狼犬卧地不起。

临床检查:发现犬的后肢内侧有1小伤口,似蜂刺状,周围肿胀。查体温36.2℃,脉搏130次/min,呼吸40次/min,结膜苍白,血压低下,用针刺激四肢反应微弱,表现麻木,用手触摸其身体及四肢湿冷,嘴唇、四肢内侧及腹部皮肤有大小不一的红色丘疹。

相关知识 表现急性死亡的疾病主要有:禽脂肪肝综合征、笼养蛋鸡疲劳症、肉鸡腹水综合征(参见项目3)、过敏性休克、硒—维生素E缺乏症(参见项目6)等。

脂肪肝综合征

脂肪肝综合征又称为脂肪肝出血综合征,是笼养蛋鸡的一种以肝脏中大量脂肪沉积、肝被膜下出血、产蛋率下降、死亡率增高为特点的代谢性疾病。本病主要发生于产蛋母鸡。

【病因】
(1) 高能量饲粮而蛋白质偏低,导致能量过剩。
(2) 高产蛋鸡、笼养、环境温度高。
(3) 饲料中含有黄曲霉毒素,引起肝脏脂肪变性。
(4) 饲料中缺乏蛋氨酸、胆碱、维生素B_{12}等。

【症状与剖检变化】发生本病时,大多数鸡精神、食欲良好,但明显肥胖,体重超重的母鸡高达25%,有时个别鸡突然死亡。产蛋率突然下降,常由80%以上降低到50%左右。剖检病鸡,可见肝脏肿大,呈黄色油腻状,表面有出血点。质度极脆,易破碎如泥样。突然死亡的鸡则肝破裂而发生内出血,肝脏周围有血凝块。

【诊断】

(1) 肝脏肿大，呈黄色、质脆，有出血、血肿，有时肝脏破裂。

(2) 皮下或腹腔脂肪过多。

(3) 产蛋率下降或无产蛋高峰。

【防治】

(1) 合理搭配饲粮，注意蛋氨酸和胆碱的补给。产蛋鸡饲料每100kg可添加50%氯化胆碱100～120g。育成母鸡要注意限量饲喂。一般比平时投料量减少8%～12%为宜。

(2) 治疗。每100kg饲粮中添加维生素 E 1 000IU，维生素 B_{12} 1.2mg，50%氯化胆碱100g，肌醇90g，连用2～4周或更长一些时间。或每100kg饲粮中添加氯化胆碱100g，蛋氨酸50g，多维素5～10g，连用10d。

笼养蛋鸡疲劳症

笼养蛋鸡疲劳症，又称为蛋鸡猝死症、青年母鸡病，是一种营养紊乱性骨骼疾病，主要危害年轻母鸡（30周龄以前）。Couch 1995年首先报道了本病。20世纪60年代和70年代，产蛋量的迅速增加，骨骼异常是笼养产蛋鸡发生极为常见的疾病。如今，随着饲料业提高了蛋鸡饲料中的钙水平，本病的发生率降低了许多，但本病所造成的蛋鸡死亡率在总死亡率中所占的比例还很高。

【发病特点】多在炎热的夏季发生，高产蛋鸡在产蛋上升期到高峰期（140～210日龄）发病，产蛋上升快的鸡群多发，产蛋高峰过后不再出现。发病时鸡群表现正常，采食、饮水、产蛋、精神都无明显异常变化，在晚上关灯时也无病鸡，而在早晨喂料时发现有死鸡，或有病鸡瘫在笼子里，若发现早，将病鸡放在舍外，自行产出一枚蛋或人工助产后便恢复正常，也不再发病。在其他季节多为慢性，表现骨脆、产蛋下降。

【病因】

1. 日粮中钙源不足　主要是日粮配合不当，饲料的含钙量不足，其一是饲料配方不合理，没有经过严格的科学计算，不适合产蛋期的各个产蛋阶段对钙的需要，或者没有依据产蛋的各阶段对钙的需要及时调整饲料配方；其二是饲料的原料不过关，尽管配方是科学的、合理的，但由于饲料原料中钙的含量达不到要求，特别是劣质鱼粉、劣质骨粉的使用。

2. 日粮中钙、磷比例不当　对于产蛋鸡来讲，钙的含量以占日粮的3.25%为宜，随着日龄的增长，对钙的需求量还会轻度的提高，磷的含量则以占日粮的0.5%为宜，只有当钙、磷含量比例适当时，肠道对钙、磷的吸收及机体利用钙、磷的能力最强，如钙、磷的比例不当，就会导致它们的吸收率和机体的利用率降低。

3. 日粮中维生素 D 不足　维生素 D 既可促进肠道对钙磷的吸收，也可促进破骨细胞区对钙磷的利用。当维生素 D 不足时，机体对钙磷的吸收和利用就会发生障碍。

4. 日粮中脂肪缺乏　由于维生素 D 属于脂溶性维生素，必须溶解在脂肪中才可在小肠中吸收和利用，当脂肪缺乏时，就会造成维生素 D 的吸收障碍。

5. 运动缺乏　由于缺乏活动，引起笼养鸡骨骼发育低下，骨骼的功能不健全、抗逆能力低下，这也表现在育成期转笼过早，此病的发病率增高。

6. 饲料污染　饲料被黄曲霉污染或锰过量也能发生继发性缺钙。在上述这些因素存在时，钙磷的代谢发生紊乱，骨骼发生明显脱钙，出现营养不足，以后借破骨细胞产生二氧化碳以破坏哈佛氏管，因此管状骨的许多间隙扩大，哈佛氏管的皮层界限不清，骨小梁消失，骨的外面呈齿形及粗糙，结果则使骨组织中呈现多孔，由于脱钙的同时又出现未钙化的骨基质增加，于是导致骨柔软、弯曲、变形、骨折、骨痂形成，以及局灶性增大、脱落。

【症状】病初期产蛋率下降，蛋壳变薄或产软壳蛋，随病情发展，站立困难，常侧卧于笼内。随后，症状逐渐加剧，骨质疏松脆弱，肋骨易折，肌肉松弛，腿麻痹，翅膀下垂，胸骨凹陷、弯曲，不能正常活动，由于不能接近食槽和饮水，伴有严重的脱水现象，逐渐消瘦而死亡。无症状的鸡，蛋壳也变薄、质量下降；有的鸡采食和产蛋正常，因人工拣蛋时受到惊扰或鸡间啄斗，突然挣扎而死。

【病理变化】实质器官无肉眼可见变化，卵泡发育正常，其特征是骨骼脆性增大，易于骨折，骨折常见于腿骨和翼骨，胸骨常凹陷、弯曲。在胸骨与椎骨的结合部位，肋骨特征性地向内卷曲，有的可发现一处至数处骨折，骨壁菲薄，在骨端处常发现肌肉出血或皮下淤血。

【诊断】根据发病特点及临床表现，结合病死鸡的剖检病变可做出诊断。

【治疗】及时寻找病因，重点应分析饲料的配方、配合过程以及饲料原料的质量、有无漏配成分如维生素 AD_3 粉和劣质原料如鱼粉、骨粉、贝壳。及时调整饲料是治疗本病的关键。应将出现症状的鸡及时移于笼外，放于阳光充足的地方，并用钙片治疗，每只鸡每天2片，连用3~5d，并给以充足的饲料和饮水，病鸡常在4~7d恢复健康。

【预防】

(1) 日粮中钙磷含量要充足，比例要适当，在产蛋鸡日粮中钙的含量3.0%~3.5%，磷的含量不应低于1%，有效磷（即可利用磷）不应低于0.5%。

(2) 日粮中维生素D的含量要充足。可在配合日粮中添加维生素 AD_3 粉，以使维生素D的含量达到500IU，同时应防止饲料放置时间过长或霉败，以防维生素D被氧化分解而失效。

(3) 制定科学的饲料配方，并依产蛋的不同阶段进行及时调整。使用质量上乘的饲料原料，禁止使用劣质的鱼粉、骨粉、石粉等。

(4) 饲料中要含2%~3%的脂肪，保证鸡饲喂均衡的日粮，促进机体对维生素D的吸收和利用。

(5) 为保证骨的发育良好，上笼时间不宜过早，120日龄为宜，以保证鸡只的充分运动和骨的充分发育。

(6) 防止饲料被霉菌污染以及控制锰的含量在正常范围内。

过 敏 性 休 克

过敏性休克是外界某些抗原性物质作用于致敏动物，通过免疫机制在短时间内发生的一种强烈的多脏器累及症候群，特别以急性循环衰竭为特征的全身过敏反应。通常都突然发生且很剧烈，若不及时处理，常可危及动物生命。

【病因】常见于注射疫苗、生物制品、药物（抗生素、磺胺类等），偶尔发生于昆虫叮咬等过程，作为过敏原引起本病的抗原性物质如下。

(1) 异种血清。如用马制备的破伤风抗毒素。

(2) 疫苗。如狂犬病疫苗、口蹄疫疫苗、破伤风类毒素。

（3）生物提取物。如用动物腺体制备的促肾上腺皮质激素、甲状旁腺素、胰岛素及各种酶类。

（4）非蛋白药物。如青霉素、链霉素、磺胺、头孢菌素等。

（5）某些病毒和寄生虫。偶尔发生于昆虫或害虫叮咬及摄入某种饲料。

【发病机理】过敏性休克属于变态反应。毒素或致敏原等通过一定的变态反应程序，最终作用于肥大细胞和嗜酸性粒细胞，使其脱颗粒，并释放组胺物质，引起毛细血管扩张，渗透性增加，导致过敏性休克。

【症状】接触变应原后短时间内即可出现症状。初期在休克出现之前或同时，常有一些与过敏相关的症状：包括皮肤潮红、瘙痒，继以广泛的荨麻疹；气道水肿、分泌物增加，加上喉和（或）支气管痉挛，憋气、紫绀，以致因窒息而死亡；患畜出汗、皮肤黏膜苍白、肢冷、发绀、脉搏消失，血压急剧下降，昏迷、抽搐甚至出现血管性虚脱和循环衰竭。

【预后】一般的，抗原刺激后症状出现得越晚，严重性就越小，恢复也很快，可在几小时内，有时需要几天，完全恢复。治疗越早，预后越好。某些高度过敏而发生"闪电样"过敏性休克者，预后常较差。

【治疗】

（1）发生过敏性休克时，立即停止接触并移走可疑的过敏原或致病药物。

（2）迅速纠正循环衰竭状态，肾上腺素能通过β受体效应使支气管痉挛快速舒张，通过α受体效应使外周小血管收缩。它还能对抗部分Ⅰ型变态反应的介质释放，因此是救治本病的首选药物，在病程中可重复应用数次。一般经过1～2次肾上腺素注射，多数病畜休克症状在半小时内可逐渐恢复。

（3）抗过敏及其对症处理，常用的是扑尔敏或异丙嗪，配合糖皮质激素或中枢兴奋剂、及时补充血容量、吸氧，保持呼吸道畅通。本病的处理在于抢救及时、诊断正确，就地采取紧急抢救措施，以免延误治疗时机。

【处方】收缩血管、抗过敏、强心（用于急性过敏性休克）。

0.1％盐酸肾上腺素注射液，马、牛1～2.5mg，猪、羊0.25～1mg，犬0.1～0.5mg；苯海拉明注射液，马、牛0.1～0.5g，猪、羊0.04～0.06mg，犬、猫每千克体重0.5～1mg；苯甲酸钠咖啡因注射液，马、牛2～5g，猪、羊0.5～2g，犬0.1～0.3g，猫0.03～0.1g。

用法：一次分别肌内注射。

项目10 以皮肤病变为主的疾病

任务描述 学习本类疾病的相关知识，参加相关临床病例的诊疗，分析临床案例。

案例分析 分析以下案例，确定诊断要点，提出初步诊断，并进行分析论证，制定出治疗方案。

案例 主诉：饲养的1头牛全身出现红色疹块。

临床检查：牛体温达40℃，皮肤上有蚕豆大、扁平、坚硬且界限明显的疹块，头颈两侧、肩、背、乳房等处的疹块已互相融合，形成大面积肿胀，牛啃咬臀部并不时靠墙摩擦。不久，呼吸困难。病史调查，主人前段时间给该牛同时注射了口蹄疫O型灭活疫苗和结核菌素。

相关知识 以皮肤病变为主的疾病主要有：湿疹、荨麻疹、维生素A缺乏症。

湿 疹

湿疹是表皮和真皮乳头层由致敏物质所引起毛细血管扩张和渗透性增高的一种过敏性炎症反应，临床上以患病皮肤发生红斑、丘疹、水疱、脓疱、糜烂、渗液、结痂及鳞屑等皮损，并伴有热、痛、痒症状为特点。

【病因】湿疹的发病原因很复杂，过敏体质可能是发病的主要原因。一般认为两个方面的因素引起发病。

1. 过敏性素质 机体先天性具有渗出性素质和后天性新陈代谢及内分泌机能紊乱致皮肤抵抗力下降等。

2. 致敏因素 包括昆虫叮咬、外部寄生虫以及微生物等生物性因素、强酸、强碱、药物等化学物质的刺激；环境温热、寒冷、潮湿等物理因素刺激；摩擦、搔抓损伤等机械性因素的刺激。

在湿疹的发生上过敏性素质起主导作用，只有在过敏性素质发生某种改变的前提下，其致敏因子作用于皮肤才能引起湿疹的发生。

【症状】湿疹按病程可分为急性和慢性两种。

1. 急性湿疹 湿疹常对称分布，皮疹随病情发展一般经过红斑、丘疹、水疱、糜烂、渗液、结痂及产生鳞屑等几个阶段；开始在患部出现红色点状或多形性界限不明的丘疹，以后融合成片，又可逐渐向周围健康组织蔓延，并很快形成小水疱，水疱破损，化脓，呈糜烂状。自觉剧痒，抓破后可引起感染。病程2~3周，但容易转为慢性，且反复发作。

2. 慢性湿疹 表现为皮肤增厚粗糙，苔藓样变，脱屑，色素沉着，患病界限明显，瘙痒加重，病程绵长数月至数年。

由于患畜种类、致病原因不同，发生湿疹的部位和性状也不同。

马，常于四肢远端皮肤发生结节或水疱，尔后转为慢性湿疹。发病后不久，见有瘙痒，摩擦，皮肤增厚。发病常在春季，夏季增多，病变一般为局限性，很少波及全身，皮肤干燥，患处皮毛上往往积聚皮屑。由于剧痒，不断啃咬、摩擦，致脱毛或擦伤。

牛，是牛常见皮肤病，多发生于夏秋，常发部位为背部和腹部，急性者大多突然发病，病初牛的颌下、腹部和会阴两侧皮肤发红，出现如蚕豆大的结节，瘙痒不安，病情加重时出现水疱、丘疹，破裂后常伴有黄色渗出液，结痂及鳞屑等。急性患牛治疗不及时，常转为慢性，牛的皮肤粗厚、瘙痒，常揩擦墙或树止痒，导致全身被毛脱落、出现局部感染、糜烂或化脓，最后牛体消瘦，甚至虚弱。

羊，临床症状类似于牛，好发于背部和臀部。主要发生在盛夏至初秋，主要原因是天气炎热羊出汗较多，或雨淋之后，其被毛长期潮湿，发病后皮肤发红，有大量浆液渗出结成痂块，被毛脱落，皮肤变厚变硬，出现奇痒。

绵羊的"日光疹"多见于剪毛后在日光下曝晒，可见皮肤发红、肿胀、发热，出现水疱等。此病严重影响羊只的生长发育和身体健康。

猪，以育肥猪、架子猪和断奶猪易发，少见于母猪。肉猪发病率大于母猪发病率，瘦弱猪比健壮猪易发病。主要发生于夏秋5～8月，6月是发病的高峰期，以后趋于平静。病损多发生于猪的耳根、颈部、下腹、四肢的内侧等部位；患部皮肤红肿，不久便出现米粒或黄豆粒大小的扁平丘疹。有的形成水疱，破后变成脓疱。病猪瘙痒不安，不时到墙壁、圈角、食槽和地板上摩擦搔痒，当脓疱、水疱、疹块磨破后流出血样黏液和脓汁，破溃处形成黄色等痂皮。慢性湿疹猪发病长达1～2个月，患部皮肤脱毛粗糙，甚至出现脂肪样苔。精神不振，食欲减少，渐进性消瘦，毛焦无光。发病后引起食欲不振，常导致生长发育缓慢或停滞形成"僵猪"。

犬，急性湿疹表现点状或片状湿润丘疹和散发性小水疱，且伴有瘙痒和糜烂，逐渐结痂。慢性湿疹患部皮肤增厚、形成皱襞、病变部苔藓样变化，有色素沉着和脱屑。

【诊断】根据病史调查、饲料检查，以及皮肤的特异性变化，主要病变在表皮，瘙痒不安。急性者有糜烂、渗出液、结痂及鳞屑等症状，慢性者皮肤变粗硬，鳞屑增多。可初步诊断，确诊需做组织学检查。

【治疗】

1. 治疗原则　消除病因，制止渗出、脱敏、消炎。

2. 治疗措施　尽量查明病因，除去内外刺激因素。搞好防暑降温工作，保持厩舍清洁干燥，通风良好，避免皮肤继续受到污秽物的刺激和日光曝晒；患畜适当运动，给予富有营养易消化饲料；用药之前，用温水或具收敛、消毒作用的鞣酸溶液、硼酸溶液洗涤、清除皮肤污垢、汗液、痂皮、分泌物等；对急性病例，可内服或注射钙剂，如氯化钙、葡萄糖酸钙等。同时根据不同情况给予消炎、脱敏、止痒剂；局部治疗，根据湿疹的各个发展时期，应用不同药物涂擦患部，如急性期有红斑、丘疹期选用保护性粉剂撒布。水疱、脓疱或糜烂期，渗出明显时，可用收敛剂、糊剂或水溶液涂抹，禁用软膏剂；促进炎症吸收，水分挥发，如复方粉、明矾醋酸铅溶液等；渗出减少时，可用防腐性药涂抹如白色洗剂。后期或慢性期皮肤增厚，角化过度和出现苔藓样变化时，可用软膏或乳剂涂抹。如碘仿鞣酸软膏、肤轻松软膏等脱敏止痒；瘙痒严重时，用泼尼松或苯海拉明等脱敏。

中医认为湿疹属中兽医学中的湿毒范围。湿疹初起宜清热祛风，方用消风散加减，外用青黛散；后期者宜清热渗湿，方用清热渗湿汤加减。

【处方1】

①10%硫黄煤焦油软膏：硫黄10g，煤焦油10g，樟脑1g，石炭酸1g，凡士林加至100g。

用法：可先用温水洗净患部，然后涂搽。

说明：对于角化过度和鳞屑形成的慢性湿疹，应先用5%～10%水杨酸软膏，使角质层变薄，然后再改用硫黄煤焦油软膏。

②地塞米松，牛、马2.5～5mg；猪、羊4～12mg；犬、猫0.125～1mg。

用法：皮下注射或内服。

说明：用于湿疹剧痒动物。

③盐酸苯海拉明片，牛0.6～1.2mg，马0.2～1.0mg，猪、羊0.08～0.12mg，犬0.03～0.06mg，猫0.01～0.03mg。

用法：内服，每天2次。

说明：抗过敏、止痒。

【处方2】抗过敏（用于湿疹剧痒动物）。

醋酸泼尼松片，一次量，牛、马100～300mg，猪、羊10～20mg，犬、猫每千克体重0.5～2mg。

用法：内服。

【处方3】促进炎症吸收，水分挥发，制止炎症渗出。

复方粉：水杨酸3、滑石粉87、淀粉10配制。

用法：涂擦患处，每天2～3次。

【处方4】促进炎症吸收，水分挥发，制止炎症渗出。

白色洗剂：硫酸锌24，醋酸铅30，加水500配制。

用法：涂擦患处。

【处方5】促进炎症吸收，水分挥发，制止炎症渗出。

醋酸铅明矾溶液：醋酸铅5，明矾10，加水100配制。

用法：涂擦患处。

【处方6】脱敏止痒（用于湿疹后期和慢性湿疹）。

碘仿鞣酸软膏：碘仿10，鞣酸5，加凡士林至100配制。

用法：涂擦患处。

【处方7】消风散（用于湿疹急性期的治疗）。

荆芥25g，防风25g，牛蒡子25g，蝉蜕20g，苦参20g，生地25g，知母25g，生石膏50g，木通15g。

用法：共为细末，牛、马开水冲服，其他动物斟情减量。

【处方8】清热渗湿汤（用于湿疹后期和慢性期的治疗）。

黄芩25g，黄柏25g，白鲜皮25g，滑石粉25g，苦参25g，生地30g，车前子25g，板蓝根30g。

用法：共为细末，牛、马开水冲服，其他动物酌情减量。

荨麻疹

荨麻疹又称风疹，是受体内外各种因素刺激所引起的一种速发型过敏反应性疾病。中兽医称作"遍身㾦"。表现为皮肤乳头层和棘状层血管渗出液增多，临床以患病皮肤突然发生许多界限明显的圆形或扁平的疹块，并伴有皮肤瘙痒为特征，俗称"风疹块"或"风团"。常见于马、牛，猪、羊和犬、猫次之。

【病因】

（1）原发性病因包括各种外界刺激，如蚊虫叮咬、蜂蜇；接触有毒植物和霉变饲料及其他霉变物；注射青霉素、磺胺类药物或外部涂擦某些药物（如红花油、万花油、松节油等）；接受免疫注射或注射免疫血清；剧烈运动之后，突然遇到风寒侵袭也可引起本病。

（2）荨麻疹也可继发于某些传染病、寄生虫病和其他过敏反应性疾病，如犬丹毒、类圆线虫病、犬心丝虫病、钩虫病等。

（3）机体的健康状况对荨麻疹的发生也有很重要的影响，如植物神经功能紊乱、胃肠道炎症、肝炎、肿瘤等均可诱发或加重荨麻疹的发生。

【症状】本病多无先兆症状，动物在接触到致敏原后数分钟或数小时内，皮肤上突然出现瘙痒和许多圆形或鞭痕状界限明显的淡红色或苍白色丘疹或疹块。有时迅速消退，但严重时短时间内可蔓延全身。疹块互相融合，形成较大的疹块。或此起彼伏，消退后一般不留痕迹。好发部位多见于颈侧、胸侧、臀部等处皮肤上，犬、猫先发生在颜面部、眼圈周围、嘴角。后发生在背部、颈部、股内侧。严重者在可视黏膜（如口腔、结膜、直肠、阴道黏膜）亦有发生。多发生于肥胖、皮薄的小猪，主要在背部、腹部及内股部等处。荨麻疹发作时均伴有不同程度的皮肤瘙痒，由于摩擦、啃咬，引起体表局部脱毛和擦伤，有时可引起继发感染。部分患病动物伴有不同程度的呼吸急促，胃肠功能紊乱，体温有时升高，精神沉郁，呕吐，猪食欲减少，大多数并发便秘等全身症状。

【诊断】根据临床症状和病史，容易确诊。注意应尽快查明引发荨麻疹的原因。继发性荨麻疹则要根据不同的伴随症状，查明原发病，荨麻疹应与皮炎和血管神经性水肿加以鉴别。荨麻疹只是真皮水肿，血管神经性水肿波及真皮和皮下组织；皮炎发生时呈现红斑、水肿、丘疹、水疱、结痂等病理过程，转为慢性后，皮肤增厚、脱皮、颜色加深并呈"苔藓"样病变。

【治疗】

1. 治疗原则　收缩血管，解除过敏。

2. 治疗措施

（1）尽快查明病因，并予以排除。

（2）使用抗组胺药物，必要时用糖皮质激素药脱敏止痒。

（3）制止渗出，用葡萄糖酸钙、维生素C分别静脉注射。

（4）局部皮肤可涂擦抗组胺软膏或皮质类固醇类软膏，如肤轻松、无极软膏、维肤康软膏水杨酸酒精合剂等，擦洗患处，具有止痒作用。

中医将荨麻疹分为风热型和风寒型两种，风热型（丘疹遇热加重遇冷则退）宜疏风清热，风寒型（丘疹遇冷加重）宜散寒疏风。

【处方1】制止炎症渗出、抑菌止痒、清除胃肠刺激物。

①10%葡萄糖酸钙溶液，牛、马20~60g，猪、羊5~15g，犬0.5~2g。

用法：静脉注射。

说明：也可用10%氯化钙溶液、5%维生素C分别静脉注射给药。

②水杨酸酒精溶液：水杨酸0.5g，甘油25mL，石炭酸2mL，用70%酒精加至100mL。

用法：涂擦患处。

③10%硫酸钠溶液，牛400g，马300g，猪30，羊40g，犬10g。

用法：一次灌服。

【处方2】脱敏。

盐酸苯海拉明注射液，马、牛0.1~0.5g，猪、羊0.04~0.06g，犬每千克体重0.5~1mg。

用法：一次肌内注射。

【处方3】收缩血管、解除过敏。

0.1%盐酸肾上腺素注射液，牛、马2~5mL，猪、羊0.2~1mL，犬0.1~0.5mL，猫0.1~0.2mL。

用法：一次皮下注射。

【处方4】清热解毒疏风止痒。

白鲜皮50g，威灵仙50g，苦参50g，甘草50g，蛇床子50g，当归30g。

用法：共为细末，开水冲调，候温灌服，每天1剂，连用3剂（中、小动物酌情减小药量）。

【处方5】解毒散风，除风散邪。

蝉蜕、防风、荆芥各等量，把药熬水。

用法：趁热刷洗患处。

附录一　反刍动物病的类症鉴别要点

一、表现消化道症状的反刍动物病

反刍动物的消化道主要症状表现为流涎，采食、咀嚼、吞咽障碍，食欲、反刍障碍，腹胀、腹痛、腹泻等，主要见于消化道疾病，也可见于某些营养代谢病、中毒病等。

1. 表现流涎的反刍动物病

（1）流涎并伴有采食、咀嚼障碍。主要有口炎、有机磷中毒、口蹄疫等疾病，其共同症状是流涎、采食咀嚼缓慢，甚至拒食，鉴别诊断要点如下。

口炎：口腔黏膜潮红、肿胀，有时可见水疱、溃疡、创伤或芒刺刺入黏膜；全身症状不明显。

有机磷中毒：有接触有机磷农药的病史；瞳孔缩小，腹痛，呼吸困难，全身颤抖、抽搐。

口蹄疫：具有传染性，传播迅速；常见口腔黏膜、舌背、蹄间发生水疱和溃疡；高热。

牛恶性卡他热：是一种散发的病毒性传染病。高热稽留；全身水肿，眼睑及头部明显；淋巴结肿大；口腔黏膜潮红、肿胀。

（2）流涎并伴有吞咽障碍。主要有咽炎、食管阻塞、食管炎、食管狭窄等疾病，其共同症状主要有流涎，吞咽小心，摇头伸颈，甚至有食物返流现象，鉴别诊断要点如下。

咽炎：头颈伸展，转动不灵活，吞咽困难，呈哽噎运动。触诊咽喉部，病畜敏感。

食管阻塞：患畜于采食中突然发病，惊恐不安，口鼻流涎，食管外部触诊可感知阻塞物，阻塞部位上方的食管内积满唾液；胃导管探诊，当触及阻塞物时，不能推进；迅速并发瘤胃臌胀。

食管炎：胃管探诊时，动物敏感，并有阻力，但稍用力即可通过。

食管狭窄：病情发展缓慢，常表现假性食管阻塞症状，但饮水和流体饲料可以咽下。

破伤风：头颈伸直，两耳起立，牙关紧闭，四肢强直如木马状。

2. 表现食欲减退、反刍减少的反刍动物病　主要有前胃弛缓、瘤胃积食、创伤性网胃腹膜炎、奶牛酮病、皱胃左方变位、瘤胃臌胀、皱胃阻塞、瘤胃酸中毒等。鉴别诊断要点如下。

前胃弛缓：以食欲、反刍减少，瘤胃蠕动音减弱为主，全身症状一般不明显，容易治愈。

瘤胃积食：多因贪食大量粗纤维饲料或容易膨胀饲料引起。腹围增大，瘤胃胀满，触诊坚硬，瘤胃蠕动音减弱或消失。

创伤性网胃腹膜炎：多因采食了金属异物，并进入网胃，刺伤网胃壁而引起的创伤性炎症。病牛起卧、站立或行走时姿势异常；对网胃区触诊或叩诊病牛表现疼痛；体温中度升高。

奶牛酮病：多发生于产后头2个月内，病牛数天内食欲和产奶量下降，瘤胃收缩比正常弱；乳汁、尿液、呼出气体有酮体味。

皱胃左方变位：皱胃通过瘤胃底部，移行至左侧腹腔。通常于分娩后突然发病，左腹侧听诊可听到真胃蠕动音，听叩结合检查可听到钢管音，穿刺液为真胃液。

瘤胃臌气：腹部膨大，左肷部凸出，叩诊呈鼓音；眼结膜潮红，呼吸困难。

皱胃阻塞：右腹部皱胃区局限性膨隆，触压坚硬；左肷部听叩结合检查，呈现钢管音。

瘤胃酸中毒：瘤胃内容物稀软、胀满，排酸臭稀便；体温正常或偏低，具有蹄叶炎和神经症状；瘤胃液 pH 降至 6.0 以下。

3. 表现腹泻的反刍动物病 主要有消化不良、胃肠炎、硒缺乏症等疾病，鉴别诊断要点如下。

胃肠炎：体温升高，粪便中混有黏液、血液和脱落的黏膜组织，有的混有脓液，脱水，口腔干燥。

消化不良：体温不升高，粪中有消化不充分的饲料碎片，全身症状不明显。

硒缺乏症：多见于幼畜，伴有四肢僵硬、跛行、站立不稳、心跳加快、节律不齐等症状。

4. 表现呻吟、踢腹和肌肉震颤等腹痛症状的反刍动物病 主要有瘤胃积食、瘤胃臌气、瓣胃阻塞、皱胃阻塞、肠便秘、肠变位、创伤性网胃炎、皱胃右方变位、腹膜炎等疾病，鉴别诊断要点如下。

瘤胃积食：左肷部充满，内容物坚实，指压留痕；粪便干硬，色暗，间或发生腹泻；有过食病史。

瘤胃臌气：左侧腹围增大，肷窝突出，按压有弹性，叩诊有鼓音；呼吸困难。

瓣胃阻塞：轻度腹痛，瓣胃区触诊，病牛疼痛不安；病的初期，排黑色干小粪球或少量黑褐色恶臭黏液。

皱胃阻塞：轻度腹痛，有时排出少量糊状、棕褐色的恶臭粪便，右侧真胃区局限性膨隆，触诊皱胃区坚硬。

肠便秘：病初腹痛明显，腹痛剧烈时，常卧地不起，中后期腹痛减轻或消失；呈里急后重表现，频频努责，排出少量白色胶冻样黏液；以拳冲击右腹侧出现振水音。

肠变位：突然出现腹痛现象，并很快转为剧烈持续性腹痛；病初排少量粪便，并混有黏液或血液；腹腔穿刺液呈粉红色或红色。全身症状迅速恶化。

创伤性网胃炎：站立起卧行走异常，不爱爬卧，顽固性前胃弛缓，触诊网胃敏感疼痛；病初体温升高。

皱胃右方变位：发病急，右腹肋弓部膨大，听叩结合检查有钢管音，冲击触诊有振水音；膨胀部位穿刺液为血样液体，pH1～4。

腹膜炎：眼窝下陷，步态强拘，腹壁紧张、敏感，腹腔穿刺有大量渗出液流出；体温升高。

5. 听诊结合叩诊出现钢管音的反刍动物病

（1）在左侧倒数 1～3 肋间，听诊结合叩诊出现钢管音。主要有皱胃左方变位、皱胃阻塞等疾病，鉴别诊断要点如下。

皱胃左方变位：病程长，左侧腹部可听到局限性皱胃蠕动音，在钢管音区域直下方穿刺，穿刺液 pH1～4，缺乏纤毛虫。

皱胃阻塞：钢管音的音调高而清脆，范围大，严重脱水，病程长，进行性消瘦，右腹部增大，右侧腹下撞击式触诊呈波动感，代谢性碱中毒。

（2）在右侧倒数1～3肋间，听诊结合叩诊出现钢管音。主要有皱胃右方变位，右侧腹腔积脓等疾病，鉴别诊断要点如下。

皱胃右方变位：发病急，发展快，发病4～5d后，代谢性碱中毒，全身症状明显恶化。

右侧腹腔积脓：慢性经过，腹膜炎表现，多因子宫穿孔（如冲洗子宫时操作不当）而引起。

6. 表现腹围增大的反刍动物病 主要有瘤胃积食、瘤胃臌胀、皱胃阻塞、尿素中毒、瘤胃酸中毒、腹膜炎、腹腔积液、膀胱麻痹、膀胱破裂、子宫积水及蓄脓等疾病及妊娠时，鉴别诊断要点如下。

瘤胃积食：左肷部充满，内容物坚实，指压留痕。

瘤胃臌胀：左肷窝凸出，按压有弹性，叩诊有鼓音；呼吸困难。

皱胃阻塞：右侧真胃区局限性膨隆，触诊皱胃区坚硬；有时排出少量糊状、棕褐色的恶臭粪便；在左侧倒数1～3肋间，听诊结合叩诊出现钢管音。

尿素中毒：采食尿素的病史，瘤胃臌气，呼吸困难，兴奋不安。

瘤胃酸中毒：瘤胃胀满稀软，pH降低；水样稀便，眼窝深陷，卧地不起；有过食精料的病史。

腹膜炎：发热，全身症状明显，触诊腹壁病畜感到疼痛。腹腔液密度高，Rivalta试验呈阳性。

腹腔积液：下腹部对称性膨大，腹腔穿刺液出大量液体。

膀胱麻痹：膀胱极度扩张，充满尿液，腹部略显膨隆。直肠内触诊，膀胱充满而紧张，触压有波动。

膀胱破裂：牛和阉牛膀胱和尿道结石，疼痛不安，不排尿，大量尿液流入腹腔，皮肤、汗液都具有尿臭味。体温升高，最后陷于虚脱状态。

子宫积水及蓄脓：通过直肠检查和膣腔检查，进行试验性穿刺以及腹壁触诊和叩诊的结果，即可确定诊断。

妊娠：母畜妊娠后期下腹部向外侧方膨隆，触压腹壁可以感到胎动。

二、表现呼吸道症状的反刍动物病

1. 表现咳嗽但不发热的反刍动物病 主要有喉炎、支气管炎。

喉炎：剧烈咳嗽，喉部肿胀，头颈伸展，呈吸气性呼吸困难。

支气管炎：急性大支气管炎时，主要表现为咳嗽、流鼻液，全身症状不明显。细支气管炎时，呼吸困难，全身症状明显。

2. 表现喘、咳嗽、发热的反刍动物病 主要有感冒、支气管肺炎、大叶性肺炎、日射病及热射病。

感冒：有受寒病史，流鼻液，听诊肺泡呼吸音增强，应用解热剂迅速治愈。

支气管肺炎：弛张热型，肺区叩诊有局限性浊音，听诊有啰音。

大叶性肺炎：高热稽留，铁锈色鼻液，肝变期叩诊有大片性浊音、听诊有支气管呼吸音。

日射病及热射病：在炎热天气重役或在闷热畜舍及拥挤的车船内发病，体温过高，心肺机能障碍，倒地昏迷等症状。

3. 表现呼吸困难和重度全身症状的疾病　主要有日射病及热射病、亚硝酸盐中毒、氢氰酸中毒。

日射病及热射病：多在炎热季节发病，呼吸急促，脉搏快速，体表静脉怒张，体温显著升高，精神抑制，步态不稳，如治疗得当，迅速康复。

亚硝酸盐中毒：起病突然，经过短急，呼吸高度困难，黏膜发绀，血液褐变，与饲料调制失误有关。

氢氰酸中毒：起病突然，经过短急，极度呼吸困难，黏膜和静脉血鲜红、神经紊乱，有采食氰苷类植物的病史。

三、表现神经症状的反刍动物病

表现神经症状的反刍动物病主要表现为狂暴、转圈、抽搐、痉挛、麻痹等，常见于脑膜脑炎、日射病及热射病、脑震荡及脑挫伤、脊髓挫伤及震荡、神经型酮病、维生素 B_1 缺乏症、食盐中毒、菜子饼粕中毒、有机磷中毒、有机氟中毒、瘤胃酸中毒、尿素中毒等疾病，鉴别诊断要点如下。

脑膜脑炎：意识障碍发展迅速，兴奋、沉郁交替发生，明显的运动和感觉机能障碍。

日射病及热射病：多在炎热季节发病，精神抑制，步态不稳，体温显著升高，呼吸急促，脉搏快速，体表静脉怒张，如治疗得当，迅速康复。

脑震荡及脑挫伤：主要由于头部遭受暴力作用所引起，并立即呈现不同程度昏迷状态，很少见到兴奋症状，常伴有痉挛或麻痹症状。

脊髓挫伤及震荡：后躯瘫痪，排粪、排尿失禁。

神经型酮病：多发生于产犊后的第一个泌乳月内，简易定性检查血、尿、乳中酮体为阳性，血糖降低。

维生素 B_1 缺乏症：多发生于犊牛、羔羊，缺乏谷物或青饲料，应用硫胺素治疗效果明显。

食盐中毒：有摄入大量食盐或其他钠盐，同时饮水不足的病史，腹痛、腹泻，粪中混有黏液和血液。

菜子饼粕中毒：长期或大量采食菜子饼粕，肺水肿或肺气肿，呼吸极度困难。

有机磷中毒：有接触有机磷农药的病史，流涎、腹痛、腹泻，呼吸困难，肺水肿。

有机氟中毒：体温正常或偏低，发病急，有接触有机氟农药的病史。

瘤胃酸中毒：脱水，瘤胃胀满，卧地不起，具有蹄叶炎和神经症状，结合过食豆类、谷类或含丰富碳水化合物饲料的病史。

尿素中毒：采食尿素的病史，瘤胃臌气，呼吸困难。

四、表现贫血和黄疸的反刍动物病

1. 表现发热、贫血、黄疸的反刍动物病　主要有梨形虫病。

梨形虫病：体温升高，贫血，排血红蛋白尿，血液涂片姬姆萨染色检查有梨形虫体。

2. 表现无热、贫血的反刍动物病　主要有皱胃溃疡、营养性贫血、产后血红蛋白尿病、双香豆素中毒、初生犊牛溶血病。

皱胃溃疡：食欲减退，甚至拒食，粪便含有血液，呈松馏油样。

营养性贫血：可视黏膜苍白，消瘦，衰弱。

产后血红蛋白尿病：血红蛋白尿，贫血，低磷酸盐血症，磷制剂治疗有特效。

双香豆素中毒：有接触灭鼠灵的病史，组织器官大面积出血，维生素K治疗有特效。

初生犊牛溶血病：出生时健康，吃初乳后发病。

3. 表现无热、黄疸的反刍动物病　主要有肝炎、肝片吸虫病。

肝炎：便秘、腹泻交替发生；严重时抽搐、痉挛或呈昏睡状态；肝浊音区扩大，触诊疼痛。

肝片吸虫病：可检查到肝片吸虫虫卵，死后剖检可检查到虫体。

五、表现循环障碍症状的反刍动物病

1. 表现心脏听诊有杂音的疾病　主要有心内膜炎、牛创伤性心包炎、贫血。

心内膜炎：浅表静脉怒张，水肿，腹水，心动过速，发热、心内器质性杂音。

牛创伤性心包炎：顽固性前胃弛缓，心区敏感，有缓解疼痛的异常姿势，出现心包摩擦音或心包击水音，心浊音区扩大，心率增快，颈静脉怒张，胸前部水肿。

贫血：可视黏膜苍白，体质虚弱，心率增快，贫血性杂音。

2. 表现心跳快弱的反刍动物病　主要有心力衰竭、心肌炎、双香豆素中毒。

心力衰竭：脉搏增数，呼吸困难，第一心音增强，第二心音减弱，静脉怒张，垂皮和腹下水肿。

心肌炎：通常继发于急性感染或中毒病，心动过速，心率增快与体温升高不相适应，心律异常。

双香豆素中毒：有采食双香豆素毒饵的病史，可视黏膜苍白，有出血点，口鼻、眼、耳、关节出血。

六、表现泌尿系统症状的反刍动物病

1. 表现频尿及排尿时表现疼痛、努责的疾病　主要有肾炎、膀胱炎、尿道炎、腹膜炎。

肾炎：站立时弓背，运步小心，腰脊僵硬，肾区敏感。肾肿大敏感，水肿。尿中大量红细胞、白细胞、蛋白质、管型和肾上皮。第二心音增强。

膀胱炎：尿液混浊有氨臭味，排尿末期带血明显，膀胱空虚，触诊敏感，尿沉渣中有大量膀胱上皮。

尿道炎：排尿不畅，尿道黏膜潮红、肿胀、触诊敏感，排尿初期带血明显，尿沉渣中有大量尿道上皮。

腹膜炎：体温升高，腹壁紧张而敏感，弓背、腹水，腹腔穿刺有大量液体，混浊不透明，内有大量红细胞、白细胞和蛋白质。

2. 表现排血样尿的反刍动物病 主要有肾炎、膀胱炎、尿道炎、肾结石、膀胱结石、输尿管结石、尿道结石、产后血蛋白尿病、菜子饼粕中毒、铜中毒。

肾炎：排尿全程带血，伴有肾区疼痛症状，肾肿大敏感。少尿或无尿，尿中大量红细胞、白细胞、蛋白质、管型和肾上皮。第二心音增强。

膀胱炎：排尿末期带血明显，尿液混浊有氨臭味，频尿，排尿疼痛不安，膀胱多空虚，触诊敏感，尿沉渣中有大量膀胱上皮。

尿道炎：排尿初期带血明显，排尿不畅，尿道黏膜潮红、肿胀、触诊敏感，尿沉渣中有大量尿道上皮。

肾结石：排尿全程带血，弓背，运步小心，肾区敏感，排尿障碍，X线或B超检查可确诊。

膀胱结石：排尿末期带血明显，尿频尿痛，膀胱敏感，有硬物，X线或B超检查可确诊。

输尿管结石：全程血尿，严重腹痛，排尿停止时伴有水肿症状，X线检查可确诊。

尿道结石：排尿初期带血，排尿不畅或停止，导尿管不能插入膀胱中，膀胱积尿，X线检查可见尿道中有结石。

产后血蛋白尿病：血红蛋白尿，贫血，低磷酸盐血症，磷制剂治疗有特效。

菜子饼粕中毒：长期或大量摄入菜子饼，贫血，呼吸困难，腹痛，粪便中带血，体温低于常温。

铜中毒：血红蛋白尿，腹痛，腹泻，贫血，饲料、饮水中铜含量过高。

3. 表现排白色泡沫样尿的反刍动物病 主要有膀胱炎、尿道炎、肾炎。

膀胱炎：触诊膀胱空虚、敏感，尿沉渣中有大量膀胱上皮细胞。

尿道炎：尿道肿胀，触诊敏感，尿沉渣中有大量尿道上皮细胞

肾炎：肾区疼痛，站立时弓背，运步小心，腰脊僵硬。肾肿大敏感，水肿。尿中有大量红细胞、白细胞、蛋白质、管型和肾上皮细胞。

七、表现运动障碍症状的反刍动物病

1. 运动异常同时伴有明显外伤病史的反刍动物病 主要有骨折、关节扭挫伤。

骨折：跛行或瘫痪，损伤部肿胀、变形、骨摩擦音，X线检查发现骨断裂。

关节扭挫伤：跛行或瘫痪，损伤部肿胀，不变形，无骨摩擦音，X线检查发现肌肉或韧带断裂，但无骨折。

2. 运动异常但无外伤病史的反刍动物病 主要有蹄叶炎、佝偻病、软骨病、硒和维生素E缺乏症、风湿病、铜缺乏症、锰缺乏症。

佝偻病：发生于犊牛，有饲喂低钙、磷饲料病史，异嗜，骨变软，"八"字形腿或O形腿，额部突出，X线检查骨化不良。

软骨病：发生于成年牛，有饲喂低磷饲料的病史，骨脆易折，尾椎骨变形甚至变软，X线检查骨密度下降，血磷降低。

硒和维生素E缺乏症：犊牛、羔羊发育受阻，肌肉无力，跛行或瘫痪，顽固性腹泻，心率快，节律不齐。

铜缺乏症：后躯摇摆，极易摔倒，骨骼弯曲，关节肿大，被毛褪色，由深变浅，黑毛变为棕色、灰白色。

锰缺乏症：幼畜生长受阻，骨骼短粗，腱容易从骨沟内滑脱。

蹄叶炎：多因自体中毒引起，蹄冠潮红，患蹄疼痛，跛行或卧地不起。

风湿病：体温升高，发病部位热、痛，肌肉僵硬，运动后跛行症状减轻，血清中γ球蛋白异常升高。

八、伴有皮肤病变的反刍动物病

伴有皮肤病变的反刍动物病主要有过敏性皮肤病、疥螨病、铜缺乏症、锌缺乏症。

过敏性皮肤病：病变部位发痒，常常摩擦，皮肤变厚、粗糙，或形成裂创。

疥螨病：是由于疥螨侵袭所致，痛痒显著，病变部刮削物镜检时，可发现疥螨虫体。

铜缺乏症：被毛褪色，由深变浅，黑毛变为棕色、灰白色。后躯摇摆，极易摔倒，骨骼弯曲，关节肿大。

锌缺乏症：皮肤变厚、粗糙，甚至出现裂隙，生长发育受阻，四肢关节肿大，步态僵硬。

九、伴有长期食欲不振和消瘦的疾病

1. **伴有长期消瘦的反刍动物病** 主要有创伤性心包炎、肝硬化、慢性腹膜炎、结核病。

创伤性心包炎：出现心包摩擦音或心包击水音，心浊音区扩大，心率增快，颈静脉怒张、胸前部水肿。

肝硬化：慢性消化不良，消瘦，黄疸，肝脾肿大，腹腔积液及神经机能扰乱。

慢性腹膜炎：弓背站立，呼吸浅表、快速，腹痛；腹腔穿刺液混浊甚至恶臭，有大量红细胞、白细胞及蛋白质。

结核病：病程长达数月或数年；咳嗽，流鼻液，淋巴结硬肿变形，顽固性腹泻，繁殖障碍；结核菌素诊断为阳性。

2. **严重影响生长发育的反刍动物病** 主要有锌缺乏症、铜缺乏症、碘缺乏症、钴缺乏症。

锌缺乏症：生长发育受阻，皮肤变厚、粗糙，甚至出现裂隙，四肢关节肿大，步态僵硬。

铜缺乏症：慢性消瘦，虚弱，关节肿大、僵硬，步态强拘，被毛粗乱、褪色，用铜制剂治疗有效。

碘缺乏症：甲状腺肿大，新生畜无毛或死亡，用碘制剂治疗有效。

钴缺乏症：慢性进行性消瘦及贫血，异嗜，绵羊流泪，用钴制剂治疗有效。

附录二 犬病的类症鉴别要点

一、表现消化道症状的犬病

当消化道发生疾病时，往往表现流涎、呕吐、腹痛、腹泻、排便障碍等症状，病变的部位和性质不同，可能表现出不同的症状，但也可能表现出相同或相似的症状，给正确诊断造成极大困难，必须仔细鉴别。

1. **表现流涎的犬病** 流涎是指唾液从口腔中流出的现象。凡能引起唾液分泌增多或咽下障碍的疾病均可导致流涎。犬在夏天温度高时大量分泌唾液以利散热，属于正常生理现象。

(1) 流涎并伴有采食、咀嚼障碍的犬病。主要有口炎、齿龈炎、牙周炎、舌炎、口腔异物、唾液腺炎等疾病，其症状的相同点是流涎，采食小心，咀嚼障碍，食欲减退或废绝。不同点如下。

口炎：口腔黏膜潮红、肿胀，有水疱或溃疡，口腔有恶臭味。

齿龈炎：齿龈红肿，触诊敏感。

牙周炎：口臭、齿龈红肿，触诊敏感有脓汁或血液流出；牙齿松动，有齿石或齿垢。

舌炎：舌潮红、肿胀，溃疡、口臭。

口腔异物：口腔内有鱼刺、骨等尖锐异物。

唾液腺炎：腮腺、颌下腺、舌下腺肿胀、敏感。

(2) 流涎并伴有吞咽障碍的犬病。主要有咽炎、食管炎、食管阻塞、食管憩室等疾病。其共同特征是流涎，咀嚼正常，吞咽小心，摇头伸颈，甚至有食物返流现象。其不同点如下。

咽炎：咽部肿大敏感，触诊常有咳嗽，严重者伴有呼吸困难，颌下淋巴结肿大。

食管炎：触诊食管部敏感，胃管探诊时难插入食管，胃（食管）镜检查发现食管黏膜潮红、肿胀。

食管阻塞：食物不能咽下，干呕、不安，颈部食管阻塞时左侧颈部突起，触诊有硬物，胸部食管阻塞时胃管不能插入胃内，食管镜检查可发现异物。

食管憩室：食欲减退，消瘦。间歇性呕吐出未消化食物，探诊时胃管难以插入胃内，调整方向后胃管可插入胃内，食管镜或 X 线检查可以确诊。

(3) 流涎并伴有全身症状的犬病。主要有有机磷中毒、狂犬病、犬瘟热、产后搐搦、癫痫等疾病，其鉴别诊断要点如下。

有机磷中毒：有采食有机磷农药的病史，兴奋不安，肌肉震颤，腹痛，腹泻，便中带血液或黏液；呼吸困难，结膜发绀，呼出气有蒜臭味，瞳孔缩小；血液胆碱酯酶活力下降。

狂犬病：兴奋不安、攻击行为、意识障碍、不识主人、眼斜视、口唇麻痹、恐水、异嗜。

犬瘟热：双相热型，咳嗽，呼吸困难，脓性鼻液，脓性眼眵，结膜潮红；神经症状，局部麻痹或震颤，犬瘟热试纸诊断阳性。

产后搐搦：呼吸急促，全身抽搐，兴奋不安，反应过敏，体温升高，血钙下降，多见于产仔多的小型犬。

癫痫：突然发病，意识丧失，全身抽搐，粪尿失禁，过一段时间会自行恢复，反复发作。

2. 表现呕吐的犬病 呕吐是指食物不由自主地从胃内经食管或鼻腔排出体外的现象。

(1) 呕吐无腹泻的犬病。该类疾病主要由咽、食管、腹膜、子宫病变引起，主要有咽炎、食管阻塞、食管憩室、腹膜炎、子宫内膜炎、晕车（船）症等，其相同处是均有呕吐症状，但无腹泻，其鉴别诊断要点如下。

咽炎：流涎，吞咽障碍，咽部肿胀，敏感。

食管阻塞：食物不能咽下，干呕、不安，颈部食管阻塞时右侧颈部突起，触诊有硬物，胸部食管阻塞时胃管不能插入胃内，食管镜检查可发现异物。

食管憩室：食欲减退，消瘦。间歇性呕吐未消化食物，探诊时胃管难以插入胃内，调整方向后胃管可插入胃内，食管镜或X线检查可以确诊。

腹膜炎：体温升高，腹壁紧张而敏感，弓背、腹水、腹腔穿刺有大量液体，混浊不透明，内有大量红细胞、白细胞和蛋白质。

子宫内膜炎：多饮多尿，腹围增大，阴道内流出大量黏液或脓汁。

晕车（船）症：有运输经过。

(2) 呕吐伴有腹痛、腹泻的犬病。该类疾病由胃肠、肝脏、胰脏等器官病变或中毒性疾病所致，常见的有肠梗阻、肠变位、胃肠炎、胃内异物、急性胰腺炎、磷化锌中毒、有机磷中毒、犬瘟热、犬细小病毒病等，其相同点是采食减少或停止，呕吐、腹痛腹泻。其不同点如下。

肠梗阻：腹围增大，腹胀，黏液便，多饮，触诊腹部有硬物。

肠变位：黏液血便，里急后重，腹部敏感，腹腔穿刺有血样内容物（肠扭转），腹部触诊有香肠状硬物（肠套叠），脱水明显。

胃肠炎：脱水明显，肠音高，粪稀如水带血液或黏液，腹部压痛，但无硬感。

胃内异物：食欲不定，饮欲亢进，胃部压痛，有硬物。胃镜检查可发现异物。

急性胰腺炎：腹痛重，祈求姿势，脂肪样便，易发生休克，腹部压痛明显。

磷化锌中毒：有接触磷化锌病史，呼出气有蒜臭味，呕吐、腹泻物在暗处有磷光。磷化锌检查阳性。

有机磷中毒：有采食有机磷农药的病史，兴奋不安，肌肉震颤，腹痛、腹泻，便中带血液或黏液；呼吸困难，结膜发绀，呼出气有蒜臭味，瞳孔缩小。血液胆碱酯酶活力下降。

犬瘟热：双相热型，咳嗽，呼吸困难，脓性鼻液、脓性眼眵、结膜潮红；神经症状，局部麻痹或震颤，犬瘟热试纸诊断阳性。

犬细小病毒病：便中带血，结膜苍白，脱水重，细小病毒诊断试纸检测阳性。

(3) 表现呕吐同时伴有神经症状的犬病。包括脑震荡、日射病及热射病，其鉴别诊断要点如下。

脑震荡：有受伤病史，意识不清或昏迷，站立不稳，运动障碍或瘫痪，瞳孔散大，反射减弱。

日射病和热射病：有受热经过，体温异常升高，呼吸困难，瞳孔散大，痉挛或抽搐。

3. 表现腹泻的犬病 腹泻是指粪便稀薄甚至带有血液、黏液的现象，主要是由于肠蠕动亢进，水分吸收障碍所致，包括如下几种类型。

（1）表现急性腹泻同时伴有发热的犬病。主要有胃肠炎、犬细小病毒病、犬瘟热等疾病，其共同特征是发病急，腹泻重，脱水明显，采食停止。其鉴别诊断要点如下。

胃肠炎：脱水明显，肠音高，粪稀如水带血液或黏液，腹部压痛。

犬细小病毒病：便中带血，结膜苍白，脱水重，细小病毒诊断试纸检测阳性。

犬瘟热：双相热型，咳嗽，呼吸困难，脓性鼻液，脓性眼眵，结膜潮红；神经症状，局部麻痹或震颤，犬瘟热试纸诊断阳性。

（2）表现急性腹泻但不发热的犬病。主要有磷化锌中毒、有机磷中毒等，其共同特征是突然发病，流涎呕吐，腹痛，腹泻，呼出气有蒜臭味，鉴别诊断要点如下。

磷化锌中毒：有接触磷化锌病史，呼出气有蒜臭味，呕吐和腹泻物在暗处有磷光。磷化锌检查阳性。

有机磷中毒：有采食有机磷农药的病史，兴奋不安，肌肉震颤，腹痛，腹泻，便中带血液或黏液；呼吸困难，结膜发绀，呼出气有蒜臭味，瞳孔缩小；血液胆碱酯酶活力下降。

（3）腹泻时间较长或便秘与腹泻交替发生的犬病。主要有消化不良、慢性胰腺炎、异食癖、胃肠道寄生虫病等，其鉴别诊断要点如下。

消化不良：食欲不振，粪时干时稀，粪便有酸臭味。

慢性胰腺炎：脂肪便，恶臭，食欲亢进，前腹部压痛，血糖升高。

异食癖：有采食异物病史，胃区敏感有硬物，呕吐、腹泻。

胃肠道寄生虫：呕吐、腹痛、腹泻，便中有大量寄生虫或虫卵。

4. 表现腹痛的犬病 犬腹痛时表现弓背，腹壁紧缩，不愿活动，严重者起卧、滚转、鸣叫。引起腹痛的原因很多，除肠病外，肾、膀胱、子宫、肝脏、胰脏的疾病均可导致腹痛，应根据症状不同，准确判断发病部位和性质。

（1）腹痛伴有腹泻的犬病。主要有肠变位、急性胃扩张、肠痉挛、胰腺炎、有机磷中毒、胃肠炎、犬细小病毒病等疾病。其共同特征是呕吐、腹痛、腹泻，食欲废绝，其鉴别诊断要点如下。

肠变位：黏液血便，里急后重，腹部敏感，腹腔穿刺有血样内容物（肠扭转）或腹部触诊有香肠状硬物（肠套叠），脱水明显。

急性胃扩张：有过食病史，胃区触诊硬、敏感，腹围增大。

肠痉挛：阵发性腹痛，肠音高，腹部触诊无异常。

急性胰腺炎：腹痛重，祈求姿势，脂肪样便，易发生休克，腹部压痛明显。

有机磷中毒：有采食有机磷农药的病史，兴奋不安，肌肉震颤，腹痛，腹泻，便中带血液或黏液；呼吸困难，结膜发绀，呼出气有蒜臭味，瞳孔缩小；血液胆碱酯酶活力下降。

胃肠炎：脱水明显，肠音高，粪稀如水，带血液或黏液，腹部压痛。

犬细小病毒病：便中带血，结膜苍白，脱水重，细小病毒诊断试纸检测阳性。

（2）腹痛无腹泻的犬病。主要有便秘、腹膜炎、肾结石、膀胱结石、输尿管结石、子宫扭转等疾病，其鉴别诊断要点如下。

便秘：腹痛腹胀，排便停止，里急后重，腹部触诊有柱状或串珠状硬物。

腹膜炎：体温升高，腹壁紧张而敏感，弓背，腹水，腹腔穿刺有大量液体，混浊不透明，内有大量红细胞、白细胞和蛋白质。

肾结石：弓背，运步小心，肾区敏感，排尿障碍，尿中带血，X线或B超检查可确诊。

膀胱结石：尿频尿痛，排尿末期带血明显，膀胱敏感有硬物，X线或B超检查可确诊。

输尿管结石：严重腹痛，尿血，排尿停止时伴有水肿症状，X线检查可确诊。

子宫扭转：有怀孕史，腹围增大，触诊敏感，指检子宫颈紧张有牵拉感。

5. 表现腹部有压痛的犬病　主要有急性肝炎、肾炎、胃内异物、腹膜炎等疾病，其鉴别诊断要点如下。

急性肝炎：腹泻，腹痛，呕吐，黄疸，肝区压痛，出血倾向。

肾炎：弓背，运步小心，肾区敏感，水肿，尿少或无尿，尿液混浊，尿液中大量红细胞、白细胞、管型，血清尿素氮升高，低蛋白血症。

胃内异物：有异嗜病史，呕吐，胃触诊敏感有硬物，胃镜检查可确诊。

腹膜炎：体温升高，腹壁紧张而敏感，弓背，腹水，腹腔穿刺有大量液体，混浊不透明，内有大量红细胞、白细胞和蛋白质。

二、表现呼吸道症状的犬病

所谓呼吸道症状是指咳嗽、流鼻液和呼吸困难，是呼吸系统病变的共同特征，但其他系统的病变如心衰、贫血、中毒等也可引起呼吸困难的症状，临床上需对这些疾病进行鉴别。

1. 表现喘、咳嗽、发热的犬病　主要有感冒、支气管肺炎、大叶性肺炎、异物性肺炎、胸膜炎、肺结核等，其鉴别诊断要点如下。

感冒：有受寒病史，肺区叩诊及X线检查无明显病变。

支气管肺炎：弛张热型，肺部听诊有啰音、捻发音。肺叩诊有岛屿状浊音区，X线检查有散在阴影。

大叶性肺炎：稽留热型，流铁锈色鼻液，肺区叩诊有大面积浊音，X线检查大片阴影。

异物性肺炎：有食物或药物呛入气管的病史，痛咳，腐败鼻液，恶臭。

胸膜炎：咳嗽重但无鼻液，胸壁敏感，听到胸膜摩擦音，胸腔穿刺流出大量混浊液体，腹式呼吸。

肺结核：长期慢性咳嗽，流脓性鼻液，叩诊肺部有岛屿状浊音，X线检查有散在阴影。

2. 表现咳嗽但发热不明显的犬病　主要有喉炎、支气管炎、肺充血与肺水肿等，其相同点是咳嗽，流鼻液，呼吸困难，体温一般不高。其鉴别诊断要点如下。

喉炎：咳嗽重，吸气式呼吸困难，头颈伸直，喉部敏感，肺区无明显病变。

支气管炎：咳嗽，流鼻液，肺区听诊有湿啰音或捻发音，肺区叩诊无明显变化，X线检查肺纹理增粗。

肺充血与肺水肿：混合式呼吸困难，鼻流粉红色泡沫状液体，听诊肺区有湿啰音和捻发音，X线检查有云雾状阴影。

3. 表现呼吸困难同时伴有明显神经症状的犬病　主要有脑膜脑炎、日射病及热射病、有机氟中毒、有机磷中毒等，其相同点是兴奋不安，挣扎抽搐，严重呼吸困难，其不同点如下。

脑膜脑炎：意识障碍，局灶脑症状（牙关紧闭，颈肌痉挛，面神经麻痹，口唇歪斜），体温升高，脑脊液中大量红细胞、白细胞和蛋白质。

日射病和热射病：有受热经过，体温异常升高，呼吸困难，瞳孔散大，痉挛或抽搐。

有机氟中毒：有采食有机氟病史，发病急死亡快，高度呼吸困难，兴奋鸣叫，粪尿失禁，解氟灵有效。

有机磷中毒：有采食有机磷农药的病史，兴奋不安，肌肉震颤，腹痛，腹泻，便中带血液或黏液；呼吸困难，结膜发绀，呼出气有蒜臭味，瞳孔缩小；血液胆碱酯酶活力下降。

4. 表现呼吸困难同时伴有黏膜颜色改变的犬病 主要有氢氰酸中毒、亚硝酸盐中毒、安妥中毒等，其相同点是严重呼吸困难，兴奋不安，挣扎、吼叫，肌肉震颤，流涎吐沫，不同点如下。

氢氰酸中毒：有采食氰化物病史，严重呼吸困难但可视黏膜呈鲜红色，呼出气及胃肠内容物有苦杏仁味。

亚硝酸盐中毒：严重呼吸困难，张口伸舌，可视黏膜发绀，犬坐姿势，死亡快，亚硝酸盐检测呈阳性。

安妥中毒：有采食安妥病史，呕吐，鼻流血色泡沫液体，肺部听诊有明显湿啰音，可视黏膜呈蓝紫色，安妥检测阳性。

5. 表现流鼻液、打喷嚏的犬病 主要有鼻炎、鼻窦炎，鉴别诊断要点如下。

鼻炎：鼻黏膜潮红肿胀，吸气式呼吸困难，无咳嗽，流浆液性或黏液性鼻液。

鼻窦炎：脓性鼻液，食欲不振，口臭，轻度发热。

6. 表现流泡沫状鼻液的犬病 主要有肺充血与肺水肿，安妥中毒，其鉴别诊断要点如下。

肺充血与肺水肿：混合式呼吸困难，鼻流粉红色泡沫状液体，听诊肺区有湿啰音和捻发音，X线检查有云雾状阴影。

安妥中毒：有采食安妥病史，明显的神经症状，兴奋不安，挣扎、吼叫，肌肉震颤。呕吐，鼻流血色泡沫液体，肺部听诊有明显湿啰音，安妥检测阳性。

三、表现神经症状的犬病

主要有脑膜脑炎、日射病及热射病、维生素 B_1 缺乏症、食盐中毒、有机磷中毒、有机氟中毒、产后搐搦、狂犬病、犬瘟热等，其共同特征是兴奋不安，挣扎，肌肉痉挛，运动障碍等，其鉴别诊断要点如下。

脑膜脑炎：意识障碍，局灶脑症状（牙关紧闭，颈肌痉挛，面神经麻痹，口唇歪斜），体温升高，脑脊液中大量红细胞、白细胞和蛋白质。

日射病和热射病：有受热经过，体温异常升高，呼吸困难，瞳孔散大，痉挛或抽搐。

维生素 B_1 缺乏症：食欲不振，多发性神经炎，后肢僵硬，行走摇晃，角弓反张，感觉过敏。

食盐中毒：有采食食盐病史，口渴贪饮，尿少而黄，癫痫样发作，水肿症状。

有机磷中毒：有采食有机磷农药的病史，兴奋不安，肌肉震颤，腹痛，腹泻，便中带血液或黏液；呼吸困难，结膜发绀，呼出气有蒜臭味，瞳孔缩小；血液胆碱酯酶活力下降。

有机氟中毒：有采食有机氟病史，发病急死亡快，高度呼吸困难，兴奋鸣叫，粪尿失禁，解氟灵有效。

产后搐搦：呼吸急促，全身抽搐，兴奋不安，反应过敏，体温升高，血钙下降，多见于产仔多的小型犬。

狂犬病：兴奋不安、攻击行为、意识障碍、不识主人、口流涎、眼斜视、口唇麻痹、恐水、异嗜。

犬瘟热：双相热型，咳嗽，呼吸困难，脓性鼻液，脓性眼眵，结膜潮红；神经症状，局部麻痹或震颤，犬瘟热试纸诊断阳性。

四、表现贫血症状的犬病

贫血包括出血性贫血、营养性贫血、再生障碍性贫血和溶血性贫血四种类型，其共同特征是，结膜苍白，呼吸急促，心跳加快，不耐劳，稍动则喘，精神不振等。临床上应注意对不同类型贫血的鉴别。

1. 表现贫血无黄疸的犬病　主要有出血性贫血、营养性贫血、再生障碍性贫血等，其鉴别诊断要点如下。

出血性贫血：主要有创伤、内出血、胃肠道寄生虫病、双香豆素中毒、犬细小病毒性肠炎等疾病。创伤时有明显的外伤；内出血时胸、腹腔穿刺有血液，胃肠黏膜出血时粪便潜血检查呈阳性；胃肠寄生虫病时，动物粪便内有寄生虫或虫卵；双香豆素中毒病例皮肤、黏膜、口、眼、鼻、耳出血，且有中毒病史；犬细小病毒性肠炎病例粪便带血、细小病毒诊断试纸检测呈阳性。

再生障碍性贫血：动物表现周期性出血，血液中红细胞、白细胞、血小板均减少，网织红细胞、幼稚红细胞消失。

营养性贫血：主要有缺铁性贫血、缺蛋白质性贫血、缺维生素 B_{12} 和叶酸性贫血等。缺铁性贫血的特点是红细胞小、色素低；缺乏蛋白质引起的贫血常伴有水肿症状；缺乏维生素 B_{12} 和叶酸引起的贫血为巨细胞性贫血。

2. 表现贫血伴有黄疸的犬病　主要有洋葱中毒、梨形虫病、钩端螺旋体病、自身免疫溶血性贫血等疾病，其鉴别诊断要点如下。

洋葱中毒：有采食洋葱病史，贫血，红尿，红细胞内或边缘上有海蒽茨氏小体，血清总胆红素、间接胆红素升高。

梨形虫病：贫血发热，脾脏肿大，血红蛋白尿，红细胞内有梨形虫体。

钩端螺旋体病：口炎、舌炎、呕吐、口腔恶臭、发热、血便、肾脏压痛，尿呈豆油色，血、尿中有螺旋体。

自身免疫溶血性贫血：呈急性贫血，球状红细胞明显增多，有自体性红细胞凝集现象。

五、表现黄疸症状的犬病

表现黄疸症状的犬病主要有急性肝炎、胆管结石、胆管蛔虫病、洋葱中毒、梨形虫病、钩端螺旋体病、自身免疫溶血性贫血等，其相同点是可视黏膜黄染，不同点如下。

急性肝炎：腹泻、腹痛、呕吐，黄疸，肝区压痛，有出血倾向。

胆管结石：腹痛，黄疸，粪便颜色变浅，X线或B超检查发现胆管内有结石，血清总胆红素、直接胆红素升高。

胆管蛔虫：严重腹痛，呕吐，粪便检查有寄生虫或虫卵，血清总胆红素、直接胆红素升高。

洋葱中毒：有采食洋葱病史，贫血，红尿，红细胞内或边缘上有海蒽茨氏小体，血清总胆红素、间接胆红素升高。

梨形虫病：贫血发热，脾脏肿大，血红蛋白尿，红细胞内有梨形虫体。

钩端螺旋体病：口炎、舌炎、呕吐、口腔恶臭、发热、血便、肾脏压痛，尿呈豆油色，血、尿中有螺旋体。

自身免疫溶血性贫血：呈急性贫血，球状红细胞明显增多，有自体性红细胞凝集现象。

六、表现循环障碍症状的犬病

1. 表现心脏听诊有杂音的犬病　主要有心内膜炎、贫血、心包炎、心力衰竭等，其共同症状是精神不振，不爱动，稍动则喘，听诊心脏有杂音。鉴别诊断要点如下。

心内膜炎：体温升高，运动后咳嗽、喘，心律不齐，缩期杂音。

贫血：体温低，结膜苍白，主肺动脉口处有杂音，红细胞、白细胞减少。

心包炎：体温高，心区敏感，站立时肘头外展，弓背，有心包摩擦音或心包拍水音，全身水肿。

心力衰竭：心音弱，呼吸困难，黏膜发绀，体表静脉怒张，水肿，肺区听诊有啰音。

2. 表现心跳快而弱的犬病　主要有心力衰竭、心肌炎、双香豆素中毒等，其相同点是精神不振，采食减少，不耐劳，心音减弱，不同点如下。

心力衰竭：心音弱，呼吸困难，黏膜发绀，体表静脉怒张，水肿，肺区听诊有啰音。

心肌炎：初期心动亢进后期减弱，心跳增快并与体温升高不相适应，呼吸困难，节律不齐，浮肿，血清中肌酸磷酸激酶、乳酸脱氢酶、谷草转氨酶活性升高。

双香豆素中毒：有采食双香豆素或死鼠病史，可视黏膜苍白，有出血点，口、鼻、眼、耳、关节出血。

七、表现泌尿系统症状的犬病

所谓泌尿系统症状指尿频、尿痛、尿不畅，尿量及尿液成分发生改变，除由泌尿系统疾病引起外，还可由其他系统病变所致，临床上应根据各自的症状特点进行鉴别。

1. 表现频尿及排尿疼痛、努责的犬病　主要有膀胱炎、肾炎、腹膜炎、尿结石（肾、输尿管、膀胱、尿道结石）、尿道炎等，其共同特点是尿频、尿痛，排尿小心，采食减少等。鉴别诊断要点如下。

膀胱炎：尿液混浊有氨臭味，排尿末期带血明显，膀胱空虚，触诊敏感，尿沉渣中有大量膀胱上皮。

肾炎：站立时弓背，运步小心，腰脊僵硬，肾区敏感。肾肿大敏感，体温高，水肿。尿中大量红细胞、白细胞、蛋白质、管型和肾上皮。

腹膜炎：体温升高，腹壁紧张而敏感，弓背，腹水，腹腔穿刺有大量液体，混浊不透明，内有大量红细胞、白细胞和蛋白质。

肾结石：弓背，运步小心，肾区敏感，排尿障碍，尿中带血，X线或B超检查可确诊。

膀胱结石：尿频尿痛，排尿末期带血明显，膀胱敏感有硬物，X线或B超检查可确诊。

输尿管结石：严重腹痛，尿血，排尿停止时伴有水肿症状，X线检查可确诊。

尿道结石：排尿不畅或停止，导尿管不能插入膀胱中，膀胱积尿，X线检查可见尿道中有结石。

尿道炎：排尿不畅，尿道黏膜潮红、肿胀、触诊敏感，排尿初期带血明显，尿沉渣中有大量尿道上皮。

2. 表现少尿或无尿的犬病　主要有肾炎、膀胱破裂、腹泻、大失血、心力衰竭等，相同点是尿量减少或无尿，不同点如下。

肾炎：站立时弓背，运步小心，腰脊僵硬，肾区敏感，肾肿大敏感，体温高，水肿，尿中大量红细胞、白细胞、蛋白质、管型、肾上皮。

膀胱破裂：排尿停止，膀胱空虚，腹围增大，腹下部凸出明显，触诊有波动感，呼出气有尿臭味，腹腔穿刺有大量尿液。

腹泻：粪稀如水，内有血液或黏液，脱水明显，体温高，尿少而黄。

大失血：有损伤病史，结膜苍白，口渴，尿少而黄，体温降低。

心力衰竭：心音弱，呼吸困难，黏膜发绀，体表静脉怒张，水肿，肺区听诊有啰音。

3. 表现排尿量增多的犬病　主要有糖尿病、肾衰多尿期等，鉴别诊断要点如下。

糖尿病：尿量多、相对密度大，食欲旺盛，血糖高，尿糖阳性。

肾衰多尿期：尿多、相对密度低，食欲废绝，血中肌酐、尿素氮升高，水肿。

4. 表现排血样尿的犬病　主要有肾炎、膀胱炎、尿结石、尿道炎、急性洋葱中毒、犬巴贝斯虫病、钩端螺旋体病等，其相同点是尿液呈红色，其鉴别诊断要点如下。

肾炎：站立时弓背，运步小心，腰脊僵硬，肾区敏感，肾肿大敏感，体温高，水肿，尿中大量红细胞、白细胞、蛋白质、管型、肾上皮，排尿全程带血。

膀胱炎：尿液混浊有氨臭味，排尿末期带血明显，膀胱空虚，触诊敏感，尿沉渣中有大量膀胱上皮。

肾结石：弓背，运步小心，肾区敏感，排尿障碍，尿全程带血，X线或B超检查可确诊。

膀胱结石：尿频尿痛，排尿末期带血明显，膀胱敏感，有硬物，X线或B超检查可确诊。

输尿管结石：严重腹痛，全程尿血，排尿停止时伴有水肿症状，X线检查可确诊。

尿道结石：排尿不畅或停止，排尿初期带血，导尿管不能插入膀胱中，膀胱积尿，X线检查可见尿道中有结石。

尿道炎：排尿不畅，尿道黏膜潮红、肿胀、触诊敏感，排尿初期带血明显，尿沉渣中有大量尿道上皮。

洋葱中毒：有采食洋葱病史，贫血，红尿，红细胞内或边缘上有海恩茨氏小体，血清总胆红素、间接胆红素升高。

巴贝斯虫病：贫血发热，脾脏肿大，血红蛋白尿，红细胞内有虫体。

钩端螺旋体病：口炎、舌炎、呕吐、口腔恶臭、发热、血便、肾脏压痛，尿呈豆油色，血、尿中有螺旋体。

八、表现运动障碍症状的犬病

1. **表现运动异常同时伴有明显外伤病史的犬病** 主要有骨折、关节扭伤或挫伤，鉴别诊断要点如下。

骨折：跛行或瘫痪，损伤部肿胀、变形，骨摩擦音，X线检查发现骨断裂。

关节扭挫伤：跛行或瘫痪，损伤部肿胀，不变形，无骨摩擦音，X线检查发现肌肉或韧带断裂，但无骨折。

2. **表现运动异常但无明显外伤病史的犬病** 主要有佝偻病、软骨病、硒和维生素E缺乏症、风湿病等，其相同点是食欲不振，运步小心，跛行或瘫痪，鉴别诊断要点如下。

佝偻病：发生于幼犬，有饲喂低钙、磷饲料病史，异嗜，骨变软，X形腿或O形腿，额部凸出，X线检查骨化不良。

软骨病：发生于成年犬，有饲喂低钙、磷饲料病史，骨脆易折，X线检查骨密度下降，血液生化检查血磷降低。

硒和维生素E缺乏症：有长期饲喂低硒和维生素E食物病史，肌肉无力，跛行或瘫痪。心搏动无力，脉快而弱，可视黏膜有出血点，突然死亡。

风湿病：体温升高，发病部位热、痛，肌肉僵硬，运动后跛行症状减轻，血清中γ球蛋白异常升高。

3. **表现运动异常同时伴有明显神经症状的犬病** 主要有脑膜脑炎、脊髓挫伤及震荡、产后瘫痪、狂犬病、犬瘟热等，其相同点是兴奋不安、挣扎、瘫痪，鉴别诊断要点如下。

脑膜脑炎：意识障碍，局灶脑症状（牙关紧闭，颈肌痉挛，面神经麻痹，口唇歪斜），体温升高，脑脊液中含大量红细胞、白细胞和蛋白质。

脊髓挫伤或震荡：截瘫，粪尿失禁或尿闭，损伤部肿胀变形。

产后瘫痪：呼吸急促，全身抽搐，兴奋不安，反应过敏，体温升高，血钙下降，多见于产仔多的小型犬。

狂犬病：兴奋不安、攻击行为、意识障碍、不识主人、眼斜视、口流涎、口唇麻痹、恐水、异嗜。

犬瘟热：双相热型，咳嗽，呼吸困难，脓性鼻液，脓性眼眵，结膜潮红；神经症状，局部麻痹或震颤，犬瘟热试纸诊断阳性。

九、伴有长期食欲不振和消瘦的犬病

1. **表现短期内急剧消瘦的犬病** 主要有急性胃肠炎、犬细小病毒病、犬瘟热等，其相同点是食欲下降或废绝，短时间内迅速消瘦，体温升高，精神不振，鉴别诊断要点如下。

急性胃肠炎：脱水明显，肠音高，粪稀如水，便中带血液或黏液，腹部压痛。

犬细小病毒病：便中带血，结膜苍白，脱水重，细小病毒诊断试纸检测阳性。

犬瘟热：双相热型，咳嗽，呼吸困难，脓性鼻液，脓性眼眵，结膜潮红；神经症状，局部麻痹或震颤，犬瘟热试纸诊断阳性。

2. **表现病程发展缓慢同时伴有长期消瘦的犬病** 主要有慢性胃肠炎、胃内异物、佝偻病、软骨病、微量元素缺乏症、维生素缺乏症、胃肠道寄生虫病、结核病等，其相同点是长期采食减少或异嗜，慢性消瘦，被毛粗乱无光，鉴别诊断要点如下。

慢性胃肠炎：食欲时好时坏，粪便时干时稀，有腥臭味。

胃内异物：食欲不定，饮欲亢进，胃部压痛有硬物。胃镜检查可发现异物。

佝偻病：发生于幼犬，有饲喂低钙、磷饲料病史，异嗜，骨变软，X形腿或O形腿，额部凸出，X线检查骨化不良。

软骨病：发生于成年犬，有饲喂低钙、磷饲料病史，骨脆易折，X线检查骨密度下降，血磷降低。

微量元素缺乏症：食欲减退，眼炎流泪，生长慢，发育不良，腹泻，口舌生疮，皮肤弹力下降。

胃肠道寄生虫：呕吐、腹痛、腹泻，粪便中有大量寄生虫或虫卵。

结核病：长期低热，咳嗽带血，流鼻液，呼吸困难，胃肠结核时慢性腹泻，皮肤结核时皮肤结节，破溃流脓，长期不愈。

附录三　猪病的类症鉴别要点

一、表现皮肤变色症状的猪病

1. 表现皮肤潮红、发绀的疾病　主要有猪瘟、猪丹毒、猪"红皮病"、猪弓形虫病、亚硝酸盐中毒等，鉴别诊断要点如下。

猪瘟病：高热期皮肤潮红，随后出现四肢末梢、耳尖和黏膜发绀，腹下、股内侧、会阴部有不同程度的针尖样出血点或出血斑，手压不褪色。

猪丹毒病：高热期皮肤潮红，继而发紫。发病突然，常有一头或几头猪突然死亡。通常发病后2~3d病猪的胸、腹背、肩、四肢等部位的皮肤出现充血性疹块，疹块呈方块形、菱形，稍凸出于皮肤，手指按压褪色。

猪附红细胞体病：又称猪的"红皮病"，高热期皮肤潮红，高热不退，耳郭、尾部和四肢末端皮肤发绀，呈暗红色或紫红色，呼吸困难、咳嗽、气喘、叫声嘶哑。后期出现皮肤苍白、消瘦、黄疸等典型的黄疸性贫血症状。

猪弓形虫病：精神沉郁、体温升高、皮肤发红、发绀，有咳嗽、呼吸困难等症状，粪便呈暗红色或煤焦油样，磺胺类药物治疗有效。

猪亚硝酸盐中毒：俗称饱潲病，有食硝酸盐或亚硝酸盐的病史，发病急，突然倒地，四肢划动，很快死亡；呼吸困难，呈犬坐式呼吸；皮肤、黏膜发绀，流涎、呕吐，四肢厥冷，体温下降等，亚硝酸盐检验呈阳性。

2. 表现皮肤苍白、黄染的疾病　表现为皮肤苍白或黄染的症状，主要有仔猪缺铁性贫血、猪黄曲霉毒素中毒等病，鉴别诊断要点如下。

仔猪缺铁性贫血：病初仔猪一般外表肥壮，但精神萎靡，易于疲劳，可视黏膜、皮肤苍白，进行性消瘦，血液稀薄，红细胞低于正常值。

猪黄曲霉毒素中毒：急性病例无前驱症状，突然死亡。亚急性病例和慢性病例表现可视黏膜苍白或黄染，皮肤发白或发黄，有痒感。有时呈间歇性抽搐，过度兴奋，角弓反张等。

二、表现神经异常的猪病

1. 表现兴奋与抑制交替出现的疾病　主要有脑膜脑炎、中暑、食盐中毒、棉子饼中毒、有机磷中毒等，鉴别诊断要点如下。

脑膜脑炎：突然发病，病情发展急剧，临床以神经症状为主，兴奋与抑制交替出现。兴奋时狂躁不安，目光凝视或怒目而视，有时前冲后撞；有时转圈或突然倒地，四肢游泳状划动，尖叫、磨牙，口吐白沫。抑制时低头夸耳，闭目似睡，反应迟钝，共济失调。后期出现头颈僵硬，牙关紧闭等。脑脊液中含大量白细胞和蛋白质。

猪中暑：突然发病，精神沉郁，共济失调，有时兴奋不安。病猪初不食，饮欲增加，口吐白沫，卧地不起，痉挛，抽搐。有气温在30℃以上，有太阳曝晒或身处高温环境中的病史。剖检见脑膜充血、出血，肺水肿。

猪食盐中毒：有采食较多食盐史，猪兴奋不安，冲撞，后期沉郁，视力下降，无目的地转圈、徘徊，癫痫样发作：鼻盘扭曲、肌肉痉挛、口吐白沫、犬坐式呼吸等。

猪棉子饼中毒：有采食棉子饼的病史，量大，时间长。有出血性肠炎症状，先便秘后腹泻，粪便带血呈黑褐色，猪常呕吐。病初兴奋不安，前冲后撞，惊厥或抽搐；后期精神沉郁，四肢无力，共济失调。剖检见实质性器官出血。

猪有机磷中毒：有接触有机磷农药史，先兴奋后抑制，全身肌肉痉挛，角弓反张，运动障碍，站立不稳，倒地后四肢呈游泳状划动，流涎，口吐白沫，瞳孔缩小，眼球震颤等。

2. 表现共济失调、痉挛、角弓反张的疾病　主要有仔猪低糖血症、维生素 B_1 缺乏症、维生素 B_2 缺乏症、黄曲霉毒素中毒、亚硝酸盐中毒、酒糟中毒、有机磷中毒等，鉴别诊断要点如下。

仔猪低糖血症：本病多发生于出生后 2～3d 的仔猪。步态不稳，全身发抖，尖叫。体温下降，皮肤发冷，四肢无力，卧地不起，黏膜苍白。有的猪阵发性痉挛，头颈僵硬，眼球震颤，流涎，角弓反张，于昏迷中死亡。生化检验，血糖含量低。

维生素 B_1 缺乏症：猪厌食，呕吐，腹泻，生长不良，黏膜发绀，被毛粗乱、瘫痪，行走摇晃，共济失调，后肢跛行等运动障碍。饲料检测维生素 B_1 缺乏，用硫胺素治疗效果显著。

维生素 B_2 缺乏症：猪表现厌食、呕吐、消瘦，生长缓慢，皮肤溃疡、增厚、有鳞屑，脱毛，步态强拘或肢体强直。先天感染仔猪出生后呈现先天前肢皮下水肿，前肢尺骨和桡骨粗大，球节弯曲，切开皮肤，可见皮下严重水肿。饲料检测维生素 B_2 缺乏，用硫胺素治疗效果显著。

黄曲霉毒素中毒：急性病例无前驱症状，突然死亡。亚急性病例和慢性病例表现可视黏膜苍白或黄染，皮肤发白或发黄，有痒感。有时呈间歇性抽搐，过度兴奋，角弓反张等。

亚硝酸盐中毒：有食硝酸盐或亚硝酸盐的病史，发病急，突然倒地，四肢划动，很快死亡；呼吸困难，呈犬坐式呼吸；皮肤、黏膜发绀，流涎，呕吐，四肢厥冷，体温下降等，实验室检验，亚硝酸盐呈阳性。

酒糟中毒：中毒初期，猪的采食量急剧下降。患猪兴奋不安，先便秘后腹泻。共济失调，步态不稳，四肢麻痹，卧地不起，并伴发皮疹。有饲喂酒糟史。

有机磷中毒：有接触有机磷农药史，先兴奋后抑制，全身肌肉痉挛，角弓反张，运动障碍，站立不稳，倒地后四肢呈游泳状划动，流涎，口吐白沫，瞳孔缩小，眼球震颤等。

3. 只表现兴奋不安的疾病　主要有维生素 A 缺乏症、猪咬尾症等，鉴别诊断要点如下。

维生素 A 缺乏症：本病皮肤干燥，体毛无光泽，消化不良，食欲减少，生长缓慢。有的视力减弱，兴奋不安，盲目运动，转圈，尖叫。实验室检测饲料中维生素 A 含量不足。

猪咬尾症：猪只兴奋不安，对外部刺激敏感，食欲减弱，目光凶狠。起初只有几头相互咬斗，逐渐有多头参与，主要是咬尾，少数也有咬耳，常见被咬尾脱毛出血，进而对血液产生异嗜，引起咬尾癖，危害也逐渐扩大。

三、表现消化异常的猪病

1. 表现猪腹泻的疾病　主要有胃肠炎、传染性胃肠炎、大肠杆菌病、流行性腹泻、猪低糖血症、仔猪红痢、猪痢疾等，鉴别诊断要点如下。

胃肠炎：猪只病初呕吐，呕吐物带有血液或胆汁。腹部有压痛，持续而剧烈的腹泻，排泄软粪含水多，并混有血液、黏液和黏膜。病的后期，肛门松弛，排便失禁，机体脱水严重，无传染性。

传染性胃肠炎：各日龄猪都可发病，排出淡黄色水样稀粪，褐色，恶臭；呕吐，脱水，发病率高，多发于寒冷季节，死亡率较高，有传染性。

大肠杆菌病：本病主要发生于仔猪，黄白色水样腹泻，有气泡；机体脱水，无呕吐，尾坏死，典型全窝感染。细菌学分离鉴定出大肠杆菌。

流行性腹泻：本病各日龄猪都可发病，排出淡黄色水样稀粪，褐色，恶臭；呕吐，脱水，发病率高，死亡率较高。剖检仅小肠病变，如小肠扩张，内充满黄色液体。

猪低糖血症：本病主要发生于1~5周龄仔猪，水样腹泻；机体虚弱，不活泼，体温低，四肢无力，卧地不起，黏膜苍白。有的猪阵发性痉挛，头颈僵硬，眼球震颤，流涎，角弓反张，于昏迷中死亡。生化检验，血糖含量低。

仔猪红痢：本病主要发生于仔猪、青年猪。带血性腹泻；虚脱，偶见呕吐。

猪痢疾：本病主要发生于7日龄以上青年猪。排出水样带血、黏膜的腹泻物，无脱水症状，成窝散发，死亡率低，晚夏和秋季多发。

2. 表现流涎、呕吐症状的疾病　主要有口炎、维生素B缺乏症、有机磷中毒等，鉴别诊断要点如下。

口炎：猪只咀嚼缓慢、流涎、有时吐料；打开口腔发现黏膜潮红、肿胀，口温高，有口臭。体温、呼吸、脉搏等全身症状不明显。

维生素B缺乏症：猪表现厌食、呕吐、消瘦，生长缓慢，皮肤溃疡、增厚、有鳞屑，脱毛，步态强拘或肢体强直。饲料检测维生素B缺乏，用硫胺素治疗效果显著。

有机磷中毒：猪有接触有机磷农药史，先兴奋后抑制，全身肌肉痉挛，角弓反张，运动障碍，站立不稳，倒地后四肢呈游泳状划动，流涎，口吐白沫，瞳孔缩小，眼球震颤等。

3. 表现腹痛症状的疾病　主要有胃扩张、胃肠炎、肠变位、肠便秘等，鉴别诊断要点如下。

胃扩张：猪只精神沉郁，饮食欲废绝，剧烈腹痛，初为间歇性腹痛，很快发展成剧烈的持续性腹痛。经鼻反复排出粪水，胃管检查可排出大量酸臭、淡黄或暗黄色的液体，排出后症状缓解。

胃肠炎：猪病初呕吐，呕吐物带有血液或胆汁。腹部有压痛，持续而剧烈地腹泻，排泄软粪含水多，并混有血液、黏液和黏膜。病的后期，肛门松弛，排便失禁，机体脱水严重，无传染性。

肠变位：猪全身症状迅速恶化，体温轻度升高，脉搏快而弱，黏膜发绀，脱水严重；持续剧烈腹痛，肠音很快减弱或消失，局部肌肉震颤，出汗等。

肠便秘：猪病初精神不振，食欲减退，饮欲增加，体温变化不大。主要症状是起卧不安，腹痛，有时呻吟，腹围增大，频频出现排粪动作，但排粪迟滞，或只排出少量干硬粪球，外面覆盖一层黏液或附有血丝。继而病猪食欲废绝，精神沉郁，结膜充血，腹围明显增大。体小或瘦弱病猪，经腹部触诊可摸到大肠内串珠状的干硬粪球。

四、表现呼吸异常的猪病

1. 表现猪呼吸道症状的传染病疾病 主要有猪副伤寒、猪肺疫、猪气喘病、萎缩性鼻炎、猪繁殖与呼吸综合征等，鉴别诊断要点如下。

猪副伤寒：断奶以后3d或更大的猪易得。临床上呼吸困难、咳嗽，有痰，发热，肠炎，腹泻等，发病率中等，死亡率高。细菌分离培养可找出病原。

猪肺疫：多发生于1周以上的猪。呼吸困难，咳嗽，有痰，发热，全身皮肤红斑，指压不完全褪色，精神沉郁，死亡率中等。细菌分离培养可找出病原。

猪气喘病：多发生于1周以上的猪。呼吸困难，活动后咳嗽明显，干咳，发热，厌食，死亡率小，但很难根除。细菌分离培养可找出病原。

猪萎缩性鼻炎：多发生于1周以上的猪。喷嚏，呼吸困难，偶有发热，仔猪死亡率高，眼下见泪痕，鼻漏，鼻偏歪等。细菌分离培养可找出病原。

猪繁殖与呼吸综合征：仔猪多发，呼吸困难，咳嗽，发热，食欲不振，耳朵发绀，母猪流产、死胎等。血清学检查可确诊本病。

2. 表现猪呼吸道症状的普通疾病 主要有支气管肺炎、大叶性肺炎、亚硝酸盐中毒、棉子饼中毒等，鉴别诊断要点如下。

猪支气管肺炎：呼吸困难，咳嗽，有鼻液，有痰，发热，弛张热型，短钝痛咳，胸部叩诊呈局灶性浊音区，听诊有捻发音，肺泡音减弱或消失，X射线检查见散在局灶性阴影。

猪大叶性肺炎：呼吸困难，咳嗽，有铁锈色鼻液，稽留高热，有定型经过，X射线检查见较大面积的阴影。

亚硝酸盐中毒：呼吸困难，咳嗽，无热，气肿，血暗，病急死亡快，窝群或单发生。有食硝酸盐或亚硝酸盐的病史，皮肤、黏膜发绀，流涎、呕吐，四肢厥冷，体温下降等，亚硝酸盐检验呈阳性。

棉子饼中毒：呼吸困难，鼻孔周围有泡沫样液体，听诊肺部有湿啰音和捻发音。有采食棉子饼的病史，量大，时间长。有出血性肠炎症状，先便秘后腹泻，粪便带血呈黑褐色，猪常呕吐。病初兴奋不安，前冲后撞，惊厥或抽搐；后期精神沉郁，四肢无力，共济失调。剖检见实质性器官出血。

五、表现体表异常的猪病

表现猪体表异常的疾病主要有猪酒糟中毒、感光过敏、湿疹、疥癣等，鉴别诊断要点如下。

猪酒糟中毒：中毒初期，猪的采食量急剧下降。患猪兴奋不安，先便秘后腹泻。共济失调，步态不稳，四肢麻痹，卧地不起，并伴发皮疹。有饲喂酒糟史。

感光过敏：一般常见于白色皮肤的猪，病初皮肤出现红斑、水肿、敏感和触之疼痛，体温略升高，皮下血清渗出，干后与毛粘连，四肢疼痛，行走小心，数天后皮肤变硬，干而龟裂，身体感痒，以后皮肤表面坏死。

湿疹：发病突然，病初猪的颌下、腹部和会阴两侧皮肤发红，出现蚕豆大小的结节，并瘙痒不安，随着病情加重皮肤出现水疱、丘疹。水疱、丘疹破裂后常伴有黄色渗出液，最后结痂或转化成鳞屑等。

疥癣：各种年龄都可发病，尤其是断乳猪、架子猪。在耳、眼、颈、四肢、躯干等部位出现丘斑、黑斑、红斑，过度角化，剧烈瘙痒等，发病率100%，死亡率低。实验室检测可检出猪疥螨。

六、表现肢体运动异常的猪病

表现猪肢体运动异常的疾病表现为肢体发育不良、关节异常或跛行等症状，主要有佝偻病、骨软病、维生素E缺乏症、维生素B_1缺乏症等，鉴别诊断要点如下。

佝偻病：仔猪多发，精神沉郁，异嗜，生长停止。动物喜卧，不愿走动，以蹄尖着地，点头运步，后以腕部着地行走，骨、关节变形。饲料检测钙、磷缺乏。

骨软病：多发于成年猪，顽固性消化不良，异嗜，不明原因的跛行，有交替性，严重者卧地不起；长骨变形，关节粗大，肋骨末端呈串珠状肿大。饲料检测钙、磷不足或比例失调。

维生素E缺乏症：精神沉郁，采食减少，共济失调，步态不稳，盲目运动。猪往往突然死亡。剖检肝营养不良，胃的贲门部溃疡，心外膜、内膜及心肌斑点状出血。肌肉变性苍白，脑软化和渗出性素质。

维生素B_1缺乏症：病猪表现厌食、呕吐、消瘦，生长缓慢，皮肤溃疡、增厚、有鳞屑，脱毛，步态强拘或肢体强直。饲料检测维生素B_1缺乏，用硫胺素治疗效果显著。

七、表现排尿异常的猪病

表现排尿异常的猪病表现为多尿、少尿、血尿等症状，主要有肾炎、膀胱炎、尿道炎等，鉴别诊断要点如下。

肾炎：少尿或无尿，肾脏区叩诊敏感、疼痛，血压升高，水肿。尿常规检验可见蛋白质、血液、各种管型，尿沉渣中混有肾上皮细胞。

膀胱炎：排尿频繁，屡呈排尿姿势，但每次排出尿液较少或点滴状断续流出。排尿时疼痛不安。尿液混浊，尿液中含有大量膀胱上皮细胞、白细胞、脓细胞、红细胞等病理产物。

尿道炎：发病突然，排尿频繁，屡呈排尿姿势，但尿量减少，排尿时弓腰努责，痛苦呻吟。尿中带有黏液、血液或脓液，舌红，脉洪数。全身症状不明显。

附录四 禽病的类症鉴别要点

一、表现兴奋、痉挛、麻痹或运动障碍等神经症状的禽病

表现兴奋、痉挛、麻痹或运动障碍等神经症状的禽病主要有日射病和热射病、食盐中毒、磺胺类药物中毒、维生素A缺乏症、维生素B_1缺乏症、维生素B_2缺乏症、硒和维生素E缺乏症、禽痛风、菜子饼粕中毒等,鉴别诊断要点如下。

日射病和热射病:由于气温高、湿度大、禽舍通风不良、拥挤、缺水而发病,表现张口伸颈喘气,呼吸急促,翅膀张开下垂,口渴,体温升高,步态不稳,痉挛。

食盐中毒:运动失调,两脚无力或麻痹,食欲废绝;强烈口渴,下痢,呼吸困难;有摄入过食盐的病史。

磺胺类药物中毒:鸡冠和肉髯萎缩苍白,皮肤、肌肉、内部脏器广泛出血,骨髓呈淡红色或黄色。肾脏苍白,输尿管增粗,内积有大量白色尿酸盐。

维生素A缺乏症:雏禽生长缓慢、喙和小腿部皮肤黄色消失;成禽夜盲、眼球炎。

维生素B_1缺乏症:腿、翅、颈的伸肌痉挛,病鸡以飞节着地,头向后仰,呈"观星"姿势,有时倒地侧卧,头仍向后仰。

维生素B_2缺乏症:足趾向内卷曲,中趾尤为明显,两腿不能站立。

硒和维生素E缺乏症:①脑软化症,多发于15~30日龄,头颈扭曲,两腿呈有节律的痉挛,剖检可见小脑柔软、肿胀、出血,脑内可见一种呈现黄绿色混浊的坏死区;②渗出性素质,多发于20~60日龄雏禽,胸、腹皮下有黄豆大到蚕豆大的紫蓝色斑点,重者,皮下积聚的蓝色液体;③白肌病,多发于4周龄左右的雏禽,全身衰弱,运动失调,无法站立。剖检可见肌肉(尤其是胸肌)出现灰白色条纹状。

禽痛风:排石灰水样粪便,关节肿胀、跛行、不能站立,切开关节腔有白色黏性液体流出,关节面糜烂,内脏器官有白色尿酸盐沉积,肾肿胀、苍白,其内充满石灰样沉淀物。

菜子饼粕中毒:呼吸困难,鼻也流出泡沫状物,腹泻,粪中带血,重者瞳孔散大,两肢无力。

二、表现腹泻或血便的禽病

表现腹泻或血便的禽病主要有黄曲霉毒素中毒、磺胺类药物中毒、球虫病等,鉴别诊断要点如下。

黄曲霉毒素中毒:有采食霉变饲料的病史,腹泻,排绿色稀粪,贫血,步态不稳。剖检时急性病例肝脏肿大,有出血点;慢性病例肝脏硬化,体积缩小。

磺胺类药物中毒:鸡冠和肉髯萎缩苍白,皮肤、肌肉、内部脏器广泛出血,骨髓呈淡红色或黄色。肾脏苍白,输尿管增粗,内积有大量白色尿酸盐。

球虫病:病雏衰弱和消瘦,鸡冠和黏膜苍白,泄殖腔周围羽毛被粪便所粘连,排出血

便，剖检时可见盲肠和小肠大量出血。粪便中可检出球虫卵。

三、表现生长发育不良或停滞的禽病

表现生长发育不良或停滞的禽病主要有维生素 A 缺乏症、钙磷缺乏症、异嗜癖等，鉴别诊断要点如下。

维生素 A 缺乏症：雏禽共济失调，喙和小腿部皮肤黄色消失；成禽夜盲、眼球炎。

钙磷缺乏症：骨软变形，关节粗大，胸骨呈"S"状弯曲，易骨折，跛行，瘫痪；蛋鸡产软壳蛋，产蛋少甚至停产。

异食癖：家禽表现为相互啄食羽毛、肛门，或咬斗、啄蛋等恶癖，常导致部分家禽发生脱肛或肠管脱出而发生炎症，淘汰、死亡。

四、表现突然死亡的禽病

表现突然死亡的禽病主要有脂肪肝综合征、肉鸡腹水综合征、笼养蛋鸡疲劳症等，鉴别诊断要点如下。

脂肪肝综合征：个体肥胖，产蛋量明显下降，突然死亡。剖检腹腔内沉积大量脂肪，肝脏肿大、质脆，肝内出血形成血肿，有的肝包膜破裂而形成腹腔内血凝块。

肉鸡腹水综合征：呼吸困难和发绀，腹部膨大，呈水袋状，触压有波动感，腹部皮肤变薄发亮，以腹部着地呈企鹅状，剖检可见肺部充血、水肿；心包积液，心脏增大，腹腔积液清亮呈或有少量血细胞。

笼养蛋鸡疲劳症：蛋壳变薄、质量下降，站立困难，骨骼变形，易骨折，受到惊扰或鸡间啄斗，突然挣扎而死。

附录五 马属动物病的类症鉴别要点

一、表现腹痛症状的马属动物病

表现腹痛症状的马属动物病主要有急性胃扩张、肠阻塞、肠臌气、肠痉挛、肠变位、胃肠炎等,鉴别诊断要点如下。

急性胃扩张:多在采食后不久发病,出现腹痛,腹围不大但极度呼吸困难;胃管探诊时有坚实感或有大量气体逸出,继发性胃扩张则有大量液体流出。

肠阻塞:腹痛不安,肠音减弱或消失,口腔干燥,有臭味,排粪迟滞或停止;小肠阻塞易继发胃扩张,小结肠阻塞易继发肠臌气。盲肠、胃状膨大部、直肠阻塞腹痛较轻。

肠变位:腹痛异常剧烈,肠音迅速消失,排粪停止,腹腔穿刺液为血样液体。直肠检查可发现肠管异常。

肠痉挛:常因暴饮冷水或冰碴而发病,间歇性腹痛,肠音亢进,有金属音,每次腹痛发作时排少量稀粪。

肠臌气:腹部迅速膨大,甚至突起,腹壁紧张,呼吸困难。肠音在病初增强,并带有明显的金属音,以后则减弱,甚至消失。

胃肠炎:体温升高,达40~41℃,腹泻,甚至水泻,肠蠕动音初增强,后减弱或消失。

二、表现流鼻液、咳嗽的马属动物病

表现流鼻液、咳嗽的马属动物病主要有支气管炎、小叶性肺炎、大叶性肺炎、胸膜炎、咽炎等,鉴别诊断要点如下。

支气管炎:全身症状轻,频发咳嗽,流鼻液,肺部出现干性或湿性啰音,叩诊一般无变化。

小叶性肺炎:体温可达39.5~41℃,呈弛张热型,咳嗽,流鼻液,胸部叩诊有散在的浊音区,胸部听诊有捻发音、啰音,肺泡呼吸音减弱或消失。

大叶性肺炎:体温高达40~41℃,呈稽留热型,流铁锈色鼻液,肝变期肺部叩诊有大片性的浊音区,听诊有支气管呼吸音。

胸膜炎:体温高达39~40℃,弛张热,听诊可听到胸膜摩擦音或拍水音,叩诊有水平浊音,胸腔穿刺可流出淡黄色渗出液或腐臭脓液。

咽炎:大量流涎,头颈伸直;吞咽困难,喝水时,可经鼻孔逆出;咽部肿胀有热痛。

三、表现运动障碍的马属动物病

表现运动障碍的马属动物病主要有肾炎、纤维性骨营养不良、马麻痹性肌红蛋白尿病、风湿病等,鉴别诊断要点如下。

纤维性骨营养不良：消化紊乱、异嗜、跛行、拱背、面骨和四肢关节增大。

马麻痹性肌红蛋白尿病：休闲后的重役或剧烈运动后突然发病，呈现运动障碍、臀部肌肉肿胀、排肌红蛋白尿（咖啡色）。

肾炎：肾区敏感、疼痛，站立时腰背拱起，后肢叉开或集于腹下。患畜不愿走动，强迫行走时腰背弯曲，发硬，后肢僵硬，步样强拘，后肢举步不高，尤其向一侧转弯困难。

风湿病：多因过劳，出汗淋雨，受风、寒、湿邪所致。发病的肌群、关节及蹄的疼痛和机能障碍，疼痛表现时轻时重，部位多固定但也有转移的。应用水杨酸钠治疗有效。

案例分析参考答案

项目 1.1　案例 1 食道阻塞，案例 2 慢性咽炎。

项目 1.2.1　案例 1 前胃弛缓，案例 2 皱胃变位，案例 3 奶牛酮病。

项目 1.2.2　案例 1 瘤胃积食，案例 2 急性瘤胃臌胀，案例 3 真胃阻塞。

项目 1.3　案例 1 胃内异物，案例 2 肝炎。

项目 1.4.1　案例肠痉挛。

项目 1.4.2　案例 1 食滞性胃扩张，案例 2 肠套叠，案例 3 小肠阻塞，案例 4 小结肠阻塞。

项目 1.4.3　案例 1 胃溃疡，案例 2 腹膜炎。

项目 1.5　案例 1 胃肠炎，案例 2 磷化锌中毒。

项目 2.1　案例 1 感冒，案例 2 大叶性肺炎，案例 3 支气管肺炎。

项目 2.2　案例 1 鼻炎，案例 2 支气管炎，案例 3 胸膜炎，案例 4 安妥中毒。

项目 2.3　案例 1 亚硝酸盐中毒，案例 2 氢氰酸中毒。

项目 2.4　案例 1 菜子饼中毒，案例 2 棉子饼中毒。

项目 3　案例 1 创伤性心包炎，案例 2 急性心力衰竭（由口蹄疫引起），案例 3 心肌炎（由犬细小病毒引起），案例 4 慢性心力衰竭，案例 5 肉鸡腹水综合征。

项目 4　案例 1 仔猪缺铁性贫血，案例 2 钴缺乏症，案例 3 黄曲霉毒素中毒，案例 4 双香豆素中毒，案例 5 磺胺药物中毒。

项目 5.1　案例 1 膀胱炎，案例 2 膀胱结石。

项目 5.2　案例 1 肾炎，案例 2 洋葱中毒。

项目 6　案例 1 维生素 D 缺乏引起的佝偻病，案例 2 软骨病，案例 3 硒-维生素 E 缺乏症，案例 4 锰缺乏症，案例 5 铜缺乏症，案例 6 霉稻草中毒，案例 7 家禽痛风。

项目 7.1　案例 1 脑膜脑炎，案例 2 日射病，案例 3 热射病。

项目 7.2　案例 1 维生素 A 缺乏症，案例 2 犊牛低镁血症性搐搦，案例 3 脑挫伤，案例 4 食盐中毒，案例 5 酒糟中毒，案例 6 霉玉米中毒，案例 7 有机磷中毒。

项目 8　案例 1 维生素 B_2 缺乏症，案例 2 维生素 B_{12} 缺乏症，案例 3 因日粮蛋白水平过低引起鸡群互啄癖，案例 4 锌缺乏症（与疥螨病极为相似，但主要区别为补锌后损伤能很快愈合）。

项目 9　案例 1 脂肪肝综合征，案例 2 笼养蛋鸡疲劳症，案例 3 过敏性休克。

项目 10　案例荨麻疹。

参 考 文 献

董彝.2001.实用牛马临床类症鉴别[M].北京：中国农业出版社.
董彝.2006.实用猪病临床类症鉴别[M].2版.北京：中国农业出版社.
范作良.2006.动物内科病[M].北京：中国农业出版社.
郭定宗.2005.兽医内科学[M].北京：高等教育出版社.
贺生中.2007.宠物内科病[M].北京：中国农业出版社.
胡元亮.2005.兽医处方手册[M].2版.北京：中国农业出版社.
李国江.2008.动物普通病[M].2版.北京：中国农业出版社.
刘宗平.2003.现代动物营养代谢病[M].北京：化学工业出版社.
朴范泽.2008.牛病类症鉴别诊断彩色图谱[M].北京：中国农业出版社.
齐长明主译.2004.牛病彩色图谱[M].北京：中国农业出版社.
山东畜牧兽医学校，黑龙江畜牧兽医学校.1990.临床兽医学[M].北京：中国农业出版社.
史志诚.2001.动物毒物学[M].北京：中国农业出版社.
王建华.2001.家畜内科学[M].3版.北京：中国农业出版社.
王小龙.2004.兽医内科学[M].北京：中国农业大学出版社.
徐世文，唐兆新.2010.兽医内科学[M].北京：科学出版社.
张才骏.2007.牛症状临床鉴别诊断学[M].北京：科学出版社.
赵兴绪，魏彦明.2003.畜禽疾病处方指南[M].北京：金盾出版社.
周新民.2001.动物药理[M].北京：中国农业出版社.

图书在版编目（CIP）数据

动物内科病/刘广文，刘海主编．—北京：中国农业出版社，2011.7（2022.12重印）
高等职业教育农业部"十二五"规划教材．项目式教学教材
ISBN 978-7-109-15781-1

Ⅰ.①动… Ⅱ.①刘…②刘… Ⅲ.①兽医学：内科学－高等职业教育－教材 Ⅳ.①S856

中国版本图书馆 CIP 数据核字（2011）第 116665 号

中国农业出版社出版
（北京市朝阳区麦子店街18号楼）
（邮政编码 100125）
责任编辑 徐 芳

北京通州皇家印刷厂印刷 新华书店北京发行所发行
2011年8月第1版 2022年12月北京第9次印刷

开本：787mm×1092mm 1/16 印张：15.25
字数：363千字
定价：38.50元

（凡本版图书出现印刷、装订错误，请向出版社发行部调换）